城市基础设施更新技术丛书

U0276236

城市地下管道检测与非开挖修复技术

主　编　陈力华　张　军　陈辉燕　张在林

副主编　敖良根　张恩正　瞿万波　吕耀志

　　　　陆春昌　饶洎衔

哈尔滨工程大学出版社

Harbin Engineering University Press

内 容 简 介

本书共分为6章,内容包括城市地下管道的现状及发展、城市地下管网类型及构造、地下管线的普查、地下管道检测与评估、地下管道非开挖修复技术、管道内非开挖作业安全管理,旨在帮助学生、工程技术人员和科研人员全面掌握城市地下管道检测与非开挖修复技术方面的知识。

本书可作为环境工程、市政工程、通信、地下建筑等专业的理论教学和实训教学用书,也可供相关专业技术人员阅读参考。

图书在版编目(CIP)数据

城市地下管道检测与非开挖修复技术／陈力华等主编. — 哈尔滨 : 哈尔滨工程大学出版社,2024.7
ISBN 978-7-5661-4388-4

Ⅰ. ①城… Ⅱ. ①陈… Ⅲ. ①市政工程-地下管道-工程力学-研究 Ⅳ. ①TU990.3

中国国家版本馆 CIP 数据核字(2024)第 103183 号

城市地下管道检测与非开挖修复技术
CHENGSHI DIXIA GUANDAO JIANCE YU FEIKAIWA XIUFU JISHU

选题策划 宗盼盼
责任编辑 宗盼盼
封面设计 李海波

出版发行 哈尔滨工程大学出版社
社　　址 哈尔滨市南岗区南通大街 145 号
邮政编码 150001
发行电话 0451-82519328
传　　真 0451-82519699
经　　销 新华书店
印　　刷 哈尔滨市海德利商务印刷有限公司
开　　本 787 mm×1 092 mm　1/16
印　　张 17.75
字　　数 376 千字
版　　次 2024 年 7 月第 1 版
印　　次 2024 年 7 月第 1 次印刷
书　　号 ISBN 978-7-5661-4388-4
定　　价 56.00 元
http://www.hrbeupress.com
E-mail:heupress@ hrbeu.edu.cn

编　委　会

重庆工程职业技术学院：陈力华、张恩正、陆春昌、瞿万波、饶洎衔

重庆市住房和城乡建设工程造价总站：徐湛、罗楠、吕静、李现峰、桂许兰、王强

重庆梁平建筑工程质量检测有限公司：孙蛟、汤浩强、李昊霖、熊曦

重庆设计集团有限公司：陈辉燕、敖良根、杜江、罗天菊、方睿、刘燕飞、廖秀丹、
　　　　　　　　　　　潘龙辉

中铁十四局集团有限公司：曹元均、阮超、宋利

中交一公局重庆城市建设发展有限公司：刘久义、黄天贵、王东旭、周伟、刘春雷

重庆市沙坪坝区城市排水设施管理处：张在林

中国市政工程华北设计研究总院有限公司：黄万金

林同棪国际工程咨询（中国）有限公司：马念

中国建筑第五工程局有限公司：李亚勇

中机中联工程有限公司：曾明

重庆市江北区住房和城乡建设委员会：蔡寿华

重庆市江北区城镇排水事务中心：唐松涛

重庆克那维环保科技有限公司：张军、谢莉、曾张成、石东优

天津市政工程设计研究总院有限公司：吕耀志

重庆市排水有限公司：王靖

重庆环保投资集团有限公司：张家强、余兵、张建国

重庆交通大学：王旭、姚志澜、谢贵林

重庆公共运输职业学院：唐晓松

前　言

　　城市地下管网养护不力将导致城市内涝、路面塌陷、"马路拉链"、天然气管道爆炸等现象的出现。目前,我国城市化率达到了 66%,《中国可持续发展总纲(国家卷)》指出,到 2050 年中国作为一个国家整体,将全面达到当时世界中等发达国家的水平,城市化率将达到 80%,城市地下管网的养护压力将进一步加剧。因此,如何提高地下管道养护及修复水平,已成为我国的当务之急。

　　我国对城市地下管道的养护、修复人才的需求量巨大,但目前尚无地下管道检测与非开挖修复方面的专门教材。本书是基于编者多年的教学经验及行业需求编写而成的,共分为 6 章,内容包含城市地下管道的现状及发展、城市地下管网类型及构造、地下管线的普查、地下管道检测与评估、地下管道非开挖修复技术、管道内非开挖作业安全管理,系统全面地介绍了城市地下管道检测与非开挖修复技术方面的知识。

　　本书内容翔实,系统全面。通过本书的学习,学生能够掌握地下管道普查、管道检测、安全作业的方法以及非开挖修复技术。

　　本书在编写过程中参阅了国内同行多部著作和许多企业的地下管道养护解决方案,得到了部分高职院校教师以及行业专家的帮助与支持,在此表示衷心的感谢!

　　由于编者水平有限,书中难免存在错误和不足之处,欢迎广大读者提出宝贵意见和建议(编者邮箱:21077847@ qq. com),以便再版时修订和完善。

编　者

2024 年 1 月

目　　录

第1章　城市地下管道的现状及发展 ……………………………………………… 1

　1.1　我国城市地下管道的现状 …………………………………… 2

　1.2　当前政策 …………………………………………………………… 9

　1.3　当前技术标准 …………………………………………………… 10

　1.4　当前技术应用情况 …………………………………………… 13

第2章　城市地下管网类型及构造 ……………………………………………… 14

　2.1　给水管网的构造 ……………………………………………… 15

　2.2　排水管网的构造 ……………………………………………… 24

　2.3　其他市政管线工程 …………………………………………… 37

第3章　地下管线的普查 ……………………………………………………………… 49

　3.1　管线普查的内容 ……………………………………………… 50

　3.2　混接点调查 ……………………………………………………… 53

　3.3　地下管线测量 ………………………………………………… 60

第4章　地下管道检测与评估 ……………………………………………………… 64

　4.1　管道及设施常见损害 ………………………………………… 65

　4.2　日常巡查 ………………………………………………………… 82

　4.3　管道检测 ………………………………………………………… 83

　4.4　管道技术状况评估 …………………………………………… 98

　4.5　检查井及雨水口检查 ……………………………………… 107

　4.6　检测及评估成果的整理 …………………………………… 109

第5章　地下管道非开挖修复技术 …………………………………………… 112

　5.1　非开挖修复前的准备工作 ………………………………… 113

　5.2　局部非开挖修复方法 ……………………………………… 122

　5.3　整体非开挖修复方法 ……………………………………… 146

第6章 管道内非开挖作业安全管理 ···················· **200**

6.1 非开挖施工主要风险分析及安全规定 ·············· 201

6.2 有限空间作业事故应急救援 ·················· 229

6.3 雨污水管道井下作业施工方案案例 ·············· 241

6.4 应急演练方案案例 ························ 255

课后习题参考答案 ··························· **261**

参考文献 ······························· **274**

第1章　城市地下管道的现状及发展

【本章导读】

我国现有城市地下管道规模庞大,而且整体呈现增长态势,地下管道的建设方兴未艾。但既有地下管网存在养护不足、管理水平不高、缺乏统一规划等问题,导致一些城市相继发生大雨内涝、燃气泄漏爆炸、路面塌陷等事件,严重危害了人民群众生命财产安全,影响了城市运行秩序。为了解决上述问题,政府出台了一系列法规和政策来引导改善地下管道的建设、管理与维护等。在现行技术标准中,其内容主要包括管道普查(管线普查)、检测与评估技术以及非开挖修复技术等方面,以此来统一相关技术要求,保证成果质量,适应现代化城市建设发展的需要。本章介绍了当前技术的应用情况,展示了这些技术如何在实际工程中发挥作用。通过本章的学习,读者能够了解我国城市地下管道的现状,熟悉相关政策、技术标准及应用情况等。

【教学要求】

知识目标	能力目标	素质目标
(1)地下管道产生的问题; (2)地下管道产生问题的原因分析	能够初步掌握地下管道产生的问题及进行原因分析	(1)责任感:具备维护城市地下管道系统安全和有效运行的责任感; (2)技术更新:持续学习与跟踪最新的技术和政策,以保持对城市地下管道管理领域的理解和知识更新
地下管道建设管理的相关政策	能够对地下管道建设管理的相关政策有一定的了解	
(1)当前管道普查的技术标准; (2)当前管道检测与评估的技术标准; (3)当前管道非开挖修复的技术标准	能够对当前地下管道有关的技术标准有一定的了解	

1.1 我国城市地下管道的现状

城市管网建设是城市发展中不可缺少的一个重要组成部分,是一个城市和国家发展水平的重要标志。城市市政管网根据用途不同可分为城市供水管网、城市排水管网、城市燃气管网、城市集中供热管网等。

市政管网根据管道材质分为钢管、铸铁管、混凝土管、塑料管。钢管主要包括无缝钢管、焊接钢管;铸铁管主要包括灰口铸铁管(普通铸铁管)、延性铸铁管(球墨铸铁管);混凝土管主要包括预应力混凝土管(PCP)、自应力混凝土管(SPCP)、预应力钢筒混凝土管(PCCP)、混凝土管(CP)、钢筋混凝土管(RCP);塑料管主要包括聚乙烯(PE)管、硬质聚氯乙烯(PVCU)管等。

1.1.1 现有城市管道的规模

2020 年,我国城市管道长度约 310.00 万 km(图 1.1),其中,供水管道长度为 100.69 万 km,燃气管道长度为 86.44 万 km,供热管道长度为 42.60 万 km,排水管道长度为 80.27 万 km(图 1.2)。

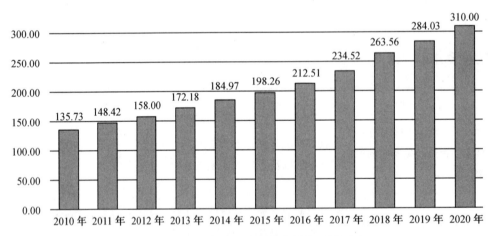

图 1.1 2010—2020 年我国城市管道长度(单位:万 km)

近几年,我国城市管网市场规模整体呈现增长态势。我国城市管网市场规模从 2010 年的 2 777.87 亿元增长到了 2020 年的 6 070.64 亿元(图 1.3)。其中,供水管道市场规模为 1 073.64 亿元;排水管道市场规模为 3 491.41 亿元;燃气管道市场规模为 712.34 亿元;供热管道市场规模为 793.25 亿元(图 1.4)。

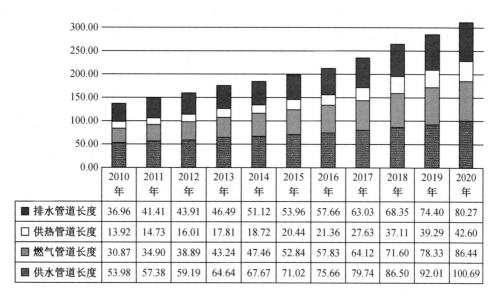

图 1.2　2010—2020 年不同种类管道长度统计(单位:万 km)

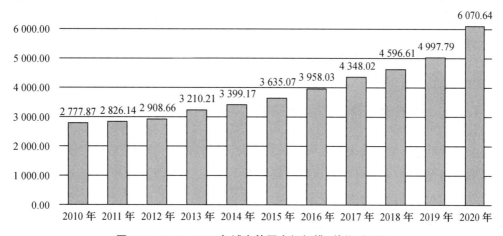

图 1.3　2010—2020 年城市管网市场规模(单位:亿元)

目前,国家密集出台地下管网建设的相关政策。2022 年 2 月 9 日,国务院办公厅转发中华人民共和国国家发展和改革委员会(简称"国家发展和改革委员会")、中华人民共和国生态环境部(简称"生态环境部")、中华人民共和国住房和城乡建设部(简称"住房和城乡建设部")、中华人民共和国国家卫生健康委员会(简称"国家卫生健康委员会")等 4 部委的《关于加快推进城镇环境基础设施建设的指导意见》,其中明确提出,到2025 年要新增城市管网和改造污水收集管网 8 万 km。

2021 年 12 月召开的中央经济工作会议提出,"十四五"期间,必须把管道改造和建设作为重要的一项基础设施工程来抓。随后,国家密集出台了多项地下管网、水利工程建设相关政策。因此,有机构预测称,"十四五"期间,管道投资规模或超 1.4 万亿元,其中,城市管网改造更新有望带动供排水、电力、燃气、热力等市政领域管道的需求释放,拉动供水管网改造市场 191 亿元及燃气管道改造(含施工)市场 606 亿元。因此,我国地下管道的建设方兴未艾。

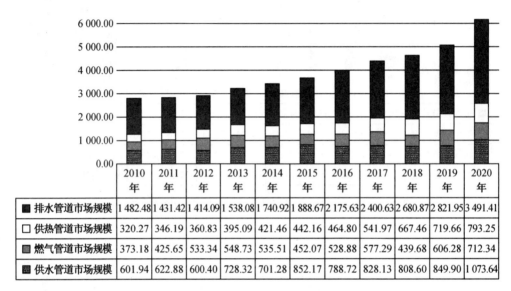

	2010年	2011年	2012年	2013年	2014年	2015年	2016年	2017年	2018年	2019年	2020年
■排水管道市场规模	1 482.48	1 431.42	1 414.09	1 538.08	1 740.92	1 888.67	2 175.63	2 400.63	2 680.87	2 821.95	3 491.41
□供热管道市场规模	320.27	346.19	360.83	395.09	421.46	442.16	464.80	541.97	667.46	719.66	793.25
▨燃气管道市场规模	373.18	425.65	533.34	548.73	535.51	452.07	528.88	577.29	439.68	606.28	712.34
▦供水管道市场规模	601.94	622.88	600.40	728.32	701.28	852.17	788.72	828.13	808.60	849.90	1 073.64

图 1.4　2010—2020 年不同种类管道市场规模(单位:亿元)

1.1.2　城市地下管道产生的问题

虽然城市地下管道建设规模和需求量较大,但既有地下管道存在建设规模不足、管理水平不高等问题,导致一些城市相继发生大雨内涝、燃气泄漏爆炸、路面塌陷等事件,严重危害了人民群众生命财产安全,影响了城市运行秩序。

1. 地下排水管道堵塞引起的大雨内涝

2012 年 7 月 21 日,北京遭遇 61 年一遇的特大暴雨,损失惨重。不仅北京,近年来,长沙、武汉、杭州等许多城市均因暴雨频发内涝(图 1.5)。城市内涝呈现发生范围广、积水深度大、滞水时间长的特点,这直接反映出目前城市排水管网覆盖率、设施排涝能力偏低等问题。

2020 年 5 月 13 日,《川观新闻》发表了《调查|聚焦城市内涝治理①:成都启动史上最大规模全方位地下管网普查整治》。该文章的普查结果让人很震动,发现重大病害共计 6 886 处,重大病害密度达 17.33 处/km,其中,沉积、障碍物、结垢等堵塞类病害 3 030 处,占比 44%;腐蚀类病害 1 709 处,占比 24.8%;垮塌、变形类病害 474 处,占比 6.9%。

(a)   (b)

图1.5 城市内涝现场照片

2. 燃气管道泄漏引起燃气爆炸

2010年12月21日凌晨2时30分左右,温州市某小区发生燃气管道爆炸,现场百米范围内都留下爆炸的"残骸"。这次爆炸导致周边近30家店铺不同程度受损,2辆小轿车烧成了空壳,钢筋水泥做的桥栏杆被炸飞(图1.6)。对于起火具体原因,人们推测与物品压占燃气管道,导致管道下陷有关。燃气管道被压违章现象主要有:在燃气管道上违章搭建建筑物;在燃气管道安全距离内违章施工,未采取任何相应保护措施;在燃气管道上方违章植树。地下燃气管道长期被压占,易发生变形、爆裂,导致燃气泄漏,同时给查找漏点、抢修、抢险以及日常维护带来极大的困难。

图1.6 温州市某小区燃气管道爆炸现场

2017年7月4日13时23分许,吉林省松原市某街道发生城市燃气管道泄漏爆炸事故,造成7人死亡、85人受伤(图1.7)。施工企业在实施道路改造工程旋喷桩施工过程中,钻漏地下中压燃气管道,导致燃气大量泄漏,扩散到附近建筑物空间内,积累达到爆炸极限,遇随机不明点火源引发爆炸。

图 1.7　吉林省松原市某街道发生城市燃气管道泄漏爆炸现场

3. 路面塌陷

2013 年 5 月 13 日,重庆市某街道由于污水管道渗漏造成地面塌陷。

2013 年,深圳市地陷(图 1.8)频发,统计在案的就有 10 次,且几乎都在暴雨之后。10 次地陷共造成 6 人死亡、2 人受伤。在这 10 次地陷中,大部分地陷原因是暴雨冲刷城市地下排水设施,排水管漏水以致地基被掏空发生塌陷。

图 1.8　深圳市某街道发生塌陷

2014 年 6 月 17 日,北京海淀区某街道地下管道老化渗漏,造成地面塌陷。

2014 年 9 月 30 日,北京朝阳区某街道因下水管道破裂,导致地面塌陷。

2021 年 7 月,郑州暴雨,据河南广播电视台公布的一组统计信息,截至 7 月 23 日 19 时 30 分,郑州路面出现多处塌陷,达到 169 处,其中仅中原区便有 78 处塌陷区域,占到总数的一半。

市政道路塌陷如图 1.9 所示。

图 1.9　市政道路塌陷

4. "马路拉链"的负面影响

我国城市建设步伐加快,城市面貌日新月异,市政设施也在不断完善,然而在一系列市政基础设施建设中出现了许多"马路拉链"。许多修建不久的马路、人行道,常常会遭"开膛破肚",令人痛惜(图 1.10)。

"马路拉链"的负面影响,主要体现在以下几方面。

(1)对环境的负面影响

道路修了挖,挖了修,晴天尘土飞扬,雨天遍地泥浆,声音尖锐刺耳,这是广大市民对"马路拉链"的直观感受。一次次的挖开破坏了路面及周围的环境,进而影响了城市交通环境,行人举步维艰,司机不得不绕道而行,给人民生活带来极大不便。之后又不能恢复原有路面状况,或者经过一段时间后,路面下沉出现裂缝,雨天积水,给道路质量留下长期的隐患,影响到市容市貌和城市的形象。一些"马路拉链"还导致断水断电,更加恶化了周围居住环境。"马路拉链"不仅浪费了人力物力,而且破坏了道路景观,对环境造成严重的负面影响。

图 1.10　传统开挖修复工艺

（2）经济损失

反复挖开路面再进行修复还造成了巨大的资源浪费。据粗略估算，每挖 1 m² 城市道路平均花费至少上万元。2021 年我国的城市数量为 691 个，如果每破路挖修一次，每平方米造价假设仅为 1 000 元，再假设每个城市每年只平均挖修 0.1 km²，那么一个城市每年为破路挖修的投资为 1 亿元，全国城市总计为 691 亿元。在"资源是有限的"这一前提条件下，"马路拉链"吃掉了可用于延长道路及正常道路修护的宝贵资金，使我国本来就短缺的道路供给更加紧张，可谓劳民伤财。

（3）社会影响

城市"马路拉链"的大量存在，经常引发道路"血栓"，由此增多的交通事故直接威胁着人民的生命财产安全，继而引发更深层次的社会问题。

1.1.3　不良后果原因分析

城市地下管道养护不足导致城市内涝、燃气爆炸、路面塌陷、"马路拉链"等问题的出现，主要原因如下。

1. 地下管道建设缺乏统一规划

城镇化的高速发展，使城市地下管道种类日渐增多，总结起来有供水、排水、燃气、热力、电力、通信、广播电视、工业八大类等 20 多种管道，涉及几十个权属单位。不少单位地下管道档案缺失，现状不清，只建设不存档，严重缺乏档案意识，所建地区管道"家底"不明；部分城市地下管网规划建设滞后，仍有很多中小城市没有开展地下管道普查；各类管道建设规范不同，有些又存在着交叉现象，错综复杂，缺少完整、精准的管道综合管理信息系统。这些客观存在的弊端常常会导致管道安全事故发生,严重影响城市正常的生产生活秩序,给国家和人民的财产造成不可挽救的损失,甚至威胁到人民群众的生命安全。因此,加强城市地下管网的安全运行管理十分必要。如何采用科学的方法去规划、建设、管理、运行、维护城市地下管道,是政府部门和管道权属单位共同面临的重大问题。

2. 地下管道档案数字化程度低

我国很多地下管道的设计图纸等档案资料保管不完整、不准确,图纸档案的查询、转绘、修补等维护手段相对落后,不能做到对图纸档案进行及时更新和归档,屡次发现有信息遗漏、滞后、重复、不准确的现象,这些都影响到数据的采集处理,严重妨碍到城市化发展的进程。更为严重的是,由于信息数据滞后、查询困难,多种管道资料无法综合利用,致使在进行工程建设时,发生管道泄漏等意外事故,导致城市瘫痪,人民生命财产受到严重损失。

3. 无统一的地下管道信息平台

目前我国很多城市未建立完善统一的地下管道信息网络系统,各部门不能实现信息和服务共享,当信息需求者想要利用管道信息时,要跑多个部门一一收集,最终也不能确保收集到的信息的完整性、准确性和及时性。造成这种现象的主要原因就是缺少规范、标准的城市地下管道相关政策和条例,更没有地下管道信息平台。

4. 管道防腐措施不到位

管道防腐是降低城市地下管道事故的重要因素之一。管道的腐蚀具有隐蔽性、渐变性,因此常常被人们轻视或忽略,而在事故发生后,又没有对管道腐蚀的原因进行仔细研究和分析,致使许多隐患渐变为巨大的灾难。

1.2　当前政策

城市地下管网运营、维护矛盾凸显是随着我国城市化进程的发展而产生的。为了解决这一矛盾,我国从国家及行业领域层面陆续出台了若干措施。

2014 年 6 月,国务院办公厅发布了《关于加强城市地下管线建设管理的指导意见》(简称《意见》)。《意见》指出,城市地下管线是保障城市运行的重要基础设施和"生命线"。为此,《意见》还提出了加大老旧管线改造力度;加强维修养护,消除安全隐患;开展普查工作,完善信息系统等具体措施。

2016 年 2 月,中共中央国务院发布了《关于进一步加强城市规划建设管理工作的若干意见》(简称《若干意见》)。《若干意见》指出,认真总结推广试点城市经验,逐步推开城市地下综合管廊建设,统筹各类管线敷设,综合利用地下空间资源,提高城市综合承载能力。

2019 年 12 月，住房和城乡建设部、中华人民共和国工业和信息化部（简称"工业和信息化部"）、国家广播电视总局、中华人民共和国国家能源局（简称"国家能源局"）联合发文《关于进一步加强城市地下管线建设管理有关工作的通知》，要求健全城市地下管线综合管理协调机制、推进城市地下管线普查、规范城市地下管线建设和维护。

2020 年 12 月 30 日，住房和城乡建设部发布了《住房和城乡建设部关于加强城市地下市政基础设施建设的指导意见》（简称《指导意见》）。《指导意见》指出，应加大老旧设施改造力度，各地要扭转"重地上轻地下""重建设轻管理"观念，切实加强城市老旧地下市政基础设施更新改造工作力度。

2021 年 3 月 5 日，第十三届全国人民代表大会第四次会议在人民大会堂开幕，李克强同志代表国务院向大会做《政府工作报告》。报告中指出，"加大城镇老旧小区改造力度""推进以县城为重要载体的城镇化建设，实施城市更新行动"。

2021 年 3 月 11 日，第十三届全国人民代表大会第四次会议表决通过了关于《中华人民共和国国民经济和社会发展第十四个五年规划和 2035 年远景目标纲要》的决议。会议指出，"加快转变城市发展方式，统筹城市规划建设管理，实施城市更新行动，推动城市空间结构优化和品质提升""加快推进城市更新，改造提升老旧小区、老旧厂区、老旧街区和城中村等存量片区功能"。其中对老旧管网的普查与改造、提升排水管网的运维水平就是城市更新行动一个很重要的方向。

2022 年伊始，几乎每个省市政府都在工作报告中提出实施城市更新行动，例如建立城市体检评估机制，构建"15 分钟生活圈"，老旧小区、街区、片区整体改造提升，加强历史文化保护，城市道路与管网改造升级，旧公园改造，江河生态修复治理，数字赋能城市智慧管理，鼓励多元主体参与更新治理……

城市地下管线安全是城市正常稳定运行的保障，关系广大人民群众的生命财产安全和社会稳定。随着我国城市化进程的发展，城市地下管网的运维矛盾将进一步凸显。

2022 年 10 月 16 日，在中国共产党第二十次全国代表大会上的报告《高举中国特色社会主义伟大旗帜　为全面建设社会主义现代化国家而团结奋斗》中指出，实施城市更新行动，加强城市基础设施建设，打造宜居、韧性、智慧城市。

1.3　当前技术标准

城市地下管道是指城市范围内供水、排水、燃气、热力、电力、通信、广播电视、工业等管道及其附属设施。要想解决城市地下管道的现状问题，我们需从管道普查、管道的检测和评估、非开挖修复等角度入手（图 1.11）。

管道普查，从总体分布上查明管道的位置等各种属性参数。

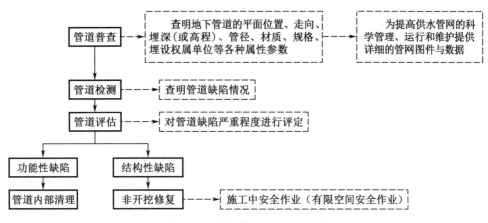

图 1.11 管道修复技术工作流程

管道检测,查明某一段具体管道缺陷情况。

管道评估,针对管道缺陷的严重程度进行评定,并据此选择合理的处治方式。对于功能性缺陷,采用清理的方式进行处治;对于某种具体的结构性缺陷,选取合适的非开挖修复方式进行处治。

1.3.1 管道普查

为了满足城市规划、建设与基础管理工作的需要,我们需对地下管道进行探查测量工作,主要内容是查明地下管道的平面位置、走向、埋深(或高程)、管径、材质、规格、埋设权属单位等;查明地下管网的空间赋存状态、连接关系,采集地下管网的各种属性参数,编绘地下管道图,实现对地下管网的动态管理;为提高供水管网的科学管理、运行和维护提供详细的管网图件与数据。

为规范城市地下管道探测技术方法,统一相关技术要求,保证成果质量,为城市规划、建设、管理、运行、应急和防灾减灾等提供准确的地下管道现状资料,适应现代化城市建设发展的需要,2017 年,住房和城乡建设部发布了《城市地下管线探测技术规程》(CJJ 61—2017)。该规程对地下管线探测的工作内容和成果要求做了详细规定。

2014 年 12 月,住房和城乡建设部发布了《城市地下管线普查工作指导手册》。该手册规定了管线普查的工作程序和普查技术要求。

2015 年 3 月,重庆市出台了《重庆市地下管线基础信息普查技术规程》。该规程规定了重庆市地下管线探测技术方法,以及统一技术准备、地下管线数据采集、数据要求、数据建库、信息系统构建、报告编写和质量检查验收的相关技术要求。

1.3.2 非开挖修复技术

非开挖修复技术是指采用不开挖或者少开挖地表的方法进行管道更新修复的技术。目前该技术在经济发达的省份已经普遍采用。

2010年7月,住房和城乡建设部发布了《城镇燃气管道非开挖修复更新工程技术规程》(CJJ/T 147—2010)。该规程规定了插入法、折叠管内衬法、缩径内衬法、静压裂管法、翻转内衬法对工作压力不大于0.4 MPa的在役燃气管道修复更新的设计、施工及验收。

2014年1月,住房和城乡建设部发布了《城镇排水管道非开挖修复更新工程技术规程》(CJJ/T 210—2014)。该规程规定了城镇排水管道非开挖修复材料性能、非开挖修复设计内容、施工方法、验收要求等。其中非开挖修复方法包括穿插法、翻转式原位固化法、拉入式原位固化法、碎(裂)管法、折叠内衬法、缩径内衬法、机械制螺旋缠绕法、管片内衬法、不锈钢套筒法、点状原位固化法等。

2016年3月,住房和城乡建设部发布了《城镇给水管道非开挖修复更新工程技术规程》(CJJ/T 244—2016)。该规程规定了城镇给水管道非开挖修复材料性能,检测与评估内容,非开挖修复设计内容、施工方法、验收要求等。其中非开挖修复方法包括穿插法、翻转式原位固化法、碎(裂)管法、折叠内衬法、缩径内衬法、不锈钢内衬法、水泥砂浆喷涂法、环氧树脂喷涂法、不锈钢发泡筒法、橡胶涨环法等。

此外,涉及管道非开挖修复还有如下行业标准、地方标准及团体标准。

(1)2009年10月,住房和城乡建设部发布的《城镇排水管道维护安全技术规程》(CJJ 6—2009)。

(2)2016年12月,住房和城乡建设部发布的《道路深层病害非开挖处治技术规程》(CJJ/T 260—2016)。

(3)2018年12月,中国工程建设标准化协会发布的《给排水管道原位固化法修复工程技术规程》(T/CECS 559—2018)。

(4)2020年6月,中国工程建设标准化协会发布的《城镇排水管道非开挖修复工程施工及验收规程》(T/CECS 717—2020)。

(5)2021年6月,上海市住房和城乡建设管理委员会发布的《城镇排水管道非开挖修复技术标准》(DG/JT 08-2354-2021)。

1.3.3 检测与评估技术

管道检测就是应用各种检测技术真实地检测和记录包括管道的基本尺寸(壁厚及管径)、管线直度、管道内外腐蚀状况(腐蚀区大小、形状、深度及发生部位)、焊缝缺陷以及裂纹等情况。通常对管道进行检测是通过各种类型管道检测器来获取管道表面质量的平面及三维信息，以此作为指导管道运行、做出管道使用维护决策的重要依据。

2012 年 7 月，住房和城乡建设部发布了《城镇排水管道检测与评估技术规程》（CJJ 181—2012）。该规程规定了城镇排水管道的检测与评估方法，重点提及了电视检测、声呐检测、管道潜望镜检测三种检测手段；将管道缺陷分为功能性缺陷和结构性缺陷，并且针对缺陷严重程度进行定量评定。

此外，其他相关的标准还有 2019 年 2 月山东省住房和城乡建设厅及山东省市场监督管理局联合发布的《城镇道路地下病害体探测技术标准》（DB37/T 5135—2019）；2019 年 6 月中国市政工程协会团体标准发布的《城镇地下空间探测与检测应用技术标准》（T/CMEA 2—2019）；等等。

1.4　当前技术应用情况

目前，随着城市更新进程的推进，非开挖修复技术如雨后春笋般涌现，城市地下管道的普查、检测、评估、修复迎来了春天。

2021 年 12 月 29 日，唐山市城市管理综合行政执法局公众平台发表了《我市首例排水管网非开挖修复工程助力城市更新》一文。文章中指出，正在实施的建设路（长虹道至裕华道）雨水、污水管线改造修复工程，全长约 1.17 km，原管道始建于震后，材质为混凝土管，运行长达 40 余年，已产生老化和内腐蚀现象。工程采用目前地下管网施工最先进的紫外光固化非开挖修复技术，工程建成后将有效提升建设路长虹道区域污水收集能力及排水防涝能力。

2022 年 8 月 26 日，《证券日报》发表的《无惧"轩岚诺" 宁波首例非开挖修复项目成功落地》报道了福明路给水管道为在役 DN600 球墨铸铁管，运行中出现了严重破损渗漏现象。由于管道上方有 110 kV 电力电缆拖拉管，且与其他综合管线交错，还经过交通主干道和地铁出入口，故无法采用大开挖修复或换管施工，因此选择非开挖技术进行抢修。

可见，目前针对城市地下管道的检测、非开挖修复处于初始阶段，随着我国经济的进一步发展，城镇化水平也将继续提高，城市的翻新和改造（包括老旧小区改造等），对于城市地下管道的运营和修复水平要求也将进一步提高。未来我国城市地下管道相关行业将存在巨大的市场潜力。

【思考与练习】

1. 我国城市地下管道常见的问题有哪些？
2. 简述城市地下管道常见问题出现的原因。

第2章　城市地下管网类型及构造

【本章导读】

城市地下管网类型众多,比如给水管道、排水管道、燃气管道等,不同类型的管网,其构造也有所不同,这也体现了城市地下管网的多样性和复杂性。本章重点阐述了给水和排水管道的构造。它们由不同的管道系统组成,在进行管网布置时会受到多种因素的影响,因此应根据实际情况选择适当的管网布置形式;介绍了给水和排水管道所使用的管材类型、基础形式以及附属构筑物等;讨论了燃气管道、热力管道、电力和电信管线等其他市政管线工程的构造。通过本章的学习,读者能够全面了解城市地下管网的类型和构造,掌握各类管网的相关基础知识。

【教学要求】

知识目标	能力目标	素质目标
(1)给水系统的组成; (2)输水管道布置形式; (3)给水管材、管件; (4)给水管道的基础形式及覆土; (5)给水管网常见的附属构物	能够理解和分析给水管网的构造要求	(1)工程素养:具有城市地下管网工程的基本知识和技能; (2)创新能力:具备在管道系统布置和构造中提出创新性解决方案的能力,以满足不同城市环境的需求; (3)沟通能力:能够清晰表达和传达与城市地下管网工程相关的信息
(1)排水系统的组成; (2)排水管道布置形式; (3)常用排水管材; (4)排水管道的基础形式及覆土; (5)排水管网常见的附属构筑物及排水渠	能够理解和分析排水管网的构造要求	
(1)燃气管道的构造; (2)热力管道的构造; (3)电力管线的构造; (4)电信管线的构造	能够理解和分析其他市政管网的构造要求	

市政管道工程是城市重要的基础工程设施,按其功能主要分为给水管道、排水管道、燃气管道、热力管道、电力电缆和电信电缆六大类。本章主要讲述地下管道的基本类型与构造。

2.1　给水管网的构造

2.1.1　给水系统的组成

给水系统是指由取水、输水、水质处理、配水等设施以一定的方式组合而成的总体。通常由取水构筑物、水处理构筑物、泵站、输水管道、配水管网和调节构筑物六部分组成。

2.1.2　给水管网的布置

城市给水管网的布置主要受水源地地形、城市地形、城市道路、用户位置及分布情况、水源及调节构筑物的位置、城市障碍物情况、用户对给水的要求等因素的影响。根据水源地和给水区的地形情况,输水管道有以下三种布置形式。

1. 重力输水系统

重力输水系统(图 2.1)适用于水源地地形高于给水区,并且高差可以保证以经济的造价输送所需水量的情况。

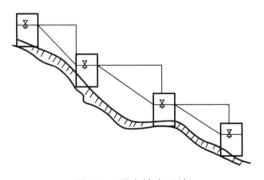

图 2.1　重力输水系统

2. 压力输水系统

压力输水系统(图 2.2)适用于水源地与给水区的地形高差不能保证以经济的造价输送所需的水量,或水源地地形低于给水区地形的情况。

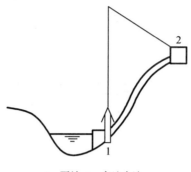

1—泵站;2—高地水池。

图 2.2　压力输水系统

3. 重力和压力相结合的输水系统

当地形复杂且输水距离较长时,往往采用重力和压力相结合的输水系统(图 2.3),以充分利用地形条件,节约供水成本。该系统在大型长距离输水管道中应用较为广泛。

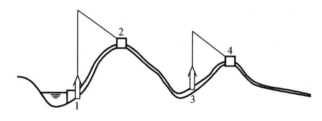

1、3—泵站;2、4—高地水池。

图 2.3　重力和压力相结合的输水系统

配水管网一般可归结为枝状管网和环状管网两种布置形式。枝状管网管线短、管网布置简单、投资少,但供水可靠性差,当管网中任一管段损坏时,其后的所有管线均会断水。在管网末端,因用水量小,水流速度缓慢,甚至停滞不动,容易使水质变坏。环状管网供水可靠,便于检修,但管线长、布置复杂、投资多。

2.1.3　给水管材

在市政给水管道工程中,常用的给水管材主要有以下几种。

1. 铸铁管

铸铁管主要用作埋地给水管道,与钢管相比具有制造较易、价格较低、耐腐蚀性较强等优点,其工作压力一般不超过 0.6 MPa;但铸铁管质脆、不耐振动和弯折、质量大。

2. 钢管

钢管具有自重轻、强度高、抗应变性能比铸铁管及钢筋混凝土压力管好、接口操作方便、承受管内水压力较高、管内水流水力条件好等优点；但钢管的耐腐蚀性能差，使用前应进行防腐处理。钢管有普通无缝钢管和纵向焊缝或螺旋形焊缝的焊接钢管。大直径钢管通常是在加工厂用钢板卷圆焊接，称为卷焊钢管。

市政给水管道中常用的普通钢管工作压力不超过 1 MPa，管径为 DN100 ~ DN2200（DN 是指公称直径），有效长度为 4~10 m。

3. 钢筋混凝土压力管

钢筋混凝土压力管按照生产工艺分为预应力钢筋混凝土管和自应力钢筋混凝土管两种，适宜做长距离输水管道，其缺点是质脆、体笨，运输与安装不便。

预应力钢筋混凝土管是在管身上预先施加纵向与环向应力制成的双向预应力钢筋混凝土管，管口一般为承插式，具有良好的抗裂性能，其耐土壤电化腐蚀的性能比金属管好。

4. 预应力钢筒混凝土管

预应力钢筒混凝土管是由钢板、钢丝和混凝土构成的复合管材，分为两种形式，一种是内衬式预应力钢筒混凝土管（PCCP-L），即在钢筒内衬以混凝土，钢筒外缠绕预应力钢丝，再敷设砂浆保护层而制成的管材；另一种是埋置式预应力钢筒混凝土管（PCCP-E），即将钢筒埋置在混凝土里面，然后在混凝土管芯上缠绕预应力钢丝，再敷设砂浆保护层而制成的管材。

预应力钢筒混凝土管兼有钢管和钢筋混凝土压力管的性能，具有较好的抗爆、抗渗和抗腐蚀性能，钢材用量约为钢管的 1/3，使用寿命可达 50 年以上，价格与普通铸铁管相近。目前我国生产的预应力钢筒混凝土管的管径为 DN600~DN3400，单根管长 5 m，工作压力为 0.4~2.0 MPa。

5. 塑料管

塑料管具有良好的耐腐蚀性及一定的机械强度，加工成型，安装方便，输水能力强，材质轻，运输方便，价格便宜。但其强度较低，刚性差，热胀冷缩性大，在日光下老化速度快，老化后易断裂。塑料管有热塑性塑料管和热固性塑料管两种。

2.1.4　给水管件

给水管件主要包含给水管配件和给水管附件。

给水管配件用在管道的转弯、分支、变径及连接其他附属设备处，使管道及设备正确衔接，如三通或四通、弯头、变径管及各种短管等。

除了给水管配件外，还需有各种附件（又称管网控制设备），如阀门、排气阀、泄水阀、消火栓等。

2.1.5　给水管道构造

给水管道为压力流,在施工过程中要保证管材及其接口强度满足要求,并根据实际情况采取防腐、防冻措施;在使用过程中要保证管材不致因地面荷载作用而损坏,管道接口不致因管内水压而损坏。因此,给水管道的构造一般包括基础、管道、覆土三部分,管道前面已述及,这里主要讲述基础和覆土。

1. 基础

(1)天然基础

当管底地基土层承载力较大、地下水位较低时,可采用天然地基作为管道基础。施工时,将天然地基整平,管道铺设在未经扰动的原状土上即可,如图 2.4(a)所示。为安全起见,可将天然地基夯实后再铺设管道,为保证管道铺设的位置正确,可将槽底做成 90°~135° 的弧形槽。

(2)砂基础

当管底为岩石、碎石或多石地基时,对金属管道应铺垫不小于 100 mm 厚的中砂或粗砂,对非金属管道应铺垫不小于 150 mm 厚的中砂或粗砂,构成砂基础,再在上面铺设管道,如图 2.4(b)所示。

(3)混凝土基础

当管底地基土质松软,承载力小,或铺设大管径的钢筋混凝土管道时,应采用混凝土基础。根据地基承载力的实际情况,可采用强度等级不低于 C10 的混凝土带形基础,也可采用混凝土枕基,如图 2.4(c)所示。

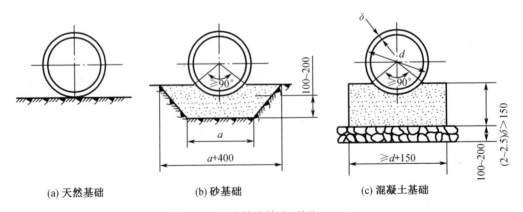

图 2.4　给水管道基础(单位:mm)

混凝土带形基础是沿管道全长做成的基础,而混凝土枕基是只在管道接口处用混凝土块垫起,其他地方用中砂或粗砂填实。

对混凝土基础,如管道采用柔性接口,应每隔一定距离在柔性接口下留出 600~800 mm 的不浇筑混凝土,而用中砂或粗砂填实,以使柔性接口有自由伸缩沉降的空间。

为保证荷载正确传递和管道铺设位置正确,可将混凝土基础表面做成 90°、135°、180° 的管座。

2. 覆土

给水管道埋设在地面以下,其管顶以上应有一定厚度的覆土,以保证管道内的水在冬季不会因冰冻而结冰,在正常使用时管道不会因各种地面荷载作用而损坏。管道的覆土厚度是指管顶到地面的垂直距离,如图 2.5 所示。

在非冰冻地区,管道覆土厚度的大小主要取决于外部荷载、管材强度、管道交叉情况以及抗浮要求等因素。一般金属管道的最小覆土厚度在车行道下为 0.7 m,在人行道下为 0.6 m;非金属管道的覆土厚度不小于 1.0~1.2 m。当地面荷载较小,管材强度足够,或采取相应措施能确保管道不致因地面荷载作用而损坏时,覆土厚度也可适当减小。

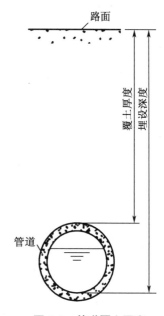

图 2.5　管道覆土厚度

在冰冻地区,管道覆土厚度还要考虑土壤的冰冻深度,一般应通过热力计算确定,通常覆土厚度应大于土层的最大冰冻深度。当无实际资料,不能通过热力计算确定时,管底在冰冻线以下的距离可按下列经验数据确定:

DN≤300 mm 时,为 DN+200 mm;

300 mm≤DN≤600 mm 时,为 0.75DN;

DN>600 mm 时,为 0.5DN。

2.1.6　给水管网的附属构筑物

为保证给水管网正常工作,满足维护管理的需要,在给水管网上还需设置一些附属构筑物。常用的附属构筑物主要有以下几种。

1. 阀门井

给水管网中的各种附件一般都安装在阀门井中,使其有良好的操作和养护环境。阀门井(图 2.6)的形状有圆形和矩形两种。阀门井的大小取决于管道的管径、覆土厚度及附件的种类、规格和数量。为便于操作、安装、拆卸与检修,井底到管道承口或法兰盘底的距离应不小于 0.1 m,法兰盘与井壁的距离应大于 0.15 m,从承口外缘到井壁的距离应大于 0.3 m,以便于接口施工。

阀门井一般用砖、石砌筑,也可用钢筋混凝土现场浇筑。

当阀门井位于地下水位以下时,井壁和井底应不透水,在管道穿井壁处必须保证有足够的水密性。在地下水位较高的地区,阀门井还应有良好的抗浮稳定性。

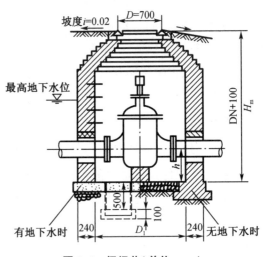

图 2.6 阀门井(单位:mm)

2. 泄水阀井

泄水阀一般放置在阀门井中构成泄水阀井,当由于地形因素排水管不能直接将水排走时,还应建造一个与阀门井相连的湿井。当需要泄水时,由排水管将水排入湿井,再用水泵将湿井中的水排走,如图 2.7 所示。泄水阀井的构造与阀门井相同。

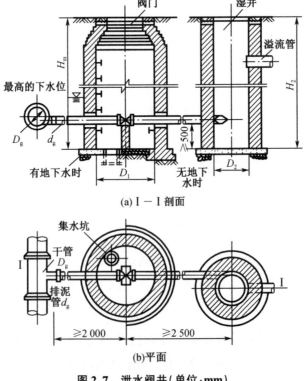

(a) Ⅰ－Ⅰ剖面

(b)平面

图 2.7 泄水阀井(单位:mm)

3. 排气阀门井

排气阀门井与阀门井相似,其构造如图 2.8 所示。

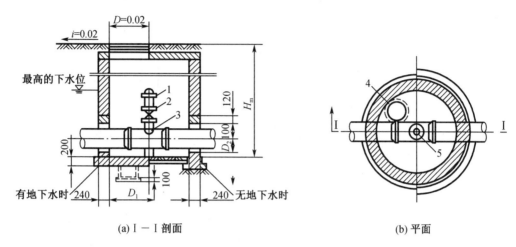

(a) Ⅰ—Ⅰ 剖面　　　　　　　　　　　　　　(b) 平面

1—排气阀;2—阀门;3—排气丁字管;4—集水坑(DN200 混凝土管);5—支撑。

图 2.8　排气阀门井(单位:mm)

4. 支墩

承插式接口的给水管道,在弯管、三通、变径管及水管末端盖板等处,由于水流的作用,都会产生向外的推力。当推力大于接口所能承受的阻力时,就可能导致接头松动脱节而漏水,因此必须设置支墩以承受此推力,防止漏水事故的发生。但当 DN<350 mm,且试验压力不超过 980 kPa 时,或管道转弯角度小于 10° 时,接头本身均足以承受水流产生的推力,此时可不设支墩。

支墩一般用混凝土建造,也可用砖、石砌筑,一般有水平弯管支墩、垂直向下弯管支墩、垂直向上弯管支墩等,如图 2.9 所示。

5. 管道穿越障碍物

市政给水管道在通过铁路、公路、河谷等障碍物时,必须采取一定的措施保证安全,并经过铁路部门或交通部门同意。一般可采取如下措施。

(1)穿越临时铁路、一般公路或非主要路线且管道埋设较深时,可不设套管,但应优先选用铸铁管(青铅接口),并将铸铁管接头放在障碍物以外;也可选用钢管(焊接接口),但应采取防腐措施。

(2)穿越较重要的铁路或交通繁忙的公路时,管道应放在钢管或钢筋混凝土套管内,套管直径根据施工方法而定,大开挖施工时应比给水管直径大 300 mm;顶管施工时应比给水管直径大 600 mm。套管应有一定的坡度以便排水,路的两侧应设阀门井,内设阀门和支墩,并根据具体情况在低的一侧设泄水阀。

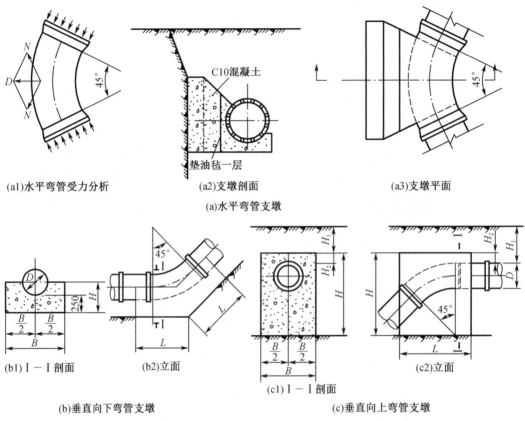

图 2.9　给水管道支墩

（3）管道穿越铁路或公路时，其管顶或套管顶在铁路轨底或公路路面以下的深度不应小于 1.2 m，以减轻路面荷载对管道的冲击。

（4）管道穿越河谷时，其穿越地点、穿越方式和施工方法应符合相应技术规范的要求，并经过河道管理部门的同意后才可实施。根据穿越河谷的具体情况，一般可采取如下措施。

①当河谷较深、冲刷较严重、河道变迁较快时，应尽量架设在现有桥梁的人行道下面穿越，此种方法施工、维护、检修方便，也最为经济。如不能架设在现有桥梁下穿越，则应以架空管的形式通过。

架空管一般采用钢管，焊接连接，两端设置阀门井和伸缩接头，最高点设置排气阀，如图 2.10 所示。架空管的高度和跨度以不影响航运为宜，一般矢高和跨度比为 1∶8~1∶6，常用 1∶8。

架空管维护管理方便，防腐性好，但易遭破坏，防冻性差，在寒冷地区必须采取有效的防冻措施。

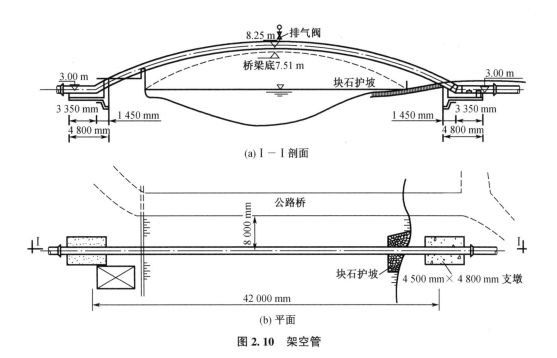

(a) Ⅰ－Ⅰ剖面

(b) 平面

图 2.10　架空管

②当河谷较浅、冲刷较轻、河道航运繁忙、不适宜设置架空管或穿越铁路和重要公路时,须采用倒虹管,如图 2.11 所示。

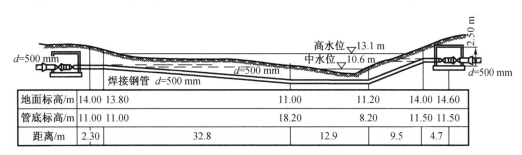

(a)纵剖面

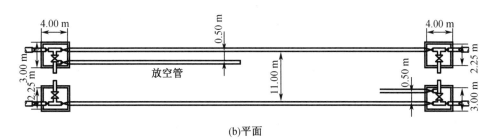

(b)平面

图 2.11　倒虹管

倒虹管的穿越地点、穿越方式和施工方法,应符合相应的技术规范的要求,并经相关管理部门同意后才可实施。倒虹管在河床下的深度一般不小于0.5 m,但在航道线范围内不应小于1.0 m;在铁路路轨底或公路路面下一般不小于1.2 m。倒虹管一般同时敷设两条,一条工作,另一条备用,且两端设置阀门井,最低处设置泄水阀以备检修用;一般采用钢管,焊接连接,并强化防腐措施,管径一般比其两端连接的管道的管径小一级,以增大水流速度,防止在低凹处淤积泥砂。

在穿越重要的河道、铁路和交通繁忙的公路时,可将倒虹管置于套管内,套管的管材和管径应根据施工方法确定。

倒虹管具有适应性强、不影响航运、保温性好、隐蔽安全等优点,但施工复杂、检修麻烦,须做加强防腐。

2.2 排水管网的构造

2.2.1 排水系统的制度

城市污水是指城市中排放的各种污水和废水的统称,通常包括综合生活污水、工业废水和入渗地下水;在合流制排水系统中,还包括径流的雨水。城市污水的排水制度,分为合流制和分流制两种形式。合流制是指用同一管渠系统收集和输送城市污水与雨水的排水方式;分流制是指用不同管渠分别收集和输送各种城市污水与雨水的排水方式。

2.2.2 排水系统的组成

排水系统是指收集、输送、处理和利用污水与雨水的工程设施以一定的方式组合而成的总体。其通常由排水管道系统和污水管道系统组成。

排水管道系统的作用是收集、输送污(废)水,由管渠、检查井、泵站等设施组成。分流制排水系统包括污水管道系统和雨水管道系统;合流制排水系统只包括合流制管道系统。

污水管道系统是收集、输送综合生活污水和工业废水的管道及其附属构筑物。

1.污水管道系统的组成

城市污水管道系统包括小区污水管道系统和市政污水管道系统两部分。

小区污水管道系统主要是收集小区内各建筑物排除的污水,并将其输送到市政污水管道系统中。其一般由出户管、小区污水管道、连接管、检查井、控制井等附属构筑物组成,如图2.12所示。

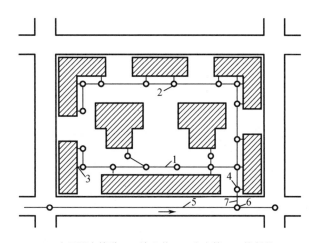

1—小区污水管道;2—检查井;3—出户管;4—控制井;
5—市政污水管道;6—市政污水检查井;7—连接管。

图 2.12　小区污水管道系统

市政污水管道系统主要承接城市内各小区的污水,并将其输送到污水处理系统,经处理后再排放利用。其一般由支管、干管、主干管、泵站、出水口及事故排出口等附属构筑物组成,如图 2.13 所示。

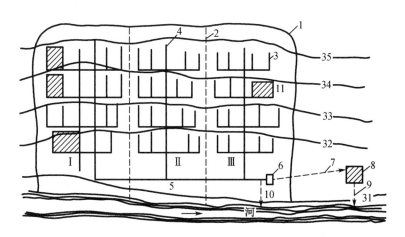

1—城市边界;2—排水流域分界;3—支管;4—干管;5—主干管;6—泵站;
7—压力管道;8—城市污水厂;9—出水口;10—事故排出口;11—工厂。

图 2.13　市政污水管道系统

2. 雨水管道系统的组成

雨水管道系统(图 2.14)包括小区雨水管道系统和市政雨水管道系统两部分。

小区雨水管道系统是收集、输送小区地表径流的管道及其附属构筑物,包括雨水口、小区雨水支管、小区雨水干管、雨水检查井等。

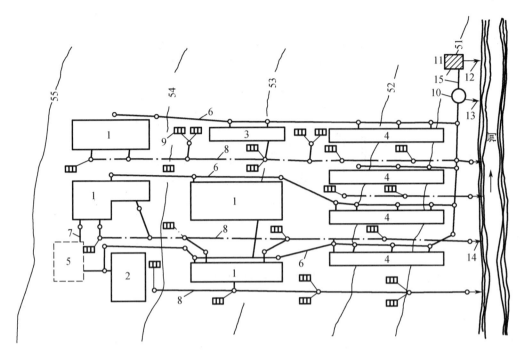

1、2、3、4、5—建筑物;6—生活污水管道;7—生产污水管道;
8—生产废水与雨水管道;9—雨水口;10—污水泵站;11—废水处理站;
12—出水口;13—事故排出口;14—雨水出水口;15—压力管道。

图 2.14　雨水管道系统

市政雨水管道系统是收集小区和城市道路路面上的地表径流的管道及其附属构筑物,包括雨水支管、雨水干管和雨水口、检查井、雨水泵站、出水口等附属构筑物。

3. 合流制管道系统

合流制管道系统是收集输送城市综合生活污水、工业废水和雨水的管道及其附属构筑物,包括小区合流管道系统和市政合流管道系统两部分,由污水管道系统和雨水口构成。雨水经雨水口进入合流管道,与污水混合后一同经市政合流支管、合流干管、截流主干管进入污水处理厂,或通过溢流井溢流排放。

2.2.3　排水管道系统的布置

1. 布置形式

排水管道系统的平面布置,受城市地形、城市规划、污水厂位置、河流位置、水流情况、污水种类和污染程度等因素影响,其中地形是最关键的因素。从城市地形方面考虑,排水管道系统的布置形式,如图 2.15 所示。

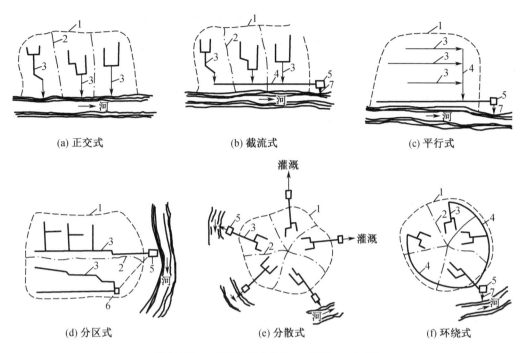

(a) 正交式　　　　　　(b) 截流式　　　　　　(c) 平行式

(d) 分区式　　　　　　(e) 分散式　　　　　　(f) 环绕式

1—城市边界;2—排水流域分界线;3—干管;4—主干管;
5—污水厂;6—污水泵站;7—出水口。

图 2.15　排水管道系统的布置形式

　　在地势向水体适当倾斜的地区,可采用正交式布置,使各排水流域的干管与水体垂直相交,这样可使干管的长度短、管径小、排水迅速、造价低。但污水未经处理就直接排放,容易造成受纳水体的污染。因此正交式布置仅适用于雨水管道系统。

　　在正交式布置的基础上,若沿水体岸边敷设主干管,将各流域干管的污水截流送至污水厂,就形成了截流式布置。截流式布置减轻了水体的污染,保护和改善了环境,适用于分流制中的污水管道系统。

　　在地势向水体有较大倾斜的地区,可采用平行式布置,使排水流域的干管与水体或等高线基本平行,主干管与水体或等高线成一定斜角敷设。这样可避免干管坡度和管内水流速度过大,使干管受到严重的冲刷。

　　在地势高差相差很大的地区,可采用分区式布置。即在高地区和低地区分别敷设独立的管道系统,高地区的污水靠重力直接流入污水厂,而低地区的污水则靠泵站提升至高地区的污水厂。也可将污水厂建在低处,低地区的污水靠重力直接流入污水厂,而高地区的污水则跌至低地区的污水厂。其优点是充分利用地形,节省电力。

　　当城市中央地势高,地势向周围倾斜,或城市周围有河流时,可采用分散式布置。即各排水流域具有独立的排水系统,干管呈辐射状分布。其优点是干管长度短、管径小、埋深浅,但需建造多个污水厂。因此分散式布置适宜排除雨水。

在分散式布置的基础上,敷设截流主干管,将各排水流域的污水截流至污水厂进行处理,便形成了环绕式布置,它是分散式发展的结果,适用于建造大型污水厂的城市。

2. 布置原则和要求

排水管道系统布置时应遵循的原则是,尽可能在管线较短和埋深较浅的情况下,让最大区域的污水能自流排出。

管道布置时一般按主干管、干管、支管的顺序进行。其方法是首先确定污水厂或出水口的位置,然后再依次确定主干管、干管和支管的位置。

2.2.4 排水管材

1. 对排水管材的要求

(1)必须具有足够的强度,以承受外部的荷载和内部的水压,并保证在运输和施工过程中不致破裂。

(2)应具有抵抗污水中杂质的冲刷磨损和抗腐蚀的能力。

(3)必须密闭不透水,以防止污水渗出和地下水渗入。

(4)内壁应平整光滑,以尽量减小水流阻力。

(5)应就地取材,以降低施工费用。

2. 常用排水管材

(1)混凝土管和钢筋混凝土管

混凝土管、轻型钢筋混凝土管和重型钢筋混凝土管适用于排除雨水和污水,管口有承插式、平口式和企口式三种形式,如图 2.16 所示。

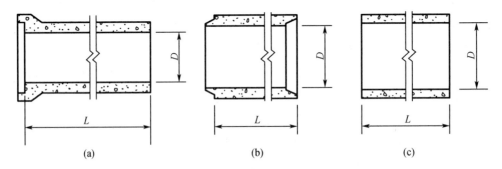

(a)	(b)	(c)

图 2.16 混凝土管和钢筋混凝土管

混凝土管的管径一般小于 450 mm,长度多为 1 m,一般在工厂预制,也可现场浇制。

当管道埋深较深或敷设在土质不良地段,以及穿越铁路、城市道路、河流、谷地时,通常采用钢筋混凝土管。钢筋混凝土管按照承受的荷载要求分轻型钢筋混凝土管和重型钢筋混凝土管两种。

混凝土管和钢筋混凝土管便于就地取材,制造方便,在排水管道工程中得到了广泛应用。其主要缺点是抵抗酸碱腐蚀及抗渗性能差;管节短、接头多,施工麻烦;自重大,搬运不便。

（2）陶土管

陶土管由塑性黏土制成,为了防止在焙烧过程中产生裂缝,通常加入一定比例的耐火黏土和石英砂,经过研细、调和、制坯、烘干、焙烧等过程制成。人们根据需要可制成无釉、单面釉和双面釉的陶土管。若加入耐酸黏土和耐酸填充物,还可制成特种耐酸陶土管。

陶土管一般为圆形断面,有承插式和平口式两种形式,如图 2.17 所示。

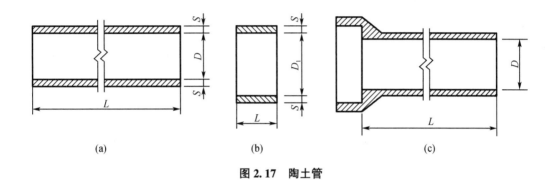

图 2.17　陶土管

带釉的陶土管管壁光滑,水流阻力小,密闭性好,耐磨损,抗腐蚀。

陶土管质脆易碎,不宜远运;抗弯、抗压、抗拉强度低;不宜敷设在松软土中或埋深较深的地段。此外,管节短、接头多,施工麻烦。

（3）金属管

常用的金属管有铸铁管和钢管。金属管质地坚固,强度高,抗渗性能好,管壁光滑,水流阻力小,管节长,接口少,施工运输方便,但价格昂贵,抗腐蚀性差。因此,在市政排水管道工程中很少用。只有在地震烈度大于 8 级或地下水位高、流沙严重的地区,或承受高内压、高外压及对渗漏要求特别高的地段才采用金属管。

（4）排水渠道

在很多城市,除采用上述排水管道之外,还采用排水渠道。排水渠道一般有砖砌、石砌、钢筋混凝土渠道,断面形式有圆形、矩形、半椭圆形等,如图 2.18 所示。

砖砌渠道应用普遍,在石料丰富的地区,可采用毛石或料石砌筑,也可用预制混凝土砌块砌筑。大型排水渠道,可采用钢筋混凝土现场浇筑。

（5）新型管材

随着新型建筑材料的不断研制,用于制作排水管道的材料也日益增多,新型排水管材不断涌现,如玻璃纤维筋混凝土管、热固性树脂管、离心混凝土管,其性能均优于普通的混凝土管和钢筋混凝土管。

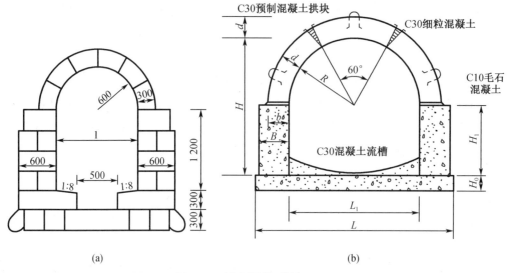

图 2.18　排水渠道(单位:mm)

选择排水管渠材料时,应在满足技术要求的前提下,尽可能就地取材,采用当地易于自制、便于供应和运输方便的材料,以使运输和施工费用降至最低。一般情况下,市政排水管道经常采用混凝土管、钢筋混凝土管、聚氯乙烯(PVC)管、UPVC 加筋管、玻璃钢夹砂管。

2.2.5　排水管道构造

排水管道的构造一般包括基础、管道、覆土三部分。排水管道为重力流,由上游至下游管道坡度逐渐增大,所以管道埋深也会逐渐增加,这就要求施工时除保证管材及其接口强度满足要求之外,还应保证不因地面荷载作用而损坏,同时基础要牢固可靠。

1. 基础

排水管道的基础包括地基、基础和管座三部分,如图 2.19 所示。地基是沟槽底的土层,它承受管道和基础的重力、管内水重、管上土压力和地面上的荷载。基础在地基与管道之间,当地基的承载力不足以承受上面的压力时,需要扩大基础,增加地基的受力面积,把压力均匀地传给地基。管座是管道底侧与基础顶面之间的部分,使管道与基础连成一个整体,以增加管道的刚度和稳定性。

排水管道有以下三种基础。

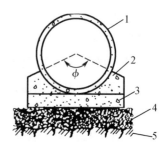

1—管道;2—管座;3—基础;
4—垫层;5—地基。

图 2.19　排水管道基础

（1）砂土基础

砂土基础又叫素土基础,包括弧形素土基础和砂垫层基础两种,如图 2.20 所示。

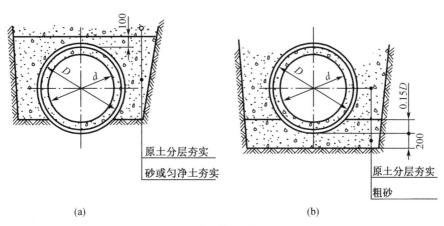

图 2.20 砂土基础(单位:mm)

弧形素土基础是在沟槽原土上挖一弧形管槽,管道敷设在弧形管槽里。这种基础适用于无地下水,原土能挖成弧形(通常采用 90°弧)的干燥土;管径小于 600 mm 的混凝土管和钢筋混凝土管;管道覆土厚度为 0.7~2.0 m 的小区污水管道、非车行道下的市政次要管道和临时性管道。

砂垫层基础是在挖好的弧形管槽里,填 100~150 mm 厚的砂土作为垫层。这种基础适用于无地下水的岩石或多石土层;管径小于 600 mm 的混凝土管和钢筋混凝土管;管道覆土厚度为 0.7~2.0 m 的小区污水管道、非车行道下的市政次要管道和临时性管道。

（2）混凝土枕基

混凝土枕基是只在管道接口处才设置的管道局部基础,如图 2.21 所示。通常在管道接口下用 C10 混凝土做成枕状垫块,垫块常采用 90°或 135°管座。这种基础适用于干燥土层中的雨水管道及不太重要的污水支管,常与砂土基础联合使用。

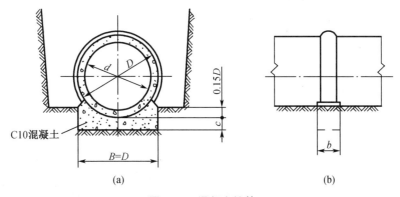

图 2.21 混凝土枕基

（3）混凝土带形基础

混凝土带形基础是沿管道全长铺设的基础，分为90°、135°、180°三种管座形式，如图2.22所示。

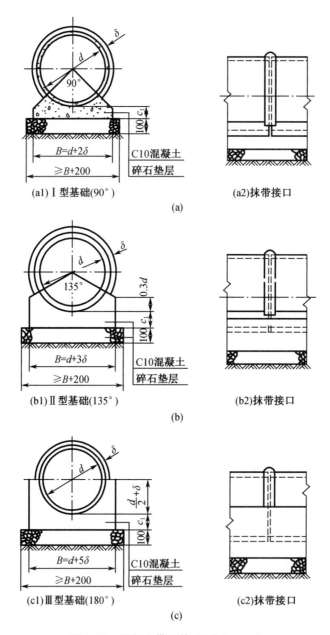

(a1) Ⅰ型基础(90°)　　(a2)抹带接口

(a)

(b1) Ⅱ型基础(135°)　　(b2)抹带接口

(b)

(c1) Ⅲ型基础(180°)　　(c2)抹带接口

(c)

图2.22　混凝土带形基础(单位:mm)

混凝土带形基础适用于各种潮湿土层及地基软硬不均匀的排水管道，管径为200～2 000 mm。无地下水时常在槽底原土上直接浇筑混凝土;有地下水时在槽底铺100～

150 mm 厚的卵石或碎石垫层,然后在上面浇筑混凝土,根据地基承载力的实际情况,可采用强度等级不低于 C10 的混凝土。当管道覆土厚度为 0.7~2.5 m 时采用 90°管座,当覆土厚度为 2.6~4.0 m 时采用 135°管座,当覆土厚度为 4.1~6.0 m 时采用 180°管座。

在地震区或土质特别松软和不均匀沉陷严重的地段,最好采用钢筋混凝土带形基础。

2. 管道

采用设计要求的管材,前文已述及。

3. 覆土

排水管道埋设在地面以下,其管顶以上应有一定厚度的覆土,以保证管道内的水在冬季不会因冰冻而结冰;在正常使用时管道不会因各种地面荷载作用而损坏;同时要满足管道衔接的要求,保证上游管道中的污水能够顺利排除。

在非冰冻地区,管道覆土厚度的大小主要取决于地面荷载、管材强度、管道衔接情况以及敷设位置等因素,以保证管道不受破坏为主要目的。一般情况下排水管道的最小覆土厚度在车行道下为 0.7 m,在人行道下为 0.6 m。

在冰冻地区,除了考虑上述因素外,还要考虑土层的冰冻深度。一般污水管道内污水的温度不低于 4 ℃,使污水以一定的流量和流速不断流动。因此,污水在管道内是不会冰冻的,管道周围的土层也不会冰冻,管道不必全部埋设在土层冰冻线以下。但如果将管道全部埋设在冰冻线以上,则可能会因土层冰冻膨胀损坏管道基础,进而损坏管道。一般在土层冰冻深度不太大的地区,可将管道全部埋设在冰冻线以下;在土层冰冻深度很大的地区,无保温措施的生活污水管道或水温与生活污水接近的工业废水管道,管底可埋设在冰冻线以上 0.15 m;有保温措施或水温较高的管道,管底在冰冻线以上的距离可以加大,其数值应根据该地区或条件相似地区的经验确定,但要保证管道的覆土厚度不小于 0.7 m。

2.2.6　排水渠道构造

排水渠道的构造一般包括渠顶、渠底和渠身,如图 2.18 所示。渠道的上部叫渠顶,下部叫渠底,两壁叫渠身。通常将渠底和基础做在一起,渠顶做成拱形,渠底和渠身扁光、勾缝,以使水力性能良好。

2.2.7　排水管网附属构筑物的构造

1. 检查井

在排水管渠系统中,为便于管渠的衔接以及对管渠进行定期检查和清通,必须设置检查井。检查井通常设在管渠交会、转弯、管渠尺寸或坡度改变、跌水等处以及相隔一定距离的直线管渠段上。检查井在直线管渠段上的最大间距,一般按表 2.1 设计。

表 2.1　检查井在直线管渠段上的最大间距

管径或暗渠净高 /mm	最大间距/m	
	污水管渠	雨水(合流)管渠
200~400	40	50
500~700	60	70
800~1 000	80	90
1 100~1 500	100	120
1 600~2 000	120	120

检查井按形状分为圆形检查井、方形检查井、矩形检查井和其他不同形状的检查井。方形和矩形检查井用在大直径管道上,一般情况下均采用圆形检查井。检查井由井底(包括基础)、井身和井盖(包括盖座)三部分组成,如图 2.23 所示。

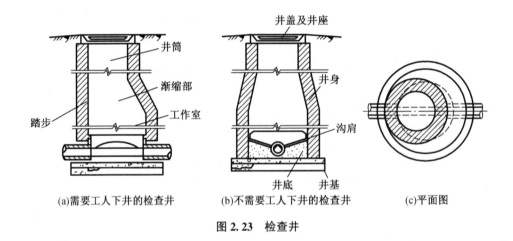

(a)需要工人下井的检查井　　(b)不需要工人下井的检查井　　(c)平面图

图 2.23　检查井

检查井井底一般采用低标号的混凝土,基础采用碎石、卵石、碎砖夯实或低标号的混凝土。为使水流通过检查井时阻力较小,井底宜设半圆形或弧形流槽,流槽直壁向上升展。污水管道的检查井流槽顶与上、下游管道的管顶相平,或与 0.85 倍大管管径处相平;雨水管渠和合流管渠的检查井流槽顶可与 0.5 倍大管管径处相平。流槽两侧至检查井井壁间的底板(称为沟肩)应有一定宽度,一般不小于 200 mm,以便养护人员下井时立足,并应有 2%~5% 的坡度坡向流槽,以防检查井积水时淤泥沉积。在管渠转弯或几条管渠交会处,为使水流畅通,流槽中心线的弯曲半径应按转角大小和管径大小确定,但不得小于大管的管径。检查井井底流槽的平面形式如图 2.24 所示。

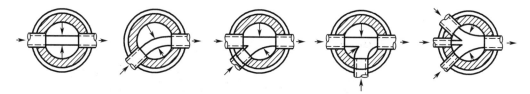

图 2.24　检查井井底流槽的平面形式

检查井井身用砖、石砌筑,也可用混凝土或钢筋混凝土现场浇筑,其构造与是否需要工人下井有密切关系。不需要工人下井的检查井,井身为直壁圆筒形;需要工人下井的检查井,井身在构造上分为工作室、渐缩部和井筒三部分。工作室是养护人员下井进行临时操作的地方,不能过分狭小,其直径不能小于 1 m,其高度在埋深允许时一般为 1.8 m。为降低检查井的造价,缩小井盖尺寸,井筒直径一般比工作室小,但为了工人检修时出入方便,其直径不应小于 0.7 m。井筒与工作室之间用锥形渐缩部连接,渐缩部的高度一般为 0.6~0.8 m,也可在工作室顶偏向出水管渠一侧加钢筋混凝土盖板梁,井筒则砌筑在盖板梁上。为便于养护人员上下,井身在偏向进水管渠的一边应保持一壁直立。

井盖可采用铸铁、钢筋混凝土、新型复合材料或其他材料,为防止雨水流入,盖顶应略高出地面。盖座采用与井盖相同的材料。井盖和盖座均为厂家预制,施工前购买即可,其形式如图 2.25 所示。

2. 雨水口

雨水口是在雨水管渠或合流管渠上设置的收集地表径流的构筑物。地表径流通过雨水口连接管进入雨水管渠或合流管渠,使道路上的积水不致

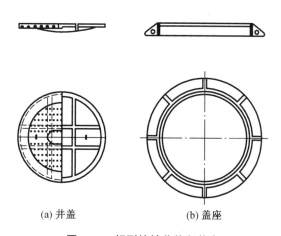

(a) 井盖　　　　(b) 盖座

图 2.25　轻型铸铁井盖和盖座

漫过路缘石,从而保证城市道路在雨天时正常使用,因此雨水口俗称收水井。

雨水口一般设在道路交叉口、路侧边沟的一定距离处以及设有路缘石的低洼地方,在直线道路上的间距一般为 25~50 m,在低洼和易积水的地段,要适当缩小雨水口的间距。当道路纵坡大于 0.02 时,雨水口的间距可大于 50 m,其形式、数量和布置应根据具体情况计算确定。

雨水口的构造包括进水箅、井筒和连接管三部分,如图 2.26 所示。

进水箅可用铸铁、钢筋混凝土或其他材料做成,其箅条应为纵横交错的形式,以便收集从路面上不同方向流来的雨水,如图 2.27 所示。

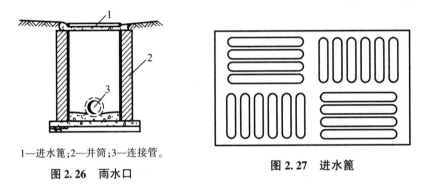

1—进水箅;2—井筒;3—连接管。

图 2.26 雨水口

图 2.27 进水箅

井筒一般用砖砌,深度不大于 1 m,在有冻胀影响的地区,可根据经验适当加大。

雨水口通过连接管与雨水管渠或合流管渠的检查井相连接。连接管的最小管径为 200 mm,坡度一般为 0.01,长度不宜超过 25 m。

在路面等级较低、积秽很多的街道或菜市场附近的雨水管道上,可将雨水口做成有沉泥槽的雨水口,以避免雨水中挟带的泥砂淤塞管渠,但需经常清掏,这增加了养护工作量。

3. 倒虹管

排水管道遇到河流、洼地或地下构筑物等障碍物时,不能按原有的坡度埋设,而是按下凹的折线方式从障碍物下通过,这种管道称为倒虹管。它由进水井、下行管、平行管、上行管和出水井组成,如图 2.28 所示。

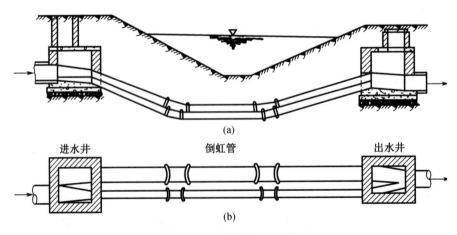

(a)

进水井　　　　　　　倒虹管　　　　　　出水井

(b)

图 2.28 排水管道倒虹管

2.3　其他市政管线工程

2.3.1　燃气管道系统

1. 燃气管网系统的组成

燃气包括天然气、人工燃气和液化石油气。燃气经长距离输气系统输送到燃气分配站(也称作燃气门站),在燃气分配站将燃气压力降至城市燃气供应系统所需的压力后,由城市燃气管网系统输送分配给各用户使用。因此,城市燃气管网系统是指自气源厂或城市燃气门站到用户引入管的室外燃气管道。现代化的城市燃气输配系统一般由燃气管网、燃气分配站、调压站、储配站、监控与调度中心、维护管理中心组成。

城市燃气管网系统根据所采用的压力级制的不同,可分为一级系统、两级系统、三级系统和多级系统四种。

2. 城市燃气管道的布置

城市燃气管道和给水、排水管道一样,也要敷设在城市道路下,它的布置要根据管道内的压力、道路情况、地下管线情况、地形情况、管道的重要程度等因素确定。

3. 燃气管材及附属设备

(1)管材

常用的燃气管材主要有以下几种。

①钢管

常用的钢管主要有普通无缝钢管和焊接钢管。钢管具有承载力大、可塑性好、管壁薄、便于连接等优点,但抗腐蚀性差,须采取可靠的防腐措施。

②铸铁管

用于燃气输配管道的铸铁管,一般为铸模浇筑或离心浇筑铸铁管。铸铁管的抗拉强度、抗弯曲和抗冲击能力不如钢管,但其抗腐蚀性比钢管好,在中、低压燃气管道中被广泛采用。

③塑料管

塑料管具有耐腐蚀、质轻、流动阻力小、使用寿命长、施工简便、抗拉强度高等优点。但塑料管的刚性差,施工时必须夯实槽底土,才能保证管道的敷设坡度。

(2)附属设备

为保证燃气管网安全运行,并考虑到检修的方便,在管网的适当地点要设置必要的附属设备,常用的附属设备主要有以下几种。

①阀门

阀门的种类很多,在燃气管道上常用的有闸阀、截止阀、球阀、蝶阀、旋塞。

②补偿器

补偿器是消除管道因胀缩所产生的应力的设备,常用于架空管道和需要进行蒸汽吹扫的管道上。补偿器安装在阀门的下游,利用其伸缩性能,方便阀门的拆卸与检修。

③排水器

为排除燃气管道中的冷凝水和石油伴生气管道中的轻质油,在管道敷设时应有一定的坡度,在低处设排水器,将汇集的油或水排出,其间距根据油量或水量而定,通常取500 m。

排水器有不能自喷和自喷两种。在低压燃气管道上,安装不能自喷的低压排水器,水或油要依靠抽水设备来排除。在高、中压燃气管道上,安装能自喷的高、中压排水器,由于管道内压力较高,水或油在排水管旋塞打开后自行排除。

④放散管

放散管是一种专门用来排放管道内部的空气或燃气的装置。在管道投入运行时,利用放散管排除管道内的空气;在检修管道或设备时,利用放散管排除管道内的燃气,防止在管道内形成爆炸性的混合气体。放散管应安装在阀门井中,在环状网中阀门的前后都应安装,在单向供气的管道上则安装在阀门前。

⑤阀门井

为保证管网的运行安全与操作方便,市政燃气管道上的阀门一般都设置在阀门井中。阀门井一般用砖、石砌筑,要坚固耐久并有良好的防水性能,其大小要方便工人检修,井筒不宜过深。燃气阀门井构造如图2.29所示。

4. 燃气管道的构造

燃气管道为压力流,在施工时只要保证管材及其接口强度满足要求,做好防腐、防冻,并保证在使用中不致因地面荷载作用而损坏即可。其构造一般包括基础、管道、覆土三部分。

(1)基础

燃气管道的基础是防止管道不均匀沉陷造成管道破裂或接口损坏而漏气。同给水管道一样,燃气管道一般情况下也有天然基础、砂基础、混凝土基础三种基础,使用情况同给水管道。

(2)管道

管道采用符合设计要求的管材。

(3)覆土

燃气管道埋设在地面以下,其管顶以上应有一定厚度的覆土,以保证在正常使用时管道不会因各种地面荷载作用而损坏。燃气管道宜埋设在土层冰冻线以下,在车行道下覆土厚度不得小于 0.8 m;在非车行道下覆土厚度不得小于 0.6 m。

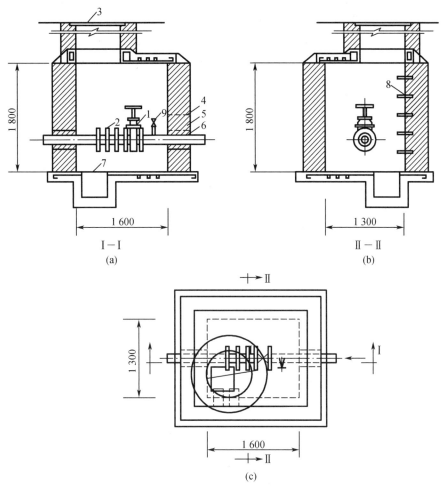

1—阀门;2—补偿器;3—井盖;4—防水层;5—浸沥青麻;

6—沥青砂浆;7—集水坑;8—爬梯;9—放散管。

图 2.29　燃气阀门井构造(单位:mm)

2.3.2　热力管网系统

1. 热力管网系统的组成

热力管网系统是由将热媒从热源输送分配到各热用户的管道所组成的系统,它包括输送热媒的管道、沿线管道附件和附属建筑物,在大型热力管网中,有时还包括中继泵站或控制分配站。

根据输送的热媒的不同,热力管网一般有蒸汽管网和热水管网两种形式。在蒸汽管网中,凝结水一般不回收,所以为单根管道。在热水管网中,一般为两根管道,一根为供水管,另一根为回水管。不管是蒸汽管网还是热水管网,根据管道在管网中的作用,均可分为供热主干管、支干管和用户支管三种,如图 2.30 所示。

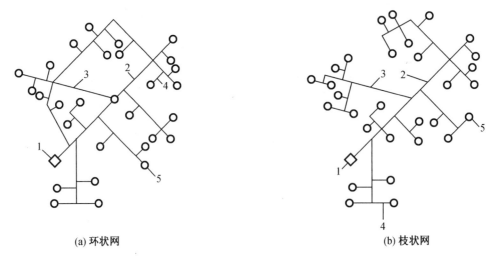

(a) 环状网　　　　　　　　　　　　(b) 枝状网

1—热源;2—主干管;3—支干管;4—用户支管;5—用户。

图 2.30　热力管网平面布置

2. 热力管网的布置与敷设

热力管网应在城市规划的指导下进行布置,主干管要尽量布置在热负荷集中区,力求短直,尽可能减少阀门和附件的数量。通常情况下其应沿道路一侧平行于道路中心线敷设,地上敷设时不应影响城市美观和交通。

同给水管网一样,热力管网为压力流,其平面布置也有环状网和枝状网两种形式,如图 2.30 所示。

热力管道的敷设分地上敷设和地下敷设两种类型。地上敷设是指管道敷设在地面以上的独立支架或建筑物的墙壁上。其优点是构造简单、维修方便、不受地下水和其他管线的影响;缺点是占地面积多、热损失大、美观性差。地下敷设是热力管网广泛采用的方式,分地沟敷设和直埋敷设两种形式。地沟敷设时,地沟是敷设管道的围护构筑物,用以承受土压力和地面荷载并防止地下水的侵入;直埋敷设适用于热媒温度小于150 ℃的供热管道,常用于热水供热系统。直埋敷设管道采用“预制保温管”,它将钢管、保温层和保护层紧密地黏结成一体,使其具有足够的机械强度和良好的防腐、防水性能,具有很好的发展前途。地下敷设的优点是不影响市容和交通,因此热力管网经常采用地下敷设。

3. 热力管道及其附件

（1）热力管道

热力管道通常采用无缝钢管和钢板卷焊管。

（2）阀门

热力管道上的阀门通常有三种类型：一是起开启或关闭作用的阀门，如截止阀、闸阀；二是起流量调节作用的阀门，如蝶阀；三是起特殊作用的阀门，如单向阀、安全阀、减压阀等。

供热管道不管是地上敷设还是地下敷设，一般应按地形走势有不小于 0.002 的管道坡度，为便于热力管网顺利运行，应在系统的最高点设排气阀以排除热水管和凝水管内的空气；为便于检修应在系统的最低点设泄水阀以排除管内存水；在蒸汽管网系统中，为排除沿途凝结水应设疏水装置。

（3）补偿器

为了防止热力管道在升温时，由于热伸长或温度应力而引起管道变形或破坏，需要在管道上设置补偿器，以补偿管道的热伸长，从而减小管壁的应力和作用在阀件或支架结构上的作用力。

热力管道补偿器有两种：一种是利用材料的变形来吸收热伸长的补偿器，如自然补偿器、方形补偿器和波纹管补偿器；另一种是利用管道的位移来吸收热伸长的补偿器，如套管补偿器和球形补偿器。

（4）管件

热力管网常用的管件有弯管、三通、变径管等。

4. 热力管道构造

热力管道为压力流，在施工时要保证管材及其接口强度满足要求，并根据实际情况采取防腐、防冻措施；在使用过程中保证不致因地面荷载作用而损坏，不会产生过多的热量损失即可。其构造一般包括基础、管道、保温结构、覆土四部分。

（1）基础

热力管道的基础是防止管道不均匀沉陷造成管道破裂或接口损坏而使热媒损失。同给水管道一样，热力管道一般情况下也有天然基础、砂基础、混凝土基础三种基础，使用情况同给水管道。

（2）管道

管道采用符合设计要求的管材。

（3）保温结构

管道保温的目的是减少热媒的热损失，防止管道外表面的腐蚀，避免运行和维修时烫伤人员。常用的保温材料有岩棉制品、石棉制品、硬质泡沫塑料制品。

保温结构一般包括防锈层、保温层、保护层。

将防锈涂料直接涂刷于管道和设备的表面即构成防锈层。

保温层的施工方法要依保温材料的性质而定。对石棉粉、硅藻土等散状材料宜用涂抹法施工,对预制保温瓦、板、块材料宜用绑扎法、粘贴法施工,对预制装配材料宜用装配式施工。此外还有缠包法、套筒法施工等。

保护层设在保温层外面,主要目的是保护保温层或防潮层不受机械损伤。用作保护层的材料有很多,材料不同,其施工方法亦不同。

对沥青胶泥、石棉水泥砂浆等涂抹式保护层,宜采用两次涂抹式施工。对非镀锌薄钢板、镀锌薄钢板、铅皮、聚氯乙烯复合钢板、不锈钢板等金属薄板保护层,事先根据被保护对象的形状和连接方式用机械或手工加工好后再固定。对沥青油毡、玻璃丝布保护层,要事先根据保温层、防潮层和搭接长度确定其所需尺寸,然后裁成块状由下向上包裹在保温层、防潮层外表面,用镀锌钢丝扎紧,间距为 250~300 mm,搭接长度为 50 mm。如使用玻璃丝布,还应在玻璃丝布的外表面涂刷一层耐气候变化的涂料。为了保护保护层不受腐蚀,可在保护层外设防腐层,一般涂刷油漆作防腐层。

(4)覆土

热力管道埋设在地面以下,其管顶以上应有一定厚度的覆土,以保证在正常使用时管道不会因各种地面荷载作用而损坏。热力管道宜埋设在土壤冰冻线以下,直埋时在车行道下的最小覆土厚度为 0.7 m;在非车行道下的最小覆土厚度为 0.5 m;地沟敷设时在车行道和非车行道下的最小覆土厚度均为 0.2 m。

5.热力管道附属构筑物

(1)地沟

地沟分为通行地沟、半通行地沟和不通行地沟。

①通行地沟

通行地沟的最小净断面应为 1.2 m×1.8 m(宽×高),通道的净宽一般宜取 0.7 m,沟底应有与沟内主要管道坡向一致的坡度,并坡向集水坑。每隔 200 m 应设置出入口(事故人孔),若热力管道为蒸汽管道,则应每隔 100 m 设一个出入口。整体浇筑的混凝土地沟,每隔 200 m 宜设一个安装孔,安装孔孔径不得小于 0.6 m,并应大于沟内最大一根管的外径加 0.4 m,其长度至少应保证 6 m 长的管子可进入沟内,如图 2.31 所示。

通行地沟内应设置永久性照明设备,电压不应大于 36 V。沟内空气温度不宜超过45 ℃,一般利用自然通风即可,当自然通风不能满足要求时,可采用机械通风。地沟内可单侧布管,也可双侧布管。

通行地沟适用于热力管道的管径较大,管道较多,或与其他管道同沟敷设,以及在不允许开挖检修的地段。其主要优点是人员可在地沟内进行管道的日常维修,但造价较高。

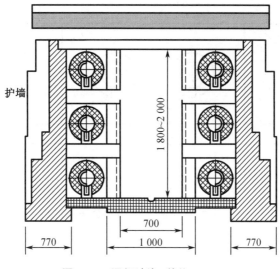

图 2.31　通行地沟(单位:mm)

②半通行地沟

半通行地沟的最小净断面应为 0.7 m×1.4 m(宽×高),通道的净宽一般宜取 0.5~
0.6 m。沟内管道尽量沿沟壁一侧单排上、下布置,如图 2.32 所示。其长度超过 200 m
时,应设置检查口,孔口直径不得小于 0.6 m。

半通行地沟适于操作人员在沟内进
行检查和小型维修工作。当不便采用通
行地沟时,可采用半通行地沟,以利于管
道维修和判断故障地点,缩小大修时的
开挖范围。

③不通行地沟

当管道根数不多,且维修量不大时
可采用不通行地沟。地沟的尺寸仅满足
管道安装的需要即可,一般宽度不宜超
过 1.5 m,如图 2.33 所示。

地沟的构造,沟底多为现浇混凝土
或预制钢筋混凝土板,沟壁为水泥砂浆

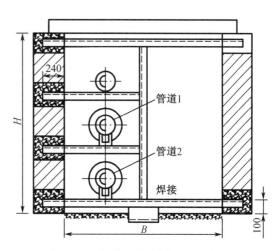

图 2.32　半通行地沟(单位:mm)

砌砖,沟盖板为预制钢筋混凝土板。沟底应位于当地近 30 年来的最高地下水位以上,
否则应采取防水、排水措施。为防止地面水流入地沟,沟盖板应有 0.01~0.02 的横向坡
度,盖板间、盖板与沟壁间应用水泥砂浆封缝,沟顶覆土厚度应不小于 0.3~0.5 m。

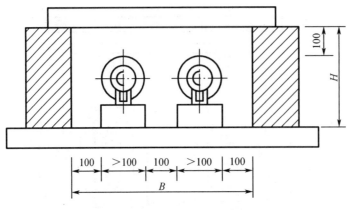

图 2.33 不通行地沟(单位:mm)

(2)沟槽

在管道直埋敷设时,其沟槽如图 2.34 所示。图中保温管底为砂垫层,砂的粒度不大于 2.0 mm。保温管套顶至地面的深度 h,一般干管取 800～1 200 mm,接向用户的支管覆土厚度不小于 400 mm。

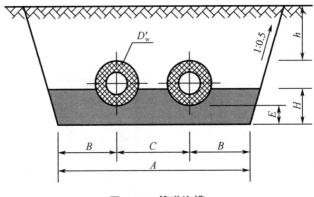

图 2.34 管道沟槽

(3)检查井

地下敷设的供热管网,在管道分支处和装有套筒补偿器、阀门、排水装置等处,都应设置检查井,以便进行检查和维修。检查井有圆形和矩形两种形式,如图 2.35 所示。

热力管道检查井的尺寸应根据管道的数量、管径和阀门尺寸确定,一般净高不小于 1.8 m,人行通道宽度不小于 0.6 m,井管保温结构表面与检查井地面之间的净距不小于 0.6 m。检查井顶部应设人孔,孔径不小于 0.7 m。为便于通风换气,人孔数量不得少于两个,并应对角布置。当热水管网检查井只有放气门或其净空面积小于 0.4 m² 时,可只设一个人孔。

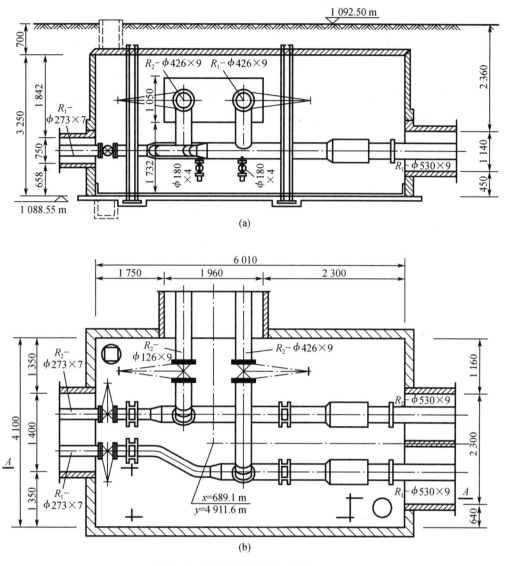

图 2.35 热力管道检查井 (单位：mm)

检查井井底应至少低于沟底 0.3 m，以便于收集和排除渗入地沟内的地下水与由管道放出的网路水。井底应设集水坑，并布置在人孔下方，以便将积水抽出。

2.3.3 电力管线的构造

市政电力管线包括电源和电网两部分。城市供电电源有发电厂和变电所两种类型。城市电网的连线方式一般有树干式、放射式和混合式三种。

城市电网沿道路一侧敷设，有导线架空敷设和电缆埋地敷设两种方式。电缆埋地敷设有直埋敷设和电缆沟敷设两种方式。

直埋敷设施工简单、投资少、散热条件好,应优先考虑采用。电缆埋深不应小于0.7 m,上下各铺100 mm厚的软土或砂土,上盖保护板。电缆应敷设于冻土层下,不得在其他管道上面或下面平行敷设,在沟内应波状放置,预留1.5%的长度以免冷缩受拉。无铠装电缆引出地面时,高度1.8 m以下部分应穿钢管或加保护罩,以免受机械损伤。电缆应与其他管道设施保持规定的距离,在腐蚀性土壤或有地电流的地段,电缆不宜直接埋地,如必须埋地敷设,宜选用塑料护套电缆或防腐电缆。埋地电力电缆应设标志桩,要求与埋地电信电缆相同。

电缆沟敷设是将电缆置于沟内,一般用于不宜直埋的地段。电缆沟的盖板应高出地面100 mm,以减少地面水流入沟内。当妨碍交通和排水时,宜采用有覆盖层的电缆沟,盖板顶低于地面300 mm。电缆沟内应考虑分段排水措施,每50 m设一集水井,沟底有不小于0.005的坡度坡向集水井。沟盖板一般采用钢筋混凝土板,每块质量不超过50 kg,以两人能抬起为宜。电缆沟检查井(人孔)的最大间距一般为100 m。

电缆沟进户处应设防火隔墙,在引出端、终端、中间接头和走向有变化处均应挂标示牌,注明电缆规格、型号、回路及用途,以便维修。

2.3.4 电信管线的构造

城市通信包括邮政通信和电信通信。邮政通信主要是传送实物,电信通信不传送实物,而是传送实物的信息。

电信线路包括明线和电缆两种。明线线路就是架设在电杆上的金属线对;电缆可以架空也可以埋设在地下,一般大城市的电缆都埋入地下,以免影响市容。铠装电缆可直接埋入地下,铅包电缆或光缆要穿管埋设。

电信线路不管是架空还是埋地敷设,一般应避开易使线路损伤、毁坏的地段,宜布置在人行道或慢车道上(下),尽量减少与其他管线和障碍物的交叉跨越。

对架空明线而言,电信线(弱电)与电力线(强电)应分杆架设,分别布置在道路两侧。

对直埋电缆而言,一般在用户较固定、电缆条数不多、架空困难又不宜敷设管道的地段采用。直埋电缆应敷设在冰冻层下,最小埋深在市区内为0.7 m,在郊区为1.2 m。直埋电缆沟槽的参考尺寸见表2.2。

表 2.2　直埋电缆沟槽的参考尺寸　　　　　　　　　单位:m

敷设的电缆条数	无支撑时				有支撑时			
	下底宽度	槽深			下底宽度	槽深		
		0.7	1.0	1.2~1.5		0.7	1.0	1.2~1.5
		上口宽度				上口宽度		
1~2	0.40	0.50	0.55	0.60	0.50	0.60	0.65	0.70
3	0.45	0.55	0.60	0.65	0.55	0.65	0.70	0.75
4	0.50	0.60	0.65	0.70	0.60	0.70	0.75	0.75

为便于日后维修,直埋电缆应在适当地方埋设标志,如附近永久性的建筑物或构筑物或混凝土(石材)的标志桩。标志桩一般埋于下列地点。

(1)电缆的接续点、转弯点、分支点、盘留处或与其他管线交叉处。

(2)电缆附近地形复杂,有可能被挖掘的场所。

(3)电缆穿越铁路、城市道路、电车轨道等障碍物处。

(4)直线电缆每隔 200~300 m 处。

电缆管道是埋设在地面下用于穿放通信电缆的管道,一般在城市道路定型、主干电缆多的情况下采用。常用水泥管块,特殊地段(如公路、铁路、水沟、引上线)使用钢管、石棉水泥管或塑料管。

电缆管道一般敷设在人行道或绿化带下;不得已敷设在慢车道下时,应尽量靠近人行道一侧,不宜敷设在快车道下。

为了满足电缆引上、引入、分支和转弯,以及施工和维修的需要,应设置电缆管道检查井(也称为人孔),其位置应选择在管线分支点、引上电缆汇接点和市内用户引入点等处,以及管线转弯、穿过道路等处,最大间距不超过 120 m,有时可小于 100 m。井的内部尺寸一般为:宽 0.8~1.8 m;长 1.8~2.5 m;深 1.1~1.8 m。电缆管道的检查井应与其他管线的检查井相互错开,并避开交通繁忙的路口。

【思考与练习】

一、填空题

1.给水系统通常由 _____、_____、_____、_____、_____、_____组成。

2.城市给水管网布置时,输水管道主要有_____、_____、_____三种布置形式。

3.市政工程管道工程中,常用的给水管材主要有_____、_____、_____、_____、_____,其中,PCCP管由_____、_____、_____构成。

4.给水管道基础类型有_____、_____、_____。

5.承插式接口的给水管道,在弯管、三通、变径管及水管末端盖板等处,当水流作用的推力较大时,应设置_____以承受水流推力。

6.城市污水的排水制度,分为_____和_____两种形式。

7.分流制排水系统包括_____系统和_____系统;合流制排水系统只包括_____系统。

8.小区污水管道系统一般由_____、_____、_____、_____、_____等附属物构成。

9.市政污水管道系统一般由_____、_____、_____、_____、_____等附属物构成。

10.合流制管道系统包括_____系统和_____系统两部分。

11.混凝土排水管管口有_____、_____和_____三种形式。

12.常见的排水渠道断面形式有_____、_____、_____等。

13.排水管道混凝土带形基础分为_____、_____、_____三种管座形式。

14.雨水口是在雨水管渠或合流管渠上设置的收集地表径流的构筑物,其中雨水口的构造包括_____、_____和_____三部分。

15.热力管网包括_____、_____两种平面布置形式。

二、简答题

1.城市给水管网的布置主要受哪些因素影响?

2.在非冰冻地区,给水管道覆土厚度有哪些要求?

3.给水管道穿越河谷时,可采取哪些措施?

4.从城市地形方面考虑,排水管道系统的布置形式有哪些?分区式布置的特点是什么?

5.排水管材需要满足哪些要求?

6.排水管渠检查井一般设置在哪些位置?最大间距如何确定?

7.排水管渠检查井由哪些部位组成?

8.直埋电缆的标志桩一般应埋设在哪些位置?

第3章 地下管线的普查

【本章导读】

本章主要介绍了管线普查的相关知识。对地下管线进行普查,可以为管网的科学管理、运行和维护提供详细的管网图件与数据。本章详细讲解了管线普查的具体项目和工作流程,以及明显管线点、隐蔽管线点的调查和管线普查草图绘制;系统讲解了混接点调查的关键技术和方法,以及雨污混接状况的评估内容;介绍了地下管线测量以及管网调查成果的编制。通过本章的学习,读者能够全面掌握地下管线普查的方法和技术,深入了解混接点调查和地下管线测量的关键环节,以及如何编制排水管网调查成果。

【教学要求】

知识目标	能力目标	素质目标
(1)地下管线探测查明与测注的项目; (2)地下管线实地调查属性项目; (3)明显、隐蔽管线点调查原则	能够制订管线普查项目计划并实施	(1)分析与解决问题的能力:能够分析并解决在普查和调查过程中遇到的问题; (2)团队合作:能够与团队成员协作完成普查、调查和测量等任务; (3)安全环保意识:重视工作中的安全和环境保护
(1)人工调查、仪器探查及泵站配合调查方法; (2)混接点调查技术路线; (3)混接点位置的探查、判定及记录; (4)雨污混接状况的评估	能够制订混接点调查计划并实施;能够对雨污混接状况进行评估	
(1)测量方法; (2)测量数据处理	能够进行地下管线测量及测量数据处理	
(1)排水管线点成果编制; (2)混接点调查报告编制	能够对排水管线点成果及混接点调查报告进行编制	

既有管线资料标准不统一、存储格式多样、成果精度不高、实时性差,这些都会对后期规划设计、施工建设等一系列工作产生影响。为保障施工安全、工程顺利开展,地下管线详查应根据不同材质的管线,使用不同的仪器,进行多方法的验证、高精度的探测,务求为设计、施工单位提供翔实可靠的管线成果,作为其基础依据。

3.1 管线普查的内容

管线普查的主要内容如下。

(1)普查排水管道的平面位置、埋深、走向、管径、材质、管线性质、权属单位,以及管线附属物、构筑物等信息;调查检查井及管网水位、淤积程度、设施破损情况等信息。

(2)调查雨污混接。

(3)调查排水口。

地下管线普查的具体项目应包含以下内容。

(1)地下管线探测查明与测注的项目

地下管线应查明的建(构)筑物和附属设施见表3.1。

表3.1 地下管线应查明的建(构)筑物和附属设施

管线类别	建(构)筑物	附属设施	管线特征点	测注高程位置
排水	化粪池、净化池、泵站	出气井、污篦、污水井、雨水井、溢流井、闸门井、跌水井、通风井、冲洗井、沉泥井、渗水井、水封井	拐点、变径、预留口、进水口、出水口、出地、三通、四通、多通、非普查、一般管线点、井边点	井底、管(沟)底(管道、沟道)/管顶(压力)、地面

注:(1)排水管沟(箱涵)测注的平面位置为管沟(道)几何中心位置。

(2)管线埋深:自流管道量测管内底埋深,压力管量测管外顶埋深。

(2)各种地下管线实地调查项目

地下管线实地调查属性项目见表3.2。

表 3.2 地下管线实地调查属性项目

管线类别		埋深		断面		材质	构筑物	附属物	载体特征		埋设方式	所在道路	混接情况	权属单位
		内底	外顶	管径	宽×高				压力	流向				
排水	管道	△		△		△	△	△		△	△	△	△	△
	沟道	△			△	△	△			△	△	△		△

注:"△"表示实地调查的项目。

3.1.1 管线普查的工作流程

(1)在现场查明各种地下管线的敷设状况,即管线特征点在地面上的投影位置和埋深,同时查明管线类别、材质、规格、载体特征、混接情况及附属设施等。外业采用草图本进行数据采集和管线草图绘制,并用红油漆标注管线点编号。

(2)管线点设置在管线特征点在地面的投影位置上。管线特征点包括交叉点、转折点、变径、起讫点以及管线上的附属设施中心点等。

(3)在没有特征点的管线段上,按一定的距离设置管线点,其间距不大于 75 m,弯曲管线上管线点设置以能反映管线弯曲特征为原则。

(4)排水管网探查在充分收集和分析已有资料的基础上,采用实地调查与仪器探查相结合的方法进行。

(5)管线点的外业编号按组号(1 位)+管线代码(2 位)+管线点序号编制。管线点编号在本测区应是唯一的,如 1YS1。管线代码按管道功能确定,污水为"WS",雨水为"YS",如 6YS256。

(6)管道类别:按管道实际功能确定管道类别。

3.1.2 管线走向及其功能调查

(1)地下沟道或自流的地下管道量测其内底埋深。

(2)在实地调查时,查明每一条管线的性质和类型,并符合下列规定:

排水管道可按排泄水的性质分为污水、雨水和雨污水合流。为方便设计改造,雨污水合流点以一点双号表示(即一个管线点同时表示其雨水和污水井,点号有两个),箱涵以方沟表示。

（3）地下管线应查明其材质，主要有 PE、砼、铸铁、PVC、砖石等。

（4）缺乏明显管线点或在已有明显管线点上尚不能查明实地调查中应查明的项目时，需邀请熟知本地区地下管线的人员参加现场指认。

（5）雨污混接情况按相关表格进行整理并在管线图上标注。

3.1.3　明显管线点调查

明显管线点是地下管线中心位置在实地明显可见，通过检查井（检修井）可以直接看到管线材质、形状，直径、埋深可以直接量测的管线点。明显管线点调查原则规定如下。

（1）调查用的钢尺或量杆等测量工具均应经过精度验证，量测时应认真仔细辨读，避免人为造成的粗差，以确保调查成果的准确性。

（2）同一井内有多个方向管线应逐个量取，并注明连接方向。对有淤泥或积水的井底需反复探底核实，若无法探测管内底深度，可量取管道直径，按"管顶深+管道直径"来确定管内底埋深。

（3）在窨井上设置明显管线点时，管线点的位置应设在井盖的中心。当地下管线中心线的地面投影偏离管线点，其偏距大于 0.4 m 时，应以管线在地面的投影位置设置管线点，窨井作为专业管线附属物处理，在备注栏填写"偏心井"。

（4）有隔离墙的隐水涵按一条管线调查和表示。

3.1.4　隐蔽管线点探查

隐蔽管线点不可见，必须通过物探方法（利用开挖（钎探））查明其位置和埋深的管线点。探查隐蔽管线遵循以下原则。

（1）从已知到未知。无论采用何种物探方法，均应在测区内已知管线敷设的地方做方法试验，确定该种技术方法和仪器设备的有效性，检核探查精度，确定有关参数，然后推广到未知区开展探查工作。

（2）方法有效、快速、轻便。如果有多种方法可以选择来探查本测区的地下管线，应首先选择效果好、轻便、快捷、安全和成本低的方法。

3.1.5　管线普查草图绘制

根据现场调查的结果，在草图本上绘制草图。草图内容包括管线连接关系、管线点编号、管线埋深及管线点井深、混接情况、井盖保存情况、管网设施情况、其他必要的管线注记，以及相关属性信息。

3.2　混接点调查

雨污水混接进入雨水管道,是雨水排放口旱天和雨天溢流的主要原因。雨水混接进入污水管道,不但占据了污水管道的容量,也会造成污水处理厂雨天因超负荷而溢流。本次调查对象包括市政雨水管道系统、污水管道系统、雨污水检查井和雨水排放口。

3.2.1　调查方法

以市政排水管网资料为工作底图,综合运用人工调查、仪器探查、泵站运行配合等方法、手段,查明调查区域内混接点位置及情况、设施破损情况(检查井、雨水口)、排水管道现状情况。

首先根据资料对雨污水混接进行预判,再采用实地开井调查和仪器探查相结合的方法,查明混接位置及混接情况。

开井调查要求对所要调查的管道逐个打开检查井,记录管道属性、连接关系、材质、管径,并在混接位置实地标注可识别记号。

仪器探查主要针对开井调查无法查明的管道部分进行检查,查明管道内部真实的连接方式、管道内部的连接情况,特别是隐蔽接入状况,并进行准确定位。

1. 人工调查

人工调查为人工开启检查井来判定管道的连接关系,通过人工现场实地勘察,初步判断检查井的混接情况、管道连接关系等情况,形成排水管网雨污水混接调查的初步基础资料。工作人员调查时需记录管道属性、连接关系、材质、管径等,并在混接位置实地标注可识别记号。

2. 仪器探查

内窥检查是最有效的排水管道雨污水混接调查方法。其主要采用管道潜望镜(图3.1)、电视(CCTV)(图3.2)等设备,对管道内部真实的连接方式进行检查,查明管道内部的连接情况,特别是隐蔽接入状况,并进行准确定位。内窥检查主要用于在开井调查无法有效实施的情况下,对管道内隐蔽混接点进行调查。若调查时管道内存在水位较高及淤积严重的情况,则对管道进行泵站降水或临时封堵降水,并对管道进行必要的淤泥清理后,再采用仪器设备对管道进行内窥检查。

3. 泵站配合调查

泵站配合调查也是混接调查的方法之一。在泵站配合排水时,通过人工开井观察管道内水流的方法来确定管道连接状况,其也是最方便的管道连接调查方法。

图 3.1　管道潜望镜检查

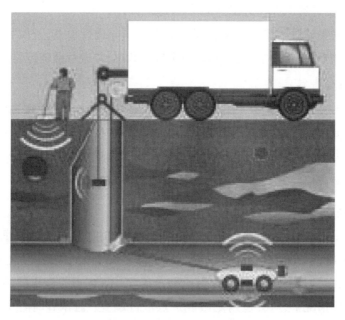

图 3.2　管道 CCTV 检查

3.2.2　混接调查技术路线

混接调查技术路线图如图 3.3 所示。

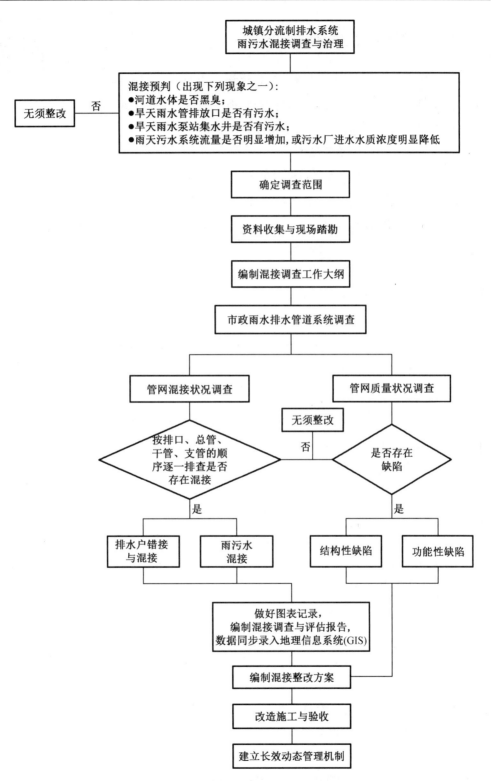

图 3.3　混接调查技术路线图

3.2.3　混接点位置探查与判定

（1）工作人员对所要调查区域内的管道逐个进行开井目视调查，记录管道属性、连接关系、材质、管径等信息，当发现下列现象之一的可判定为混接点。

①雨水检查井或雨水口中有污水管或合流管接入。

②污水检查井中有雨水管接入。

（2）当确认某个检查井或者雨水口处为混接点时，在混接点位置实地标注可识别记号，拍摄混接点井内照片和周边参考物照片，并填写混接点调查表。

（3）混接预判发现某区域内存在混接现象，但是人工目视探查无法判断或者无法确认混接点位置时，需要借助于仪器来探查混接点可能存在的位置。

（4）在管道内水位满足要求的情况下优先选择使用管道潜望镜检测。根据《城镇排水管道检测与评估技术规程》（CJJ 181—2012）的规定，在进行潜望镜检测时管道内水位不得超过管径的50%。因此，当管道内水位满足要求时可以优先选择潜望镜对管道进行检测。使用管道潜望镜检测时可以发现管道中存在的支管暗接等情况。

（5）在管道潜望镜检测无法有效查明或要求混接点准确定位的情况下，应采用CCTV检测。使用CCTV检测时，管道内水位不得影响混接点判定且爬行机器能进入管道自由行走。当管道内水位过高时可以通过临时排水或者与泵站配合的方式，确保管道内水位不高于管道直径的20%，以满足CCTV检测的要求。

由于管道潜望镜在进行检测的时候存在视觉盲区，无法对管道内的全部情况进行全面检测，因此，为了全面准确地得到混接点的位置信息，就需要使用CCTV检测来确定。CCTV检测方法可以清楚地观察到管道内存在的渗漏、支管暗接等混接点。

（6）当管道内水位过高且降水比较困难时，可以使用声呐检测的方式，查找出可能存在的混接现象，从而初步确定可能存在的混接点位置。由于声呐检测不需要降水，故可以满足带水作业的要求。

（7）仪器探查发现管道有支管暗接的，应调查暗接管道的性质，判断是否属于混接点。当根据管道属性判断是污水管时，则可判定该处支管暗接为混接点。

（8）当通过仪器探查发现有支管暗接，但是对于暗接支管的连接方向无法判断时，可以使用染色试验、烟雾试验和泵站配合的方式来确定管道的连接关系。管道的连接关系可以确定管道的属性，当管道属性不同时，即可判断为混接点。

（9）可通过对检查井内疑似混接管道接入口的水质进行检测，来确定连接管道的属性，判断雨污水混接点。

当通过人工目视无法判断管道的属性时，可以通过测定疑似混接管道中的水质检测来确定管道的属性以及管道的连接状况，当发现接入管的水质符合污水的水质特点时,可确定为雨水管道中的污水混接点。

（10）确定混接点的位置后,要准确填写混接点调查表,准确记录混接点所在的检查井编号、拍摄混接点内部和外部照片确定混接管道的位置、混接点处测试的水质和水量结果。

3.2.4　混接流量与水质检测

（1）流量测定方法可选用容器法、浮标法和速度-面积流量计测定法。

（2）水质检测分析方法应按照国家标准执行。原则上每个混接排放口在流量的高峰时段采集 2 个以上水样。

3.2.5　混接点分布图记录与编辑

（1）混接点位置分布图包括 1∶500 或 1∶1 000 大比例尺的雨污水混接点分布图,以及 1∶2 000 比例尺及其以上的雨污水混接点分布总图。

混接调查完成后要将所有的混接点分布绘制在从业主单位处获得的电子图中,最好将调查过程中修改的信息补充到原有管线图中。

（2）雨污水混接点分布图应满足下列规定。

①底图可利用已有的排水 GIS 绘制雨污水混接点分布图。数字地形图作为混接点分布图的底图时,底图图形元素的颜色全部设定为浅灰色。

②图形要素包含道路名称、泵站、管道、管线材质、管径、埋深、流向、混接点编号、混接点位置等。

③混接点分布图的图层、图例及符号详见表 3.3。

表 3.3　混接点分布图的图层、图例及符号　　　　　　　　单位:mm

符号名称	图例	线型	颜色/索引号	CAD 层名	CAD 块名	说明
混接检查井	⊕2.0		蓝色(5)	HJ_CODE	HJ-YJ	方向正北
混接雨水口	2.0 1.0		蓝色(5)	HJ_CODE	HJ-YB	方向正北
混接点	1.0		蓝色(5)	HJ_CODE	HJD	方向正北
混接扯旗	——	实线	蓝色(5)	HJ_MARK		垂直于管道方向

（3）应以单一排水系统为单位,根据混接类型,遵循唯一原则,按下列规定编写混接点号码。

①城镇雨水管道接入城镇污水管道:CYW ××;

②城镇污水管道接入城镇雨水管道:CWY ××;

③城镇合流管道接入城镇雨水管道:CHY ××;

④内部排水系统雨水管道接入城镇污水管道:NYW ××;

⑤内部排水系统污水管道接入城镇雨水管道:NWY ××;

⑥内部排水系统合流管道接入城镇雨水管道:NHY ××;

⑦单一排水户污水管道接入城镇雨水管道:DWY ××;

⑧城镇污水管道接入水体:CWS ××;

⑨城镇合流管道接入水体:CHS ××;

⑩内部排水系统污水管道接入水体:NWS ××;

⑪内部排水系统合流管道接入水体:NHS ××;

⑫单一排水户污水管道接入水体:DWS ××;

⑬排放口:PFK ××。

3.2.6 雨污水混接状况评估

（1）雨污水混接状况应按照调查范围进行评估。泵排系统应以雨水泵站服务范围为单元进行评估,自流排放系统应以单个排放口的服务范围为单元进行评估。

（2）单元混接状况可根据混接密度和混接水量比来确定,确定方法如下。

①雨水管网中污水混接可依据式(3.1)、式(3.2)进行判定:

$$M = \frac{n}{N} \times 100\% \tag{3.1}$$

式中　M——雨水管网中污水混接密度;

n——雨水管网中污水混接点数或用户数(混接的居民小区、企事业单位等);

N——排水管网服务区域内总排水用户数(居民小区、企事业单位等)。

$$C_1 = \frac{q}{Q} \times 100\% \tag{3.2}$$

式中　C_1——混接水量比,指雨水管网中混接的污水量占区域内总污水产生量的比例;

Q——被调查区域的污水总产生量,按照区域总用水量的 85%～90% 计算,m^3/d;

q——调查得到的雨水管网中污水混接总水量,m^3/d。

②污水管网中雨水混接可依据式(3.3)、式(3.4)进行判定:

$$M' = \frac{n'}{N} \times 100\% \qquad (3.3)$$

式中　M'——污水管网中雨水混接密度;

　　　n'——污水管网中雨水混接用户数(混接的居民小区、企事业单位等);

　　　N——排水管网服务区域内总排水用户数(居民小区、企事业单位等)。

$$C_2 = \frac{|Q_1 - Q|}{Q} \times 100\% \qquad (3.4)$$

式中　C_2——混接水量比,指污水管网中混接的雨水量占区域内总污水产生量的比例;

　　　Q_1——污水管网雨天输送水量,$\mathrm{m^3/d}$;

　　　Q——被调查区域的污水总产生量,按照区域总用水量的85%~90%计算,$\mathrm{m^3/d}$。

③按照混接密度和混接水量比不同,区域混接程度分为三级:重度混接(3级)、中度混接(2级)、轻度混接(1级),以任一指标高值的原则确定等级。区域混接程度分级评价表见表3.4。

表3.4　区域混接程度分级评价表

混接程度	分级评价	
	混接密度	混接水量比
重度混接(3级)	10%以上	50%以上
中度混接(2级)	5%~10%	30%~50%
轻度混接(1级)	0~5%	0~30%

(4)单个混接点混接程度可依据混接管管径、流入水量、污水流入水质等,以任一指标高值的原则确定等级。单个混接点混接程度分级标准表见表3.5。

表3.5　单个混接点混接程度分级标准表

混接程度	分级评价			
	接入管管径 /mm	流入水量 /(m³/d)	污水流入水质 (化学需氧量(CODCr)数值) /(mg/L)	污水流入水质 (氨氮数值) /(mg/L)
重度混接(3级)	≥600	>600	>200	>30
中度混接(2级)	≥300 且<600	>200 且≤600	>100 且≤200	>6 且≤30
轻度混接(1级)	<300	<200	≤100	≤6

3.3 地下管线测量

3.3.1 一般规定

（1）地下管线测量的内容一般包括控制测量、地下管线点测量、地上管线要素测量、测量成果的检查验收。

（2）在进行地下管线测量之前，应收集并利用测区内已有的测量成果资料，以免重复测量造成浪费。对已有控制点的检测，均应按现行的行业标准《城市测量规范》（CJJ/T 8—2011）的有关规定执行。

（3）地下管线点平面位置测量精度和高程测量精度应符合地下管线点的测量精度要求。

（4）地下管线平面测量应采用解析法，使用全站仪观测，按规定的格式进行记录。

（5）地下管线高程测量采用三角高程测量。

3.3.2 地下管线点测量

地下管线点测量采用全站仪施测，测距边不得大于 150 m，定向边应采用长边，测量时应对使用的控制点进行检校，允许支站不超过 2 站。隐蔽点以标志点（铁钉、木桩、刻制的"+"、油漆标志）为中心，明显点以附属物几何中心为中心，测量时将有气泡的棱镜杆立于管线点中心上，并使气泡居中，以保证点位的准确性。

在测量时，仪器高、觇牌高记至毫米，管线点的平面坐标和高程均计算至毫米，成果取至厘米。

3.3.3 地下管线数据处理

野外采集的地下管线调查、探查数据（属性）资料，以及管线测量数据和地形图数据都录入计算机，经数据处理、图形处理，形成综合（或单项）地下管线成果表文件、管线图形文件、管线属性文件等一系列文件。

3.4　排水管网调查成果的编制

3.4.1　一般规定

(1)排水管网图的编绘应在地下管线探测、测量及相关数据处理工作完成并经检查合格的基础上,采用计算机编绘成图。计算机编绘工作应包括比例尺的选定、数字化地形图和管线图的导入、注记编辑、成果输出等。

(2)排水管网图以地形图为载体(即排水管网图与地形图叠加,分色打印),比例均为 1∶500,采用 50 cm×50 cm 正方形分幅。

(3)图幅编号按照自由分幅从北到南、从西到东编号,为 1,2,…,n。

(4)编绘用的地形图的要素分类与代码应按照《地形图 1∶500,1∶1 000,1∶2 000 地形图要素分类与代码》(GB 14804—93)的有关规定执行。

(5)数字化地形图编绘应符合如下要求。

①比例尺与所绘管线图的比例尺一致。

②坐标、高程系统应与管线测量所用控制系统一致。

③图上地物、地貌基本反映测区现状。

④质量应符合现行的行业标准《城市测量规范》(CJJ/T 8—2011)的技术要求。

⑤数字化管线图的数据格式与数字化地形图的数据格式一致。

(6)地下管线编绘所采用的软件,应有以下基本功能。

①数据输入或导入。

②数据入库检查:对进入数据库中的数据应能进行常规错误检查。

③数据处理:该软件应能根据已有的数据库自动生成管线图,并根据需要自动进行管线注记。

④图形编辑:对管线图、注记应可进行编辑,可对管线图按任意区域进行裁剪或拼接。

⑤成果输出:软件应具有绘制任意多边形窗口内的图形与输出各种成果表功能。

⑥数据转换:软件应具有开放式的数据交换格式,应能将数据转换到管线信息系统中。

⑦扩展性能良好。

(7)排水管网图图例等按《城镇排水管道检测与评估技术规程》(CJJ 181—2012)附录 A、附录 B 及附录 C 的规定绘制,其他按现行国家标准的规定执行。

(8)排水管网图中的各种文字、数据注记不得压盖地下管线及其附属设施的符号。管线上的文字、数字注记应平行于管线走向,字头应朝向图的上方,跨图的文字、注记应分别注记在两幅图内。

（9）排水（雨水和污水）要标注流向符号,其颜色应与相应管线一致。

（10）在编辑排水管网图过程中,基础地形图与地下管线矛盾或重合的地物符号、道路名称、注记等应删除、移位或恰当处理,以保证管线图图面清晰。

3.4.2　排水管线点成果表的编制

（1）排水管线点依据绘图数据文件及地下管线的探测成果编制,其管线点号与图上点号一致。

（2）排水管线点成果表的内容及格式按《城镇排水管道检测与评估技术规程》(CJJ 181—2012)要求编制。

（3）编制成果表时,对各种窨井坐标只标注中心点坐标,但对井内各个方向的管线情况按《城镇排水管道检测与评估技术规程》(CJJ 181—2012)要求填写。

3.4.3　雨污水混接评估报告编制

调查结束后应收集整理好调查过程中的原始记录材料,编制雨污水混接评估报告。雨污水混接评估报告应包括下列内容。

（1）项目概况:项目背景、调查范围、调查内容、设备和人员投入、完成情况。

（2）技术路线及调查方法:技术路线、技术设备及手段。

（3）混接状况:排水规划、排水现状,分区域的混接分布、混接点调查统计汇总。

（4）评估结论:主要包括区域混接状况、单个混接点混接状况等。

（5）质量保证措施:各工序质量控制情况。

（6）附图:混接点分布总图、混接点位置分布图。

（7）整改建议。

【思考与练习】

一、填空题

1. 管线点设置在管线特征点在地面的_____上。管线特征点包括_____、_____、_____、_____以及_____等。

2. 在没有特征点的管线段上,按一定的距离设置管线点,其间距不大于_____ m,弯曲管线上管线点设置以能反映_____为原则。

3. 在窨井上设置明显管线点时,管线点的位置应设在_____的中心。

4. 雨水检查井或雨水口中有污水管或合流管接入时,则可判断该井为_____。

5. 当管道内水位过高且降水比较困难时,可以使用_____的方式来查找管道内存在的混接现象。

6. 在管道潜望镜检测无法有效查明或要求混接点准确定位的情况下,应采用_____检测,其可以清楚地观察到管道内存在的渗漏、支管暗接等混接点。

7. 当通过仪器探查发现有支管暗接,但是对于暗接支管的连接方向无法判断时,可以使用_____、_____和_____的方式来确定管道的连接关系。

8. 混接点位置分布图包括_____或_____大比例尺的雨污水混接点分布图,以及_____比例尺及其以上的雨污水混接点分布总图。

9. 混接水量比 C_1 是指雨水管网中_____占_____的比例。

10. 混接水量比 C_2 是指污水管网中_____占_____的比例。

11. 区域混接程度根据_____、_____分为三个等级,分别为_____、_____、_____。

12. 单个混接点混接程度根据_____、_____、_____等划分等级。

13. 地下管线测量的内容一般包括_____、_____、_____和测量成果的检查验收。

14. 地下管线平面测量应采用_____方法,地下管线高程测量采用_____测量方法。

15. 排水管网图以_____为载体,比例均为_____,采用_____正方形分幅。

二、简答题

1. 在进行明显管线点调查时,应遵循哪些原则?

2. 在进行隐蔽管线点探查时,应遵循哪些原则?

3. 管线普查草图的绘制应包括哪些内容?

4. 开井检查时,哪些情况可判定该井为混接点?

5. 雨污水混接点分布图图形要素包含哪些内容?

6. 雨污水混接评估报告应包含哪些内容?

第4章 地下管道检测与评估

【本章导读】

对管道及设施常见损害进行详细分类和描述,有助于了解可能导致管道损坏的各种原因,以便在实际工作中进行有效的预防和修复。对地下管道的日常巡查也是保证管道能够正常运行的有效措施,能够及时发现管道存在的问题。本章首先系统介绍了目前管道检测常用的一些方法,比如电视检测、声呐检测、潜望镜检测等,每种方法都有其优缺点及适用范围,应根据实际情况进行选取;以及管道缺陷,其主要分为两类,分别是结构性缺陷和功能性缺陷,根据其损害程度又划分为不同的缺陷等级。在对管道进行评估时,不仅要考虑缺陷类型,还要考虑缺陷等级等因素。其次介绍了结构性状况评估和功能性评估的方法与标准。通过本章的学习,读者能够全面掌握地下管道检测与评估的方法和技术,并深入了解日常巡查、管道检测及技术状况评估的关键环节,以及如何整理和呈现检测及评估成果。

说明:本章技术标准主要依据《城镇排水管道检测与评估技术规程》(CJJ 181—2012)编制而成,目前尚无除排水管外其他类型的管线检测与评估的相关规范,其他类型的管线检测与评估可参照使用。

【教学要求】

知识目标	能力目标	素质目标
(1)管道破裂、变形等结构性缺陷; (2)管道沉积、结垢等功能性缺陷	能够识别和分类各种管道与设施的常见损害	(1)观察和分析能力:具备发现管道和设施缺陷的能力,以及对它们进行分析和识别的技能; (2)判断和决策能力:能够划分缺陷等级、评估和确定结构性与功能性状况; (3)安全和环保意识:在工作中重视安全和环境保护
重力管涵、压力管道、路面巡查及截留设施的巡查内容	能够了解管道日常巡查的内容和重要性,具备日常巡查能力	
电视检测、声呐检测、管道潜望镜检测及传统检测方法	能够了解各种常用管道检测方法的原理和适用范围,掌握现代管道检测设备和技术	
(1)结构性状况评估; (2)功能性状况评估	能够对管道的结构性状况和功能性状况进行评估	

排水管道及其构筑物,在使用过程中会不断损坏,如污水中的污泥沉积淤塞排水管道、水流冲刷破坏排水构筑物、污水与气体腐蚀管道及其构筑物、外部荷载损坏管道结构强度等。为了使排水系统构筑物设施经常处于完好状态,保证排水通畅、不产生淤泥,保证排水系统的正常使用,必须对排水管道进行经常性养护。

排水管道养护对象有管道及检查井、雨水口、截流井、倒虹管、进出水口、机闸等管道附属设施。排水管道养护内容包括排水管道设施定期检查、清洗、疏通与日常养护、维修,附建物整修,附建物翻建,有毒有害气体的监测与释放,突发事件的处理等。在不同的季节,如旱期、雨期、冬期,排水管道水量和水质也会有不同。因此,随着季节的变化,排水管道养护工作内容和重点也会有所不同。

4.1 管道及设施常见损害

管道缺陷主要分为结构性缺陷和功能性缺陷。结构性缺陷是指管道本体遭受损伤,影响强度、刚度和使用寿命的缺陷。功能性缺陷是指导致管道过水断面发生变化,影响畅通性能的缺陷。对于管道的功能性缺陷,对管道内部进行清理即可,对于管道结构性缺陷,需要对管道进行修复。

4.1.1 结构性缺陷

结构性缺陷主要包括破裂、变形、腐蚀、起伏、错口、脱节、接口材料脱落、支管暗接、异物穿入和渗漏。

1. 破裂

破裂缺陷代码为 PL,指管道的外部压力超过自身的承受力致使管材发生破裂。其形式有纵向、环向和复合三种。根据损害严重程度,该缺陷共分为以下 4 个等级。

1 级:裂痕(图 4.1)——当下列一个或多个情况存在时:在管壁上可见细裂痕;在管壁上由细裂缝处冒出少量沉积物;轻度剥落。

2 级:裂口(图 4.2)——破裂处已形成明显间隙,但管道的形状未受影响且破裂无脱落。

3 级:破碎(图 4.3)——管壁破裂或脱落处所剩碎片的环向覆盖范围不大于弧长 60°。

4 级:坍塌(图 4.4)——当下列一个或多个情况存在时:管道材料裂痕、裂口或破碎处边缘环向覆盖范围大于弧长 60°;管壁材料发生脱落的环向范围大于弧长 60°。

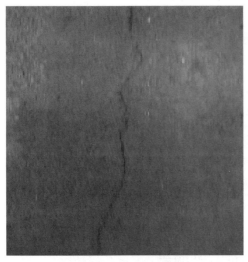

图 4.1 破裂等级 1:裂痕

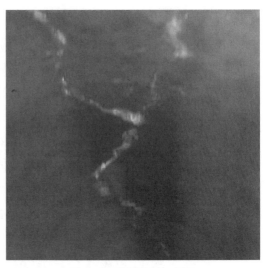

图 4.2 破裂等级 2:裂口

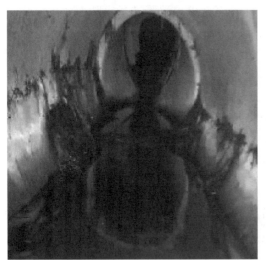

图 4.3 破裂等级 3:破碎

图 4.4 破裂等级 4:坍塌

2. 变形

变形缺陷代码为 BX,指管道受外力挤压造成形状变异,管道的原样被改变(只适用于柔性管)。根据损害严重程度,该缺陷共分为以下 4 个等级。

1 级(图 4.5):变形不大于管径的 5%。

2 级(图 4.6):变形为管径的 5% ~ 15%。

3 级(图 4.7):变形为管径的 15% ~ 25%。

4 级(图 4.8):变形大于管径的 25%。

图 4.5　变形等级 1

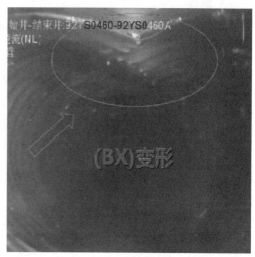

图 4.6　变形等级 2

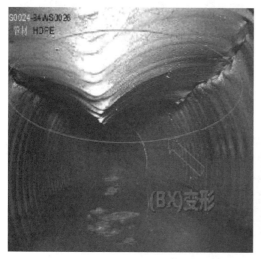

图 4.7　变形等级 3

图 4.8　变形等级 4

变形率公式为

$$变形率 = \frac{管内径 - 变形后最小内径}{管内径} \times 100\%$$

《给水排水管道工程施工及验收规范》（GB 50268—2008）第 4.5.12 条第 2 款："钢管或球墨铸铁管道的变形率超过 3% 时，化学建材管道的变形率超过 5% 时，应挖出管道，并会同设计单位研究处理。"这是新建管道变形控制的规定。对于已经运行的管道，如按照这个规定则很难实施，且费用也难以保证。为此，变形率只适用于运行管道的检测评估。

3. 腐蚀

腐蚀缺陷代码为 FS,指管道内壁受侵蚀而流失或剥落,出现麻面或露出钢筋。根据损害严重程度,该缺陷共分为以下 3 个等级。

1 级(图 4.9):轻度腐蚀——表面轻微剥落,管壁出现凹凸面。

2 级(图 4.10):中度腐蚀——表面剥落,显露粗骨料或钢筋。

3 级(图 4.11):重度腐蚀——粗骨料或钢筋完全显露。

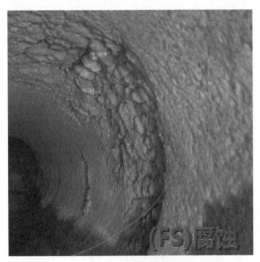
图 4.9　腐蚀等级 1

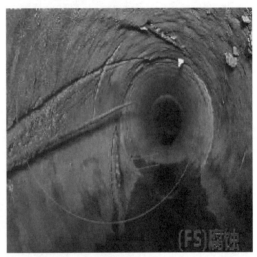
图 4.10　腐蚀等级 2

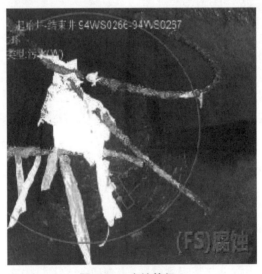
图 4.11　腐蚀等级 3

管道内壁受到有害物质的腐蚀或管道内壁受到磨损。管道水面上部的腐蚀主要来自排水管道中的硫化氢气体所造成的腐蚀。管道底部的腐蚀主要是由腐蚀性液体和冲刷的复合性的影响造成的。

4. 起伏

起伏缺陷代码为 QF,指接口位置偏移,管道竖向位置发生变化,在低处形成洼水。根据损害严重程度,该缺陷共分为以下 4 个等级。

1 级(图 4.12):起伏高/管径≤20%。

2 级(图 4.13):20%<起伏高/管径≤35%。

3 级(图 4.14):35%<起伏高/管径≤50%。

4 级(图 4.15):起伏高/管径>50%。

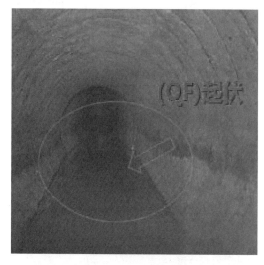

图 4.12　起伏等级 1

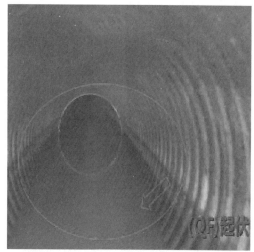

图 4.13　起伏等级 2

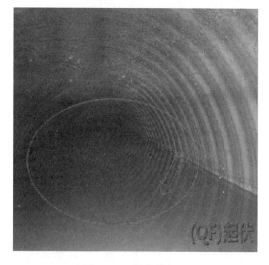

图 4.14　起伏等级 3

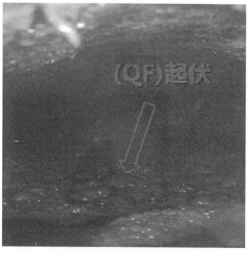

图 4.15　起伏等级 4

造成弯曲起伏的原因既包括管道不均匀沉降,也包含施工不当。管道因沉降等因素形成洼水(积水)现象,按实际水深占管道内径的百分比记入检测记录表。

5. 错口

错口缺陷代码为CK,指同一接口的两个管口产生横向偏差,未处于管道的正确位置。两根管道的套口接头偏离,邻近的管道看似"半月形"。根据损害严重程度,该缺陷共分为以下4个等级。

1级(图4.16):轻度错口——相接的两个管口偏差不大于管壁厚度的1/2。

2级(图4.17):中度错口——相接的两个管口偏差大于管壁厚度的1/2,小于管壁厚度。

3级(图4.18):重度错口——相接的两个管口偏差为管壁厚度的1~2倍。

4级(图4.19):严重错口——相接的两个管口偏差为管壁厚度的2倍以上。

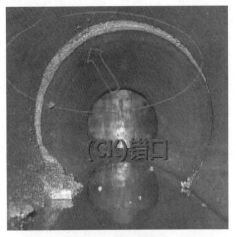

图4.16 错口等级1

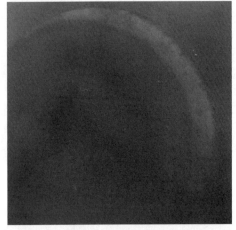

图4.17 错口等级2

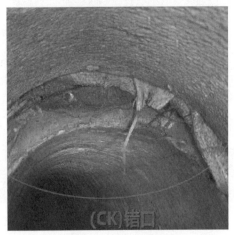

图4.18 错口等级3

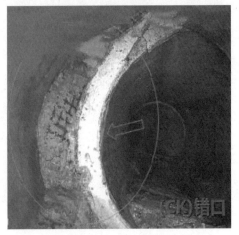

图4.19 错口等级4

6. 脱节

脱节缺陷代码为 TJ,指两根管道的端部未充分结合或接口脱离。根据损害严重程度,该缺陷共分为以下 4 个等级。

1 级(图 4.20):轻度脱节——管道端部有少量泥土挤入。

2 级(图 4.21):中度脱节——脱节距离不大于 20 mm。

3 级(图 4.22):重度脱节——脱节距离为 20~50 mm。

4 级(图 4.23):严重脱节——脱节距离为 50 mm 以上。

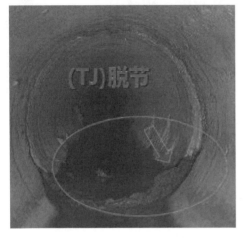

图 4.20　脱节等级 1

图 4.21　脱节等级 2

图 4.22　脱节等级 3

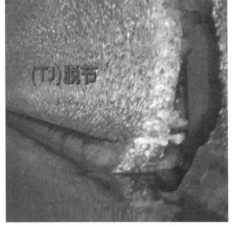

图 4.23　脱节等级 4

7. 接口材料脱落

接口材料脱落缺陷代码为 TL,指橡胶圈、沥青、水泥等类似的接口材料进入管道。进入管道底部的橡胶圈会影响管道的过流能力。根据损害严重程度,该缺陷共分为以下 2 个等级。

1 级(图 4.24):接口材料在管道内水平方向中心线上部可见。

2 级(图 4.25):接口材料在管道内水平方向中心线下部可见。

图 4.24　接口材料脱落等级 1

图 4.25　接口材料脱落等级 2

8. 支管暗接

支管暗接缺陷代码为 AJ,指支管未通过检查井而直接侧向接入主管。根据损害严重程度,该缺陷共分为以下 3 个等级。

1 级(图 4.26):支管进入主管内的长度不大于主管直径的 10%。

2 级(图 4.27):支管进入主管内的长度为主管直径的 10%~20%。

3 级(图 4.28):支管进入主管内的长度大于主管直径的 20%。

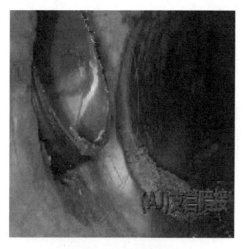

图 4.26　支管暗接等级 1

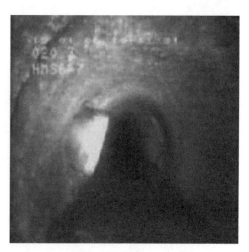

图 4.27　支管暗接等级 2

图 4.28　支管暗接等级 3

9. 异物穿入

异物穿入缺陷代码为 CR,指非管道附属设施的物体穿透管壁进入管内。根据损害严重程度,该缺陷共分为以下 3 个等级。

1 级(图 4.29):异物在管道内且占用过水断面面积不大于 10%。

2 级(图 4.30):异物在管道内且占用过水断面面积 10%~30%。

3 级(图 4.31):异物在管道内且占用过水断面面积大于 30%。

侵入的异物会造成回填土中的块石等压破管道、其他结构物穿过管道、其他管线穿越管道等现象的出现。

图 4.29　异物穿入等级 1

图 4.30　异物穿入等级 2

图 4.31　异物穿入等级 3

10. 渗漏

渗漏缺陷代码为 SL，指管道外的水流入管道。根据损害严重程度，该缺陷共分为以下 4 个等级。

1 级（图 4.32）：滴漏——水持续从缺陷点滴出，沿管壁流动。

2 级（图 4.33）：线漏——水持续从缺陷点流出，并脱离管壁流动。

3 级（图 4.34）：涌漏——水从缺陷点处涌出，涌漏水面的面积不大于管道断面的 1/3。

4 级（图 4.35）：喷漏——水从缺陷点处大量涌出或喷出，涌漏水面的面积大于管道断面的 1/3。

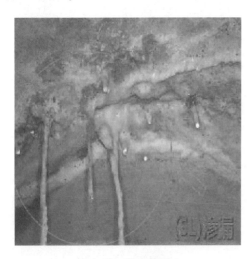

图 4.32　渗漏等级 1

图 4.33　渗漏等级 2

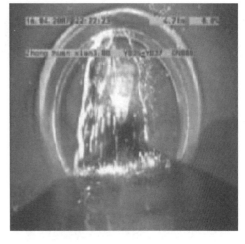

图 4.34　渗漏等级 3　　　　　　　　　　图 4.35　渗漏等级 4

由于管内水漏出管道的现象在管道内窥检测中不易发现,故渗漏主要指来源于地下的(按照不同的季节)或来自邻近漏水管的水从管壁、接口及检查井壁流入。

4.1.2　功能性缺陷

功能性缺陷主要包括沉积、结垢、障碍物、残墙和坝根、树根、浮渣等。

1. 沉积

沉积缺陷代码为 CJ,由细颗粒固体(如泥沙等)长时间堆积形成,淤积量大时会减少过水面积,缺陷的严重程度按照沉积物厚度占管径的百分比确定。该缺陷共分为以下 4 个等级。

1 级(图 4.36):沉积物厚度为管径的 20%~30%。

图 4.36　沉积等级 1

2 级(图 4.37):沉积物厚度为管径的 30%~40%。

3 级(图 4.38):沉积物厚度为管径的 40%~50%。

4 级(图 4.39):沉积物厚度大于管径的 50%。

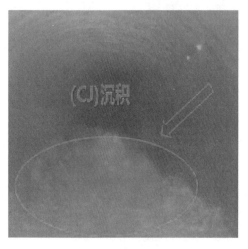

图 4.37 沉积等级 2

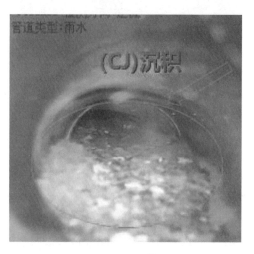

图 4.38 沉积等级 3

图 4.39 沉积等级 4

2. 结垢

结垢缺陷代码为 JG,其根据管壁上附着物的不同分为硬质结垢和软质结垢。硬质结垢和软质结垢相同的断面损失具有不同的等级,该缺陷共分为 4 个等级。结垢与沉积不同,结垢是细颗粒污物附着在管壁上,在侧壁和底部均可存在,而沉积只存在于管道底部。

1 级(图 4.40):硬质结垢造成的过水断面损失不大于 15%;软质结垢造成的过水断面损失为 15%~25%。

2级(图4.41):硬质结垢造成的过水断面损失为15%~25%;软质结垢造成的过水断面损失为25%~50%。

3级(图4.42):硬质结垢造成的过水断面损失为25%~50%;软质结垢造成的过水断面损失为50%~80%。

4级(图4.43):硬质结垢造成的过水断面损失大于50%;软质结垢造成的过水断面损失大于80%。

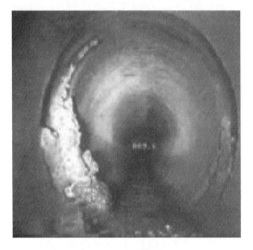

图4.40　结垢等级1

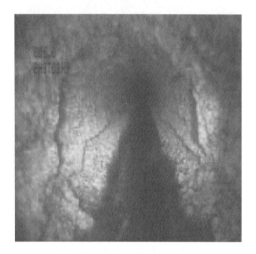

图4.41　结垢等级2

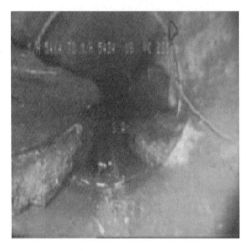

图4.42　结垢等级3

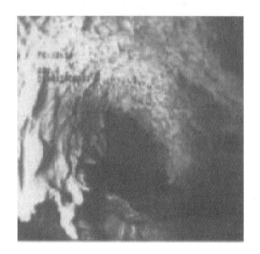

图4.43　结垢等级4

3.障碍物

障碍物缺陷代码为ZW,是"管道内影响过流的阻挡物",指外部物体进入管道内,具有明显的、占据一定空间尺寸的特点,如石头、柴板、树枝、遗弃的工具、破损管道的碎片等。该缺陷根据过水断面损失分为以下4个等级。

1级(图 4.44):过水断面损失不大于 15%。

2级(图 4.45):过水断面损失为 15%~25%。

3级(图 4.46):过水断面损失为 25%~50%。

4级(图 4.47):过水断面损失大于 50%。

图 4.44　障碍物等级 1

图 4.45　障碍物等级 2

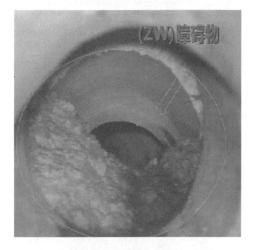

图 4.46　障碍物等级 3

图 4.47　障碍物等级 4

4.残墙和坝根

残墙和坝根缺陷代码为 CQ,是"管道闭水试验时砌筑的临时砖墙封堵,试验后未拆除或拆除不彻底的遗留物",是管道施工完毕进行闭水试验时砌筑的封堵墙。残墙和坝根特征明显,是工程性结构,由施工单位所为,具有很明确的可追溯性,故将其单独列项。该缺陷根据过水断面损失分为以下 4 个等级。

1级(图 4.48):过水断面损失不大于 15%。

2 级(图 4.49):过水断面损失为 15%~25%。

3 级(图 4.50):过水断面损失为 25%~50%。

4 级(图 4.51):过水断面损失大于 50%。

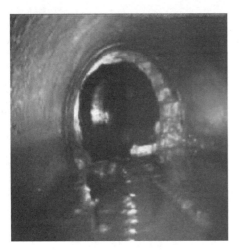
图 4.48　残墙和坝根等级 1

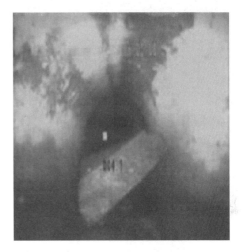
图 4.49　残墙和坝根等级 2

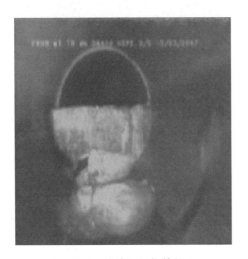
图 4.50　残墙和坝根等级 3

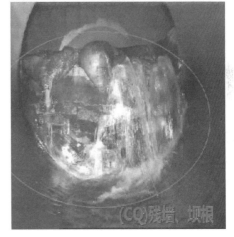
图 4.51　残墙和坝根等级 4

5. 树根

树根缺陷代码为 SG,其从管道接口的缝隙或破损点侵入管道,生长成束后导致过水面积减小。由于树根的穿透力很强,往往会导致管道受损。

树根未按照其粗细分级,而是根据侵入管道的树根所占管道断面的面积百分比进行分级。该缺陷根据过水断面损失分为以下 4 个等级。

1 级(图 4.52):过水断面损失不大于 15%。

2 级(图 4.53):过水断面损失为 15%~25%。

3级(图4.54):过水断面损失为25%~50%。

4级(图4.55):过水断面损失大于50%。

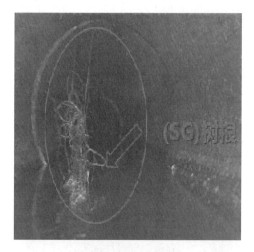

图4.52　树根等级1

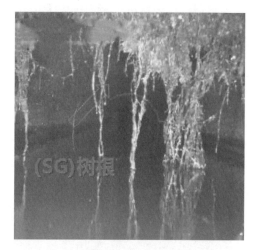

图4.53　树根等级2

图4.54　树根等级3

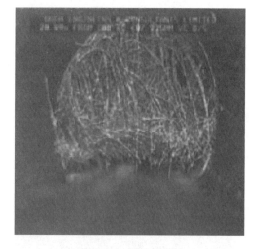

图4.55　树根等级4

6.浮渣

浮渣缺陷代码为FZ,指不溶于水的如油渣等漂浮物在水面囤积。该缺陷按漂浮物所占水面面积的百分比分为以下3个等级。

1级(图4.56):零星的漂浮物,漂浮物所占水面面积不大于30%。

2级(图4.57):较多的漂浮物,漂浮物所占水面面积为30%~60%。

3级(图4.58):大量的漂浮物,漂浮物所占水面面积大于60%。

由于漂浮物所占水面面积经常处于动态的变化中,因此,漂浮物只用于记录现象,不参与计算。

图 4.56　浮渣等级 1

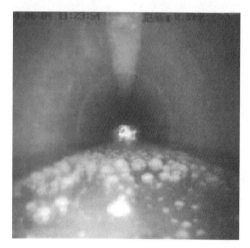

图 4.57　浮渣等级 2

图 4.58　浮渣等级 3

7. 井盖移位(图 4.59)

排水管道的建设通常跟随道路同步建设,道路上的检查井井盖长期经受机动车等碾压,致使井盖与井框密合度下降,当车辆快速经过时,易发生井盖跳起脱离井座的事故,造成车损人伤甚至更严重的安全事故。

8. 井盖沉降(图 4.60)

井盖沉降,严重影响了城市道路的使用性能及路面行车的舒适度,甚至危及车辆和行人的交通出行安全。

图 4.59　管道井盖移位实例图

图 4.60　管道井盖沉降实例图

4.2　日常巡查

4.2.1　重力管涵巡查

重力管涵包含重力管道和排水箱涵。重力管涵内水体在重力的作用下流动,受地形、坡度等影响,流速变化大,在流速缓慢的管段,水中杂质容易淤积,影响管道过水量和运行安全。按照相关规范要求,重力管涵每隔一段距离必须设置检查井等设施,连接上下游管道及供养护人员检测、维护进入管内的构筑物。

结合重力管涵特点,重力管涵巡查内容包含:管道是否畅通,有无壅水、堵塞;是否有地下水或海水进入;有无违章排放(工业废水、建筑泥砂浆水、油烟等);有无其他管线违章接入;有无雨污水(雨污合流除外)混接等情况。

4.2.2　压力管道巡查

压力管道通过水泵等提压促使污水流动,流速受动力消耗和管道材质等影响。压力管道淤积情况通常优于重力管道。

在排水压力管道中存在着大量的气体,这些气体来自泵吸入、压力降低释放气体及污水自身产气等几个方面。污水泵站发生非正常运行时,会产生水锤现象,而气体的存在又会加剧水锤危害,导致污水管破裂。通常设置透气井、排气阀等设施来解决这个问题。

结合压力管道特点,压力管道巡查内容包含:透气井是否有浮渣;排气阀、压力井、透气井等设施是否完好有效;定期开盖检查压力井盖板,检查盖板是否锈蚀、密封垫是否老化、井体是否有裂缝及管内淤积等情况。

4.2.3　路面巡查

城市排水检查井属半密闭空间,管道中含有硫化氢等有毒气体,因管理不善或作业不规范等易发生人员坠落或中毒致死事故;管道破损、接口脱落会造成污水外溢而掏空路基,这将导致地面塌陷,威胁行人及车辆安全。因此及时进行管道路面巡查是避免安全隐患、确保管网安全运行的重要手段。

管道路面巡查内容包含以下内容。

(1)排水管道周边路面、绿化带等是否有下陷、坍塌以及排水外溢等异常情况。

(2)检查井盖是否破损、缺失、松动,有无下陷或高出路面,是否存在影响交通、安全及扰民等情况。

(3)排水井盖有无与其他类别井盖混盖,机动车道上的井盖型号及材料是否符合要求。

(4)有无破坏、覆盖污水管网及附属设备(井)现象,有无在管道上方违章建筑。

4.2.4　截流设施的巡查

按照建设规范所进行的城市排水管网的雨污水分流设计,由于雨污水混接、错接,以及沿街店面任意倾倒废水、住宅阳台功能改变等,导致雨污水分流不彻底。随着环境保护要求的提升,对雨水排放口、排放箱涵实施截流,将未分流的污水和初期雨水收集进入污水厂集中处理。雨水排放口和排放箱涵承担城市排洪功能,如何做到晴天污水全截流、雨天不影响排洪是截流设施建设和管理的重点。

为确保晴天截流设施的污水截流功能,对其的巡查包含以下内容。

(1)截流堰等构筑物是否完好。

(2)截流闸门等设备是否处于正常运行工况中。

(3)垃圾杂物是否及时清理。

(4)晴天截流污水是否有溢流等。

4.3　管　道　检　测

4.3.1　专项检测工作流程

专项检测按照下述流程开展工作。

1. 管道检测前收集资料

（1）该管线平面图。

（2）该管道竣工图等技术资料。

（3）已有该管道的检测资料。

2. 现场勘察资料

（1）查看该管道周围地理、地貌、交通和管道分布情况。

（2）开井目视水位、积泥深度及水流。

（3）核对资料中的管位、管径、管材。

3. 确定检测技术方案

（1）明确检测的目的、范围、期限。

（2）针对已有资料认真分析，确定检测技术方案，包括管道如何封堵、管道清洗的方法、对已存在的问题如何解决、制定安全措施等。

4. 管道检测技术要求

（1）应将管道进行严密性试验，并向检测人员出示该管道的闭气或闭水的试验记录。

（2）检测前应确保管道内积水不超过管径的 5%。

（3）检测开始前必须进行疏通、清洗、通风及有毒有害气体检测。

4.3.2　CCTV 检测

CCTV 检测即采用闭路电视系统进行管道检测的方法。该方法出现于 20 世纪 50 年代，随着科技的发展，到 20 世纪 80 年代，此项技术基本成熟。该方法最早用于煤气管道内窥检测，后来广泛应用于给排水管道检测中。其由操作人员控制地下管道机器人，对管道进行实况拍摄，拍摄影像数据传输至计算机后，在终端电视屏幕上进行直观影像显示和影像记录存储的图像通信检测系统，而后交由专业检查人员进行判定。

1. 一般规定

（1）CCTV 检测应不带水作业，当现场条件无法满足时，应当采取降低水位措施，使管道内水位高不大于管径的 20%。

（2）在进行结构性检测前应对被检测管道做疏通、清洗，清洗后的管道内壁应无污物或杂物覆盖。

（3）检测前应对管道实施堵截、导流，使管内水位满足检测要求。堵截应符合现行的行业标准《排水管道维护安全技术规程》（CJJ 6—85）和《城镇排水管渠与泵站维护技术规程》（CJJ/T 68—2007）的有关规定。

（4）有下列情形之一的应中止检测：爬行器在管道内无法行走或推杆在管道内无法推进时；镜头沾有污物；镜头浸入水中；管道内充满雾气，影响图像质量；其他原因影响到图像质量；恶劣的天气状况影响。

2. 检测设备

CCTV 的基本设备包括：摄影机；灯光；电线（线卷）及录影设备；摄影监视器；电源控制设备；承载摄影机的支架；爬行器；长度测量仪。

CCTV 管道内窥检测系统主体由主控器、线缆车、爬行器三部分组成（图 4.61）。主控器可安装在汽车上，操作员通过主控器控制爬行器在管道内的前进速度和方向，并控制摄像头将管道内部的视频图像通过线缆传输到主控器显示屏上。操作员可实时监测管道内部状况，同时将原始图像记录存储下来，做进一步的分析。当完成管道 CCTV 检测的外业工作后，根据检测的录像资料进行管道缺陷的编码和抓取缺陷图片，以及检测报告的编写，并根据用户的要求对影像资料进行处理，提供录像带或者光盘存档，指导未来的管道修复工作。

(a) 主控器　　　　　　　　(b) 线缆车　　　　　　　　(c) 爬行器

图 4.61　CCTV 管道内窥检测系统主体

检测设备的基本性能应符合下列规定。

（1）摄像镜头应具有平扫与旋转、仰俯与旋转、变焦功能，摄像镜头高度应可以自由调整。

（2）爬行器应具有前进、后退、空挡、变速、防侧翻等功能，轮径大小、轮间距应可以根据被检测管道的大小进行更换或调整。

（3）主控器应具有在监视器上同步显示日期、时间、管径、在管道内行进距离等信息的功能，并应可以进行数据处理。

（4）灯光强度应能调节。

CCTV 检测设备主要技术指标应符合表 4.1 的规定。

表 4.1　CCTV 检测设备主要技术指标

项目	技术指标
图像传感器	≥1/4 CCD,彩色
灵敏度(最低感光度)	≤3 lx
视角	≥45°
分辨率	≥640×480
照度	≥10×LED
图像变形	≤±5%
爬行器	电缆长度为 120 m 时,爬坡能力应大于 5°
电缆抗拉力	≥2 kN
存储	录像编码格式:MPEG4、AVI;照片格式:JPEG

检测设备应结构坚固、密封良好,能在 0~50 ℃的气温条件下和潮湿的环境中正常工作。检测设备应具备测距功能,电缆计数器的计量单位不应大于 0.1 m。

3. 检测方法

检测前准备工作如下。

一般进行 CCTV 检测前需进行管道清洗工作,去除管内脏物,保证拍摄到效果良好的视频录像。管道清洗通常采用高压清洗车进行。清洗车可将管内的淤泥、沉积砂及污物等清除并将管内表面清洗干净,最后用清洗车的真空泵将汇集在窨井内的淤泥等吸除干净。CCTV 检测示例如图 4.62 所示。

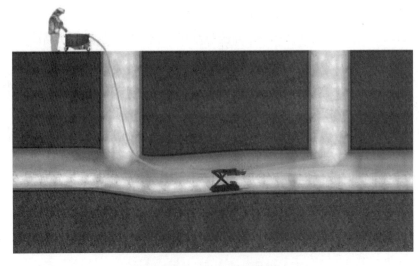

图 4.62　CCTV 检测示例

设备操作具体步骤如下。

（1）工作人员应穿戴好安全帽、反光衣，检测现场应做好安全防护。

（2）连接设备各部件。

（3）连接和调试镜头与爬行器。

（4）线缆盘的线缆穿过滑轮。

（5）连接线缆与爬行器。

（6）移动电缆与线缆盘之间的连接。

（7）控制盒与计算机的连接。

（8）打开开机电源、线缆盘开关、Wi-Fi 天线，并通过电脑连接 Wi-Fi，进行设备检测和调试。

（9）打开控制软件，对各项功能进行检测，主要检测变焦功能、灯光（辅光灯及主光灯）、抬升臂、前后视切换、镜头旋转功能、轮径选择、距离设置、自动手动切换、机器人前进及后退、左右转向等功能是否正常。设备一切正常方可下井。

（10）填写检测影像资料版头。当对每一管段进行摄影前，检测录像资料开始时，应编写并录制检测影像资料版头对被检测管段进行文字标注，检测影像资料版头格式和基本内容应按表4.2编制。

表 4.2　检测影像资料版头格式和基本内容

任务名称/编号（RWMC/XX）：
检测地点（JCDD）：
检测日期（JCRQ）：　　年　　月　　日
起始井编号、结束井编号：（X 号井—Y 号井）
检测方向（JCFX）：顺流（SL），逆流（NL）
管道类型（GDLX）：雨水（Y），污水（W），雨污水合流（H），其他
管材（GC）：
管径（GJ/mm）：
检测单位：
检测员：

（11）爬行器进入管道后，根据管道环境不同，对灯光、摄像头高度、摄像头位置、摄像头放大倍数等参数进行设置，以便能在管道中查看详细的管道缺陷特征。

（12）点击录制按钮，开始录制视频。

（13）在检测工作进行中，可以使用蓝牙连接方式来控制爬行器。当连接上蓝牙后，双击视频窗口，可以使视频全屏进入全屏模式。在全屏模式下，视频上浮现出几个主要摇杆控件,控件的功能与非全屏模式相对应的控件功能一致。

（14）缺陷判读。当看到管道内有明显的缺陷时,点击"缺陷判读"按钮,根据所见的缺陷类型、缺陷大小、缺陷位置等,详细填写缺陷判读界面各信息,并点击"确定"保存。

（15）缺陷查看。如果在缺陷判读中缺陷信息填写错误,或者管道缺陷类型不止一处时,可以点击缺陷查看按钮,进行缺陷信息的更改或添加操作,并在缺陷截图中详细标记指出。

（16）结束录制,将视频显示切换至后视,回收爬行器。点击"生成报告"按钮,打开生成报告界面,导入录制的检测视频的".ctv"伴随文件,点击"生成报告",稍等片刻后,即可完成报告的生成工作。

（17）关闭软件。

CCTV 检测实例图如图 4.63 所示。

(a)   (b)   (c)

图 4.63　CCTV 检测实例图

4.影像判读

缺陷的类型、等级应在现场初步判读并记录。现场检测完毕后,应由复核人员对检测资料进行复核。缺陷尺寸可依据管径或相关物体的尺寸判定。无法确定的缺陷类型或等级应在评估报告中加以说明。缺陷图片宜采用现场抓取最佳角度和最清晰图片的方式,特殊情况下也可采用观看录像截图的方式。对直向摄影和侧向摄影,每一处结构性缺陷抓取的图片数量不应少于 1 张。

4.3.3　声呐检测

声呐检测即采用声波反射技术对管道及其他设施内的水中物体进行探测和定位的一种检测方法。这类检测用于了解管道内部纵断面的过水面积,从而检测管道功能性病态。其优势在于无须排干排水管道就可以对管道内部结构成像、可不断流进行检测。其不足之处在于其仅能检测液面以下的管道状况,不能检测管道一般的结构性问题。声呐检测可与闭路电视检测系统、各种环境传感器相结合,对管道结构进行全面的检查。

1. 一般规定

声呐检测时,管道内水深应大于 300 mm。当有下列情形之一时应中止检测:探头受阻无法正常前行工作时;探头被水中异物缠绕或遮盖,无法显示完整的检测段时;探头埋入泥沙致使图像变异时;其他原因无法正常检测时。

2. 检测设备

检测设备应与管径相适应,探头的承载设备负重后不易滚动或倾斜。

声呐系统的主要技术参数应符合下列规定。

(1)扫描范围应大于所需检测的管道规格。

(2)125 mm 范围内的分辨率应小于 0.5 mm。

(3)每密位均匀采样点数量不应小于 250 个。

设备的倾斜传感器、滚动传感器应具备在 ±45° 内的自动补偿功能。设备结构应坚固、密封良好,应能在 0~40 ℃ 的温度条件下正常工作。

声呐系统由动力推进器、线缆盘和主控器三部分组成,适用于 DN500 以上高水位及满水管道、箱涵、河道等检测。设备独有水下潜行动力系统,最大静水行进速度可达到 1 m/s。其水下动力强劲,抗水流扰动,可定深循环。垂直声呐导航进入管道,声呐全面快速检测管道破裂、沉积、变形、接口脱落等缺陷。

排水管道声呐检测的基本原理是利用声呐主动发射声波"照射"目标,而后接收水中目标反射的回波以测定目标的参数,大多数采用脉冲体制,也有采用连续波体制的。它由简单的回声探测仪器演变而来。它主动地发射超声波,然后收测回波进行计算,经过软件的分析,得到排水管道内部的轮廓图。

置于水中声呐发生器令传感器产生响应,当扫描器在管道内移动时,可通过监视器来监视其位置与行进状态,测算管道的断面尺寸、形状,并测算破损、缺陷位置,对管道进行检测。与 CCTV 相比,声呐适用于水下检测。只要声呐探头置于水中,无论管内水位多高,声呐均可对管道进行全面检测。声呐处理器可在监视器上进行监视,并以数字和模拟形式显示传感器在检测方向上的行进。声呐传感器连续接收回波,对管内的情况进行实时记录,根据被扫描物体对声波的穿透性能、回波的反射性能,通过与原始管道尺寸的对比,计算管渠内的结垢厚度及淤积情况;根据检测结果对管渠的运行状况进行客观评价;根据采集存储的检测数据,还可以将管道的坡度情况,形象地反映出来。这为保证管道的正常运行和有针对性地进行维护提供了科学依据。图 4.64 为声呐检测设备。

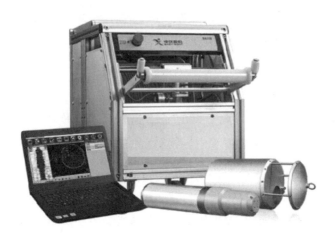

图 4.64　声呐检测设备

3. 检测方法

（1）检测前应从被检管道中取水样，通过实测声波速度对系统进行校准。

（2）声呐探头的推进方向宜与水流方向一致，并宜与管道轴线一致，滚动传感器标志应朝正上方。

（3）声呐探头安放在检测起始位置后，在开始检测前，应将计数器归零，并应调整电缆处于自然绷紧状态。

（4）声呐检测时，在距管段起始、终止检查井处应进行 2～3 m 长度的重复检测。

（5）承载工具宜采用在声呐探头位置镂空的漂浮器。

（6）在声呐探头前进或后退时，电缆应保持自然绷紧状态。

（7）根据管径的不同，应按表 4.3 选择不同的脉冲宽度。

表 4.3　脉冲宽度选择标准

管径范围/mm	脉冲宽度/μs
300～500	4
500～1 000	8
1 000～1 500	12
1 500～2 000	16
2 000～3 000	20

（8）探头行进速度不宜超过 0.1 m/s。在检测过程中应根据被检测管道的规格，在规定采样间隔和管道变异处探头停止行进，定点采集数据，停顿时间应大于一个扫描

周期。

（9）以普查为目的的声呐检测采样点间距宜为 5 m，其他检查采样点间距宜为 2 m，存在异常的管段应加密采样。检测结果应填写排水管道检测现场记录表，并应按规定格式绘制沉积状况纵断面图。

图 4.65 为声呐检测示例。

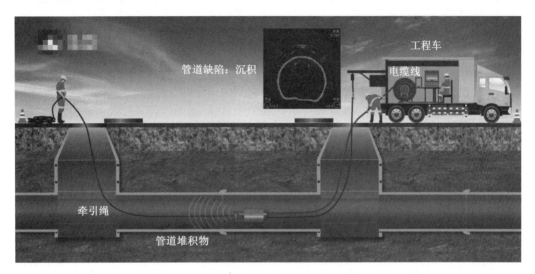

图 4.65　声呐检测示例

4. 轮廓初读

规定采样间隔和图形变异处的轮廓图应现场捕捉并进行数据保存。经校准后的检测断面线状测量误差应小于 3%。声呐检测截取的轮廓图应标明管道轮廓线、管径、管道积泥深度线等信息。

管道沉积状况纵断面图中应包括路名（或路段名）、井号、管径、长度、流向、图像截取点纵距及对应的积泥深度、积泥百分比等文字说明。纵断面线应包括管底线、管顶线、积泥高度线和管径的 1/5 高度线（虚线）。

声呐轮廓图不应作为结构性缺陷的最终评判依据，应采用电视检测方式予以核实或以其他方式检测评估。

4.3.4　管道潜望镜检测

采用管道潜望镜在检查井内对管道进行检测的方法，简称 QV 检测，潜望镜为便携式视频检测系统。管道潜望镜也叫电子潜望镜，它通过操纵杆将高放大倍数的摄像头放入检查井或隐蔽空间，能够清晰地显示管道裂纹、堵塞等内部状况。该技术轻便、快捷，操作简单，使用方便。可单人地面操作，人员无须进入管道内。不足之处是摄像头只能在窨井内对管道进行检测,检测距离有限,如果两段窨井之间的距离较长,则无法进行全面的检查。

1. 一般规定

管道潜望镜检测的结果仅可作为管道初步评估的依据,适用于大多数情况的地下管道检测,对窨井的检测效果非常好,适用管径为 150~2 000 mm。管道潜望镜检测时,管内水位不宜大于管径的 1/2,管段长度不宜大于 50 m。

有下列情形之一时应中止检测。

(1)管道潜望镜检测仪器的光源不能够保证影像清晰度时。

(2)镜头沾有泥浆、水沫或其他杂物等影响图像质量时。

(3)镜头浸入水中,无法看清管道状况时。

(4)管道充满雾气影响图像质量时。

(5)其他原因无法正常检测时。

2. 检测设备

管道潜望镜检测设备(图 4.66)应坚固、抗碰撞、防水密封良好,应可以快速、牢固地安装与拆卸,应能够在 0~50 ℃的气温条件下和潮湿、恶劣的排水管道环境中正常工作。设备由探照灯、摄像头、控制器、伸缩杆、视频成像和存储单元组成。管道潜望镜检测设备的主要技术指标应符合表 4.4 的规定。

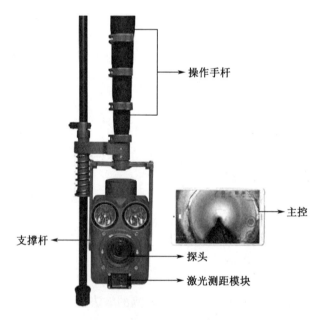

操作手杆

主控

支撑杆

探头

激光测距模块

图 4.66　管道潜望镜检测设备

表 4.4　管道潜望镜检测设备主要技术指标

项目	技术指标
图像传感器	≥1/4 CCD,彩色
灵敏度(最低感光度)	≤3 lx
视角	≥45°
分辨率	≥640×480
照度	≥10×LED
图像变形	≤±5%
变焦范围	光学变焦≥10 倍,数字变焦≥10 倍
存储	录像编码格式:MPEG4、AVI;照片格式:JPEG

录制的影像资料应能够在计算机上进行存储、回放和截图等操作。

3. 检测方法

将装有管道潜望镜的箱子平放在坚固地面上,由一名技术人员打开箱子盖,另一人扶住箱盖,固定好位置。

拿出潜望镜伸缩杆,用手伸缩伸缩杆,检测是否能正常伸缩。扣动插拔件,检查插拔件是否正常。检查支撑杆螺丝是否旋紧,未旋紧可能导致潜望镜主机掉落。打开控制器,控制潜望镜的探照灯、变焦、拍摄功能,看是否正常。全部检查结束,填写检查表,有需要维修的地方做出完整记录。

操作人员将设备的控制盒和电池拷在腰带上,将带有摄像头的探杆伸入窨井,拍摄时调整聚或散光灯的亮或灭,以达到照亮管道并获得清晰视频画面为目的,同时拉伸摄像头变焦,获取清晰的录像或图像,主要对雨水连管、污水支管进行检测,在主管不足30 m,且水位较低时,对主管也可采用 QV 检测。

数据图像可在随身携带的显示屏上显示,同时可将录像文件存储在存储器上,以便后期内业处理。

如果管道较长(大于 30 m),或管道内部拐弯或标高不准,则须反向对同一段管道再次检测。

图 4.67 为管道潜望镜检测示例。

图 4.67　管道潜望镜检测示例

4.3.5　传统的检查方法

1. 一般规定

传统方法检查宜用于管道养护时的日常性检查,人员进入排水管道内部检查时,应同时符合下列各项规定。

(1)管径不得小于 0.8 m。

(2)管内流速不得大于 0.5 m/s。

(3)水深不得大于 0.5 m。

(4)充满度不得大于 50%。

当具备直接量测条件时,应根据需要对缺陷进行测量并予以记录。当采用传统方法检查不能判别或不能准确判别管道各类缺陷时,应采用仪器设备辅助检查确认。检查过河倒虹管前,当需要抽空管道时,应先进行抗浮验算。在检查过程中宜采集沉积物的泥样,并判断管道的异常运行状况。检查人员进入管内检查时,必须拴有带距离刻度的安全绳,地面人员应及时记录缺陷的位置,如图 4.68 所示。

2. 目视检查

适用范围:管径较大,管内有水,且要求流速低。

优点:直观。

缺点:无影像资料,准确性差。主要凭借检测人员的眼睛观察对管道的缺陷进行描述,对裂缝宽度等缺陷尺寸的确定无法进行准确测量,没有定量化描述。

图 4.68　人员进入管内检查

人员进入管内检查时,应采用摄像或摄影的记录方式,并应符合下列规定。

(1)应制作检查管段的标示牌,标示牌的尺寸不宜小于 210 mm×147 mm。标示牌应注明检查地点、起始井编号、结束井编号、检查日期。

(2)当发现缺陷时,应在标示牌上注明距离,将标示牌靠近缺陷拍摄照片,记录人应按《城镇排水管道检测与评估技术规程》(CJJ 181—2012)附录 B 的要求填写现场记录。

(3)照片分辨率不应低于 300 万像素,录像的分辨率不应低于 30 万像素。

(4)检测后应整理照片,每一处结构性缺陷应配正向和侧向照片各不少于 1 张,并对应附注文字说明。

进入管道的检查人员应使用隔离式防毒面具,携带防爆照明灯具和通信设备。在管道检查过程中,管内人员应随时与地面人员保持通信联系。检查人员自进入检查井开始,在管道内连续工作时间不得超过 1 h。当进入管道的人员遇到难以穿越的障碍时,不得强行通过,应立即停止检测。进入管内检查宜 2 人同时进行,地面辅助、监护人员不应少于 3 人。当待检管道邻近基坑或水体时,应根据现场情况对管道进行安全性鉴定后,检查人员方可进入管道。

3. 简易工具检查

应根据检查的目的和管道运行状况选择合适的简易工具。

竹片与钢带一般适合于中小型管道、倒虹管简单检测。当检查小型管道阻塞情况或连接状况时,可采用竹片或钢带由井口送入管道内的方式进行,人员不宜下井送递竹片或钢带。

反光镜法适用范围:反光镜(图 4.69)适用于中小型管道、大型及以上管道的简单检测。管道水位应很低或者无水才能使用反光镜检测,检测时需要人工补光。其优点是直观、快速、安全。其缺点是无法检测管道结构损坏情况,有垃圾堆集或障碍物时,视线受阻。

量泥斗可用于检测管口或检查井内的淤泥和积沙厚度。当采用量泥斗检测时,应符合下列规定。

(1)量泥斗主要用于检查井底或离管口500 mm 以内的管道内软性积泥厚度量测。

(2)当使用 Z 字形量泥斗检查管道时,应将全部泥斗伸入管口取样。

图 4.69　反光镜

(3)量泥斗的取泥斗间隔宜为 25 mm,量测积泥厚度的误差应小于 50 mm。

Z 形量泥斗适用于中小型管道、大型及以上管道、倒虹管内缺陷简单检测,检测管口或检查井内的淤泥和积沙厚度;直杆形量泥斗适用于检查井检测,一般用来检测管口或检查井内的淤泥和积沙厚度,如图 4.70 所示。

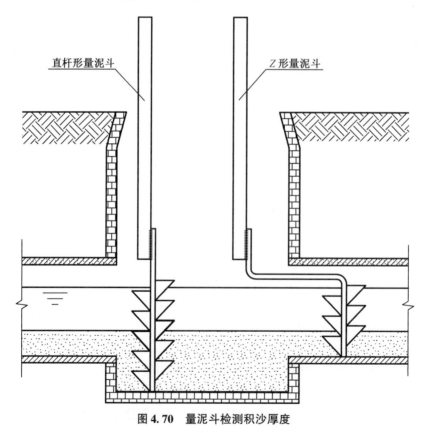

图 4.70　量泥斗检测积沙厚度

激光笔适用于中小型管道、大型及大型以上管道简单检测。当采用激光笔检测时，管内水位不宜超过管径的三分之一。

4. 潜水检查(图4.71)

图4.71　潜水员进入管道内检查

采用潜水方式检查的管道,其管径不得小于1 200 mm,流速不得大于0.5 m/s。潜水检查仅可作为初步判断重度淤积、异物、树根、塌陷、错口、脱节、胶圈脱落等缺陷的依据。当需确认时,应排空管道并采用电视检测。潜水检查应按下列步骤进行:

(1)获取管径、水深、流速数据,当流速超过《城镇排水管道检测与评估技术规程》(CJJ 181—2012)中规定时,应做减速处理;

(2)穿戴潜水服和负重压铅,拴安全信号绳并通气做呼吸检查;

(3)调试通信装置使之畅通;

(4)缓慢下井;

(5)管道接口处逐一触摸;

(6)地面人员及时记录缺陷的位置。

当遇下列情形之一时,应中止潜水检查并立即出水回到地面:

(1)遭遇障碍物或管道变形难以通过;

(2)流速突然加快或水位突然升高;

(3)潜水检查员身体突然感觉不适;

(4)潜水检查员接收到地面指挥员或信绳员停止作业的警报信号。

潜水检查员在水下进行检查工作时,应保持头部高于脚部。

4.4 管道技术状况评估

排水管道的评估应对每一管段进行。排水管道是由管节组成管段、管段组成管道系统。管节不是评估的最小单位，管段是评估的最小单位。在针对整个管道系统进行总体评估时，以各管段的评估结果进行加权平均计算后作为依据。

管道的很多缺陷是局部性缺陷，例如孔洞、错口、脱节、支管暗接等，其纵向长度一般不足 1 m，为了方便计算，1 处缺陷的长度按 1 m 计算。

当缺陷是连续性缺陷(纵向破裂、变形、纵向腐蚀、起伏、纵向渗漏、沉积、结垢)且长度大于 1 m 时，长度按实际长度计算；当缺陷是局部性缺陷(环向破裂、环向腐蚀、错口、脱节、接口材料脱落、支管暗接、异物穿入、环向渗漏、障碍物、残墙、坝根、树根)且纵向长度不大于 1 m 时，长度按 1 m 计算。当在 1 m 长度内存在两个及以上的缺陷时，该 1 m 长度内各缺陷分值进行综合叠加，如果叠加值大于 10 分，按 10 分计算，叠加后该 1 m 长度的缺陷按一个缺陷计算(相当于一个综合性缺陷)。

4.4.1 缺陷等级划分及评分

结构性及功能性缺陷程度等级划分及分值按表 4.5、表 4.6 确定。

表 4.5 结构性缺陷程度等级划分及分值

缺陷名称(代码)	缺陷描述	缺陷等级	分值
破裂(PL)	裂痕当下列一个或多个情况存在时： (1)在管壁上可见细裂痕； (2)在管壁上由细裂缝处冒出少量沉积物； (3)轻度剥落	1	0.5
	裂口——破裂处已形成明显间隙，但管道的形状未受影响且破裂无脱落	2	2
	破碎——管壁破裂或脱落处所剩碎片的环向覆盖范围不大于弧长60°	3	5
	坍塌——当下列一个或多个情况存在时： (1)管道材料裂痕、裂口或破碎处边缘环向覆盖范围大于弧长60°； (2)管壁材料发生脱落的环向范围大于弧长60°	4	10

表 4.5（续 1）

缺陷名称（代码）	缺陷描述	缺陷等级	分值
变形（BX）	变形不大于管道直径的 5%	1	
	变形为管径的 5%～15%	2	
	变形为管径的 15%～25%	3	
	变形大于管径的 25%	4	
腐蚀（FS）	轻度腐蚀——表面轻微剥落，管壁出现凹凸面	1	
	中度腐蚀——表面剥落显露粗骨料或钢筋	2	
	重度腐蚀——粗骨料或钢筋完全显露	3	
错口（CK）	轻度错口——相接的两个管口偏差不大于管壁厚度的 1/2	1	
	中度错口——相接的两个管口偏差大于管壁厚度的 1/2，小于管壁厚度	2	
	重度错口——相接的两个管口偏差为管壁厚度的 1～2 倍	3	
	严重错口——相接的两个管口偏差为管壁厚度的 2 倍以上	4	
起伏（QF）	起伏高/管径≤20%	1	
	20%＜起伏高/管径≤35%	2	
	35%＜起伏高/管径≤50%	3	
	起伏高/管径＞50%	4	
脱节（TJ）	轻度脱节——管道端部有少量泥土挤入	1	
	中度脱节——脱节距离不大于 20 mm	2	
	重度脱节——脱节距离为 20～50 mm	3	
	严重脱节——脱节距离为 50 mm 以上	4	
接口材料脱落（TL）	接口材料在管道内水平方向中心线上部可见	1	
	接口材料在管道内水平方向中心线下部可见	2	
支管暗接（AJ）	支管进入主管内的长度不大于主管直径的 10%	1	
	支管进入主管内的长度为主管直径的 10%～20%	2	
	支管进入主管内的长度大于主管直径的 20%	3	
异物穿入（CR）	异物在管道内且占用过水断面面积不大于 10%	1	
	异物在管道内且占用过水断面面积 10%～30%	2	
	异物在管道内且占用过水断面面积大于 30%	3	

表 4.5(续 2)

缺陷名称 （代码）	缺陷描述	缺陷等级	分值
渗漏 （SL）	滴漏:水持续从缺陷点滴出,沿管壁流动	1	
	线漏:水持续从缺陷点流出,并脱离管壁流动	2	
	涌漏:水从缺陷点涌出,涌漏水面的面积不大于管道断面的1/3	3	
	喷漏:水从缺陷点大量涌出或喷出,涌漏水面的面积大于管道断面的1/3	4	

表 4.6　功能性缺陷程度等级划分及分值

缺陷名称 （代码）	缺陷描述	缺陷等级	分值
沉积 （CJ）	沉积物厚度为管径的20%～30%	1	0.5
	沉积物厚度为管径的30%～40%	2	2
	沉积物厚度为管径的40%～50%	3	5
	沉积物厚度大于管径的50%	4	10
结垢 （JG）	硬质结垢造成的过水断面损失不大于15%; 软质结垢造成的过水断面损失为15%～25%	1	0.5
	硬质结垢造成的过水断面损失为15%～25%; 软质结垢造成的过水断面损失为25%～50%	2	2
	硬质结垢造成的过水断面损失为25%～50%; 软质结垢造成的过水断面损失为50%～80%	3	5
	硬质结垢造成的过水断面损失大于50%; 软质结垢造成的过水断面损失大于80%	4	10
障碍物 （ZW）	过水断面损失不大于15%	1	0.1
	过水断面损失为15%～25%	2	2
	过水断面损失为25%～50%	3	5
	过水断面损失大于50%	4	10

表 4.6(续)

缺陷名称 （代码）	缺陷描述	缺陷 等级	分值
残墙、坝根 （CQ）	过水断面损失不大于15%	1	
	过水断面损失为15%～25%	2	
	过水断面损失为25%～50%	3	
	过水断面损失大于50%	4	
树根 （SG）	过水断面损失不大于15%	1	
	过水断面损失为15%～25%	2	
	过水断面损失为25%～50%	3	
	过水断面损失大于50%	4	
浮渣 （FZ）	零星的漂浮物,漂浮物所占水面面积不大于30%	1	
	较多的漂浮物,漂浮物所占水面面积为30%～60%	2	
	大量的漂浮物,漂浮物所占水面面积大于60%	3	

4.4.2 结构性状况评估

1. 管段损坏状况参数

管段损坏状况参数应按下列公式计算：

$$S = \frac{1}{n}\left(\sum_{i_1=1}^{n_1} P_{i_1} + \alpha \sum_{i_2=1}^{n_2} P_{i_2}\right) \tag{4.1}$$

$$S_{max} = \max\{P_i\} \tag{4.2}$$

$$n = n_1 + n_2 \tag{4.3}$$

式中　n——管段的结构性缺陷数量；

　　　n_1——纵向净距大于 1.5 m 的缺陷数量；

　　　n_2——纵向净距大于 1.0 m 且不大于 1.5 m 的缺陷数量；

　　　P_{i_1}——纵向净距大于 1.5 m 的缺陷分值,按表 4.5 取值；

　　　P_{i_2}——纵向净距大于 1.0 m 且不大于 1.5 m 的缺陷分值,按表 4.5 取值；

　　　α——结构性缺陷影响系数,与缺陷间距有关,当缺陷的纵向净距大于 1.0 m 且不大于 1.5 m 时,α = 1.1,其他情况下,α = 1.0。

管段损坏状况参数是缺陷分值的计算结果,S 是管段各缺陷分值的平均值,S_{max} 是管段各缺陷分值中的最高分值。

2. 管段结构性缺陷参数

管段结构性缺陷参数 F 的确定,是对管段损坏状况参数经比较取大值而得。本处管段结构性参数的确定是依据排水管道缺陷的开关效应原理,即一处受阻,全线不通。因此,管段的损坏状况等级取决于该管段中最严重的缺陷。

管段结构性缺陷参数应按下列公式计算。

当 $S_{max} \geqslant S$ 时,有

$$F = S_{max} \tag{4.4}$$

式中　F——管道结构性缺陷参数;

　　　S_{max}——管段损坏状况参数,管段结构性缺陷中损坏最严重处的分值。

当 $S_{max} < S$ 时,有

$$F = S \tag{4.5}$$

式中　S——管段损坏状况参数,按缺陷点数计算的平均分值。

管段结构性缺陷等级评定对照表见表4.7。

表4.7　管段结构性缺陷等级评定对照表

等级	缺陷参数	损坏状况描述
I	$F \leqslant 1$	无或有轻微缺陷,结构状况基本不受影响,但具有潜在变坏的可能
II	$1 < F \leqslant 3$	管段缺陷明显超过一级,具有变坏的趋势
III	$3 < F \leqslant 6$	管段缺陷严重,结构状况受到影响
IV	$F > 6$	管段存在重大缺陷,损坏严重或即将导致破坏

3. 结构性缺陷密度

管段结构性缺陷密度是基于管段缺陷平均值 S 时,对应 S 的缺陷总长度占管段长度的比值。该缺陷总长度是计算值,并不是管段的实际缺陷长度。缺陷密度值越大,表示该管段的缺陷数量越多。当管段存在结构性缺陷时,结构性缺陷密度应按下式计算:

$$S_M = \frac{1}{SL}\left(\sum_{i_1=1}^{n_1} P_{i_1} L_{i_1} + \alpha \sum_{i_2=1}^{n_2} P_{i_2} L_{i_2}\right) \tag{4.6}$$

式中　S_M——管段结构性缺陷密度(表4-8);

　　　L——管段长度,m;

　　　L_{i_1}——纵向净距大于1.5 m的结构性缺陷长度,m;

　　　L_{i_2}——纵向净距大于1.0 m且不大于1.5 m的结构性缺陷长度,m。

管段的缺陷密度与管段损坏状况参数的平均值 S 配套使用。平均值 S 表示缺陷的严重程度,缺陷密度表示缺陷量的程度。

管段结构性缺陷类型评估参考表见表4.8。

表4.8 管段结构性缺陷类型评估参考表

缺陷密度 S_M	<0.1	0.1~0.5	>0.5
管段结构性缺陷类型	局部缺陷	部分或整体缺陷	整体缺陷

4. 管段的修复指数

管段的修复指数是在确定管段本体结构缺陷等级后,再综合管道重要性与外境因素,表示管段修复紧迫性的指标。管道只要有缺陷,就需要修复。但是如果需要修复的管道多,在修复力量有限、修复队伍任务繁重的情况下,应根据缺陷的严重程度和缺陷对周围的影响程度,以及缺陷的轻重缓急制订管道的修复计划。修复指数是制订修复计划的依据。管道修复指数应按照下式计算:

$$RI = 0.7F + 0.1K + 0.05E + 0.15T \qquad (4.7)$$

式中　RI——管段修复指数;

　　　K——地区重要性参数,可按表4.9的规定确定;

　　　E——管道重要性参数,可按表4.10的规定确定;

　　　T——土质影响参数,可按表4.11的规定确定。

表4.9 地区重要性参数 K

地区类别	K 值
中心商业、附近具有甲类民用建筑工程的区域	10
交通干道、附近具有乙类民用建筑工程的区域	6
其他行车道路、附近具有丙类民用建筑工程的区域	3
所有其他区域或 $F<4$ 时	0

地区重要性参数中考虑了管道敷设区域附近建筑物的重要性,如果管道堵塞或者管道破坏,建筑物的重要性不同,影响也不同。

表4.10 管道重要性参数 E

管径 D	E 值
$D>1\ 500\ mm$	10
$1\ 000\ mm<D\leqslant1\ 500\ mm$	6
$600\ mm\leqslant D\leqslant1\ 000\ mm$	3
$D<600\ mm$ 或 $F<4$	0

管径大小基本可以反映管道的重要性,目前各国没有统一的大、中、小排水管道划分标准,表4.10采用《城镇排水管渠与泵站维护技术规程》(CJJ 68—2007)第3.1.8 条关于排水管道按管径划分为小型管、中型管、大型管和特大型管的标准。

表4.11 土质影响参数 T

土质	一般土层或 $F=0$	粉砂层	湿陷性黄土			膨胀土			淤泥类土		红黏土
			IV级	III级	I、II级	强	中	弱	淤泥	淤泥质土	
T 值	0	10	10	8	6	10	8	6	10	8	8

埋设于粉砂层、湿陷性黄土、膨胀土、淤泥类土、红黏土的管道,由于土层对水敏感,一旦管道出现缺陷,将会产生更大的危害。

处于粉砂层的管道,如果管道存在漏水,则在水流的作用下,产生流砂现象,掏空管道基础,加速管道破坏。

湿陷性黄土是在一定压力作用下受水浸湿,土体结构迅速破坏而发生显著附加下沉,导致建筑物破坏。管道存在漏水现象时,地基迅速下沉,造成管道因不均匀沉降导致破坏。

在工程建设中,膨胀土具有遇水膨胀、失水收缩的特点,管道存在漏水现象时,将会引起此种地基土变形,造成管道破坏。

淤泥类土的特点是透水性弱、强度低、压缩性高,状态为软塑状态,一经扰动,结构破坏,处于流动状态。当管道存在破裂、错口、脱节时,淤泥被挤入管道,造成地基沉降,地面塌陷,破坏管道。

有些地区的红黏土受水浸湿后体积膨胀,干燥失水后体积收缩,具有胀缩性。当管道存在漏水现象时,将会引起地基变形,造成管道破坏。

管段修复等级划分见表4.12。

表4.12 管段修复等级划分

等级	修复指数 RI	修复建议及说明
I	RI≤1	结构条件基本完好,不修复
II	RI≤4	结构在短期内不会发生破坏现象,但应做修复计划
III	RI≤7	结构在短期内可能会发生破坏,应尽快修复
IV	RI>7	结构已经发生或即将发生破坏,应立即修复

4.4.3 功能性状况评估

1. 管段运行状况参数

管段运行状况参数应按下列公式计算：

$$Y = \frac{1}{m}\left(\sum_{j_1=1}^{m_1} P_{j_1} + \beta \sum_{j_2=1}^{m_2} P_{j_2}\right) \tag{4.8}$$

$$Y_{max} = \max\{P_j\} \tag{4.9}$$

$$m = m_1 + m_2 \tag{4.10}$$

式中　m——管段的功能性缺陷数量；

m_1——纵向净距大于 1.5 m 的缺陷数量；

m_2——纵向净距大于 1.0 m 且不大于 1.5 m 的缺陷数量；

P_{j_1}——纵向净距大于 1.5 m 的缺陷分值，按表 4.6 取值；

P_{j_2}——纵向净距大于 1.0 m 且不大于 1.5 m 的缺陷分值，按表 4.6 取值；

β——功能性缺陷影响系数，与缺陷间距有关，当缺陷的纵向净距大于 1.0 m 且不大于 1.5 m 时，$\beta=1.1$，其他情况下 $\beta=1.0$。

2. 管段功能性缺陷参数

管段功能性缺陷参数应按下列公式计算。

当 $Y_{max} \geqslant Y$ 时，有

$$G = Y_{max} \tag{4.11}$$

当 $Y_{max} < Y$ 时，有

$$G = Y \tag{4.12}$$

式中　G——管段功能性缺陷参数（表 4.13）；

Y_{max}——管段运行状况参数，功能性缺陷中最严重处的分值；

Y——管段运行状况参数，按缺陷点数计算的功能性缺陷平均分值。

表 4.13　功能性缺陷等级评定

等级	缺陷参数	运行状况说明
Ⅰ	$G \leqslant 1$	无或有轻微影响，管道运行基本不受影响
Ⅱ	$1 < G \leqslant 3$	管道过流有一定的受阻，运行受影响不大
Ⅲ	$3 < G \leqslant 6$	管道过流受阻比较严重，运行受到明显影响
Ⅳ	$G > 6$	管道过流受阻很严重，即将或已经导致运行瘫痪

3. 管段功能性缺陷密度

当管段存在功能性缺陷时,功能性缺陷密度应按下式计算:

$$Y_M = \frac{1}{YL}\left(\sum_{j_1=1}^{m_1} P_{j1}L_{j1} + \beta \sum_{j_2=1}^{m_2} P_{j_2}L_{j_2}\right) \tag{4.13}$$

式中　Y_M——管段功能性缺陷密度(表 4.14);

　　　L——管段长度;

　　　L_{j_1}——纵向净距大于 1.5 m 的功能性缺陷长度;

　　　L_{j_2}——纵向净距大于 1.0 m 且不大于 1.5 m 的功能性缺陷长度。

表 4.14　管段功能性缺陷类型评估

缺陷密度 Y_M	<0.1	0.1~0.5	>0.5
管段功能性缺陷类型	局部缺陷	部分或整体缺陷	整体缺陷

管段运行状况系数是缺陷分值的计算结果,Y 是管段各缺陷分值的平均值,Y_{max} 是管段各缺陷分值中的最高分。

管段功能性缺陷密度是基于管段平均缺陷值 Y 时的缺陷总长度占管段长度的比值,该缺陷密度是计算值,并不是管段缺陷的实际密度,缺陷密度值越大,表示该管段的缺陷数量越多。

管段的缺陷密度与管段损坏状况参数的平均值 Y 配套使用。平均值 Y 表示缺陷的严重程度,缺陷密度表示缺陷量的程度。

4. 管段的养护指数

管段养护指数应按下式计算:

$$MI = 0.8G + 0.15K + 0.05E \tag{4.14}$$

式中　MI——管段养护指数(表 4.15);

　　　K——地区重要性参数,可按表 4.9 的规定确定;

　　　E——管道重要性参数,可按表 4.10 的规定确定。

表 4.15　管段养护等级划分

养护等级	养护指数 MI	养护建议及说明
Ⅰ	MI≤1	没有明显需要处理的缺陷
Ⅱ	1<MI≤4	没有立即进行处理的必要,但宜安排处理计划
Ⅲ	4<MI≤7	根据基础数据进行全面的考虑,应尽快处理
Ⅳ	MI>7	输水功能受到严重影响,应立即进行处理

4.5　检查井及雨水口检查

检查井主要作为管道运行情况检查和疏通的操作空间,管道改变高程、改变坡度、改变管径、改变方向的衔接位置。同时,排水支管汇入主干管道也通过检查井完成连接。检查井是管道检测的出入口,在进行管道检测前,首先应对检查井进行检查,这不仅是因为检查井是管道系统检查的内容之一,还因为先对检查井进行检查是管道检测准备工作、安全工作和有效工作的基础条件。检查井检查的基本项目见表4.16至表4.18所示。

表 4.16　检查井检查的基本项目

	外部检查	内部检查
	井盖埋没	链条或锁具
	井盖丢失	爬梯松动、锈蚀或缺损
	井盖破损	井壁泥垢
	井框破损	井壁裂缝
	盖框间隙	井壁渗漏
	盖框高差	抹面脱落
检查项目	盖框突出或凹陷	管口孔洞
	跳动和声响	流槽破损
	周边路面破损、沉降	井底积泥、杂物
	井盖标示错误	水流不畅
	道路上的井室盖是否为重型井盖	浮渣
	其他	其他

表 4.17　检查井检查记录表

	检查内容			
	外部检查		内部检查	
1	井盖埋没		链条或锁具	
2	井盖丢失		爬梯松动、锈蚀或缺损	
3	井盖破损		井壁泥垢	

表 4.17（续）

		检查内容		
	外部检查		内部检查	
4	井框破损		井壁裂缝	
5	盖框间隙		井壁渗漏	
6	盖框高差		抹面脱落	
7	盖框突出或凹陷		管口孔洞	
8	跳动和声响		流槽破损	
9	周边路面破损、沉降		井底积泥、杂物	
10	井盖标示错误		水流不畅	
11	道路上的井室盖是否为重型井盖		浮渣	
12	其他		其他	
备注				

检测员：　　　记录员：　　　校核员：　　　检查日期：　年　月　日

表 4.18　雨水口检查的基本项目

	外部检查	内部检查
检查项目	雨水箅丢失	铰或链条损坏
	雨水箅破损	裂缝或渗漏
	雨水口框破损	抹面剥落
	盖框间隙	积泥或杂物
	盖框高差	水流受阻
	孔眼堵塞	私接连管
	雨水口框突出	井体倾斜
	异臭	连管异常
	路面沉降或积水	防坠网
	其他	其他

检查井内排序方法如图4.72所示。

（1）检查井内出水管道应采用罗马数字Ⅰ，Ⅱ，…按逆时针顺序分别表示；

（2）检查井内进水管道应以出水管道Ⅰ为起点，按顺时针方向采用大写英文字母 A，B，…顺序分别表示；

（3）当在垂直方向有重叠管道时，应按其投影到井底平面的先后顺序进行排序；

（4）各流向的管道编号应采用与之相连的下游井或上游井的编号标注。

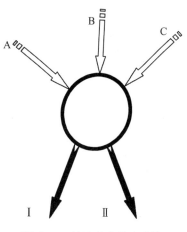

图4.72　检查井内排序方法

4.6　检测及评估成果的整理

成果资料不仅仅是检测成果的体现，也是管道维护可追溯的原始依据，因此检测完成后，出具检测与评估报告。检测评估报告具体内容如下。

（1）应描述任务及管道概况。包括任务来源、检测与评估的目的和要求、被检管段的平面位置图、被检管段的地理位置、地质条件、检测时的天气和环境、检测日期、主要参与人员的基本情况、实际完成的工作量等。

（2）应记录现场踏勘成果。应按《城镇排水管道检测与评估技术规程》（CJJ 181—2012）附录 C 的要求绘制排水管道沉积状况纵断面图，应按《城镇排水管道检测与评估技术规程》（CJJ 181—2012）附录 D 的要求填写排水管道缺陷统计表、管段状况评估表、检查井检查情况汇总表。

（3）应按《城镇排水管道检测与评估技术规程》（CJJ 181—2012）附录 D 的要求填写排水管道检测成果表。

（4）应说明现场作业和管道评估的标准依据、采用的仪器和技术方法，以及其他应说明的问题及处理措施。

（5）应提出检测与评估的结论与建议。

【思考与练习】

一、填空题

1. 管道缺陷主要分为_____缺陷和_____缺陷。

2. 破裂形式有_____、_____、_____三种。根据损害严重程度,分为_____、_____、_____、_____四个等级。

3. 相接的两个管口偏差为管壁厚度的 1~2 倍时,则为_____错口。

4. 水从缺陷点处大量涌出或喷出,涌漏水面的面积大于管道断面的 1/3 时,称之为_____。

5. 沉积的严重程度按照_____占管径的百分比确定,共分为_____个等级。

6. CCTV 检测应不带水作业时,管道内水位高不得大于管径的_____。

7. CCTV 管道内窥检测系统主体由_____、_____、_____三部分组成。

8. 进行 CCTV 检测前需进行_____工作,去除管内脏物,保证拍摄效果。

9. 声呐检测时,根据_____来选择相应的脉冲宽度。

10. 以普查为目的的声呐检测采样点间距宜为_____ m,其他检查采样点间距宜为_____ m,存在异常的管段应加密采样。

11. 管道潜望镜检测时,管内水位不宜大于管径的_____,管段长度不宜大于_____ m。

12. 对于连续性缺陷,长度大于 1 m 时,长度按_____计算;局部性缺陷且纵向长度不大于 1 m 时,长度按_____计算。

13. 排水管道评估时,_____是评估的最小单位。

14. 管段结构性缺陷等级是根据_____评定的。

15. 缺陷密度值越大,表示该管段的_____越多。

16. 功能性缺陷影响系数与_____有关;当缺陷的纵向净距大于 1.0 m 且不大于 1.5 m 时,该系数取值为_____。

二、简答题

1. 什么是结构性缺陷? 主要包括哪些种类?

2. 什么是功能性缺陷? 主要包括哪些种类?

3. 沉积与结垢的主要区别是什么?

4. 在进行树根分级时,过水断面损失是如何确定的?

5. 在对压力管涵进行巡查时,主要巡查哪些内容?

6. CCTV 检测时,什么情况下应终止检测?

7. 简要描述声呐检测的优缺点。

8. 声呐系统的主要技术参数应满足哪些要求?

9. 出现什么情况时,应终止管道潜望镜检测。

三、案例题

某区道路下排水管道经检测后,某三个管段的结构性缺陷检测结果如表 4.18 所示,功能性缺陷检测结果如表 4.19 所示。请结合两表数据对该排水管道状况进行评估。

表 4.18　排水管道结构性缺陷统计表

序号	管段编号	管径/mm	材质	检测长度/m	缺陷距离/m	缺陷名称及位置	缺陷等级
1	W4—W5	600	HDPE	44.00	18.37	变形,位置:0901	3
					20.33~22.85	变形 2 级,位置:1002	2
					27.05~30.56	变形 3 级,位置:0408	3
2	Y21—Y22	400	HDPE	35.00	9.11	破裂 4 级,位置:0902	4
3	W26—W27	800	钢筋混凝土	50.00	14.68	接口材料脱落,位置:0705	2
					25.45	渗漏,位置:12	2
					31.58	接口材料脱落,位置:1102	1

表 4.19　排水管道功能性缺陷统计表

序号	管段编号	管径/mm	材质	检测长度/m	缺陷距离/m	缺陷名称及位置	缺陷等级
1	W4—W5	600	HDPE	44.00	30.16	树根,位置:02	1
2	Y21—Y22	400	HDPE	35.00	12.00~31.00	沉积	2
3	W26—W27	800	钢筋混凝土	50.00	57.20	残墙	4

第5章 地下管道非开挖修复技术

【本章导读】

本章主要介绍地下管道开挖修复技术的相关知识。非开挖修复技术在管道修复方面具有显著的优势,能有效降低成本、缩短工期,并减少对周边环境的影响。在进行非开挖修复之前,应对管道进行清洗、降水及管道内壁处理等工作,确保修复工程的顺利进行。非开挖修复工艺又分为局部非开挖修复和整体非开挖修复。其中,局部非开挖修复方法包括点状原位固化法、管片内衬法等方法,整体非开挖修复方法包括翻转式原位固定法、紫外光原位固化法、碎(裂)管法等方法。本章对这些方法的原理特点、适用范围及工艺流程和关键技术要点等内容做了重点详细的阐述。

说明:本章内容所阐述的地下管道非开挖修复方法,主要是针对城镇排水管道的非开挖修复更新工程,城镇给水、燃气管道等地下管道的非开挖修复应根据其自身特点及相关规范要求选择适当的非开挖修复方法。

【教学要求】

知识目标	能力目标	素质目标
(1)管道清洗; (2)管道降水; (3)管道内壁处理	能够合理选择预处理措施,并按照要求正确实施	(1)技术熟练度:具备各种非开挖修复方法的技术熟练度,能够根据具体情况选择合适的修复技术; (2)创新能力:具备在非开挖修复中提出创新性解决方案的能力,以应对各种管道问题; (3)安全和环保意识:在非开挖修复工作中重视安全和环境保护; (4)质量控制:关注施工过程的质量,确保修复工作的持久性和可靠性
点状原位固化法、管片内衬、不锈钢双胀环法、不锈钢快速锁法的适用范围、工艺原理、工艺流程及要求等内容	能够熟知各局部非开挖修复方法的工艺原理、流程等,并根据管道缺陷情况选择合适的修复方法	
翻转式原位固化法、紫外光原位固化法、碎(裂)管法、高分子材料喷涂法等方法的适用范围、工艺原理、工艺流程及要求等内容	能够熟知各整体非开挖修复方法的工艺原理、流程等,并根据管道缺陷情况选择合适的修复方法	

5.1　非开挖修复前的准备工作

5.1.1　施工准备

1. 现场勘查与管道检测

在地下管道非开挖修复工程施工前应进行现场调查研究,并对建设单位提供的工程沿线的有关工程地质、水文地质和周围环境情况,以及沿线地下与地上管线、周边建(构)筑物、障碍物及其他设施的详细资料进行核实确认。对需修复的管道进行结构和功能性检测,通过检测直观地了解管道的结构和功能状况,为管道修复施工提供决策依据。

2. 确定非开挖修复方式

非开挖修复方法选择可参考表 5.1。

3. 施工组织编制

在排水管道非开挖修复工程施工前应编制施工组织设计,施工组织设计应对前期管网检测、修复设计内容进行进一步核实,详细了解现场情况,如有不符,必须与检测单位或设计单位进行充分沟通,共同完善相应内容。施工组织设计应审批后执行,其内容应包括如下项目。

(1)编制依据。

(2)工程概况。

(3)修复总体部署。

(4)修复总体方案。

(5)材料供应。

(6)进度计划。

(7)资源配置(设备、材料、劳力)。

(8)质量保证措施。

(9)安全保证措施。

(10)环境保证措施。

(11)文明保证措施。

表 5.1　各非开挖修复方法的特点和适用条件

序号	非开挖修复方法	管道内径/mm	优点	适用范围和特点	
				适用的条件	不适用的条件
1	点状原位固化法	200~1500	管径800 mm以上管道局部修复采用此修复方法最具有经济性和可靠性	(1)适用于局部和整体修复。(2)接口错位应小于或等于5 cm，管道基础结构基本稳定，管道线形没明显变化，管道壁体坚实不酥化。(3)适用于管道接口处有渗或临界时预防性修复	(1)不适用于检查井损坏修理。(2)不适用于管道基础错裂、管道坍塌、管口呈倒栽式状、管道接口严重错位、管道线形严重变形等结构性缺陷损坏的修复
2	管片内衬法	800及以上	(1)PVC模块的体积小，质量小，施工方便。(2)不需要大型的机械设备进行安装，适用于各种施工环境。(3)井内作业采用气压设备，保证作业面，安全施工。(4)使用透明的PVC制品，目视控制灌浆料的填充，保证工程质量。(5)可以进行弯道施工，可以对管道的上部和下部分别施工，可以从管道的中间向两端同时施工，缩短工期。(6)粗糙度系数小，能够确保前有修复前原有管道的流量。(7)强度高，抗腐蚀性强。(8)施工时间短、噪声低。(9)化学稳定性强，耐磨耗性能好。(10)不产生任何污染物，属于绿色施工	(1)管道接口纵向错位直径的2%以下。(2)管道接口横向错位150 mm以上。(3)曲率半径8 m以上。(4)管道接口弯曲3°以下	—

表 5.1(续 1)

序号	非开挖修复方法	管道内径/mm	适用范围和特点		
			优点	适用的条件	不适用的条件
3	不锈钢双胀环法	800 及以上	(1)施工速度快,质量稳定性较好,可承受一定接口错位,止水套环的抗内压效果比抗外压要好。 (2)对水流形态和过水断面有一定影响	(1)接口错位应小于等于 3 cm,管道基础结构基本稳定,管道线形没明显变化,管道壁坚实不酥化。 (2)适用于对管道内壁局部沙眼、露石、剥落等病害的修补。 (3)适用于管道接口处在渗漏预兆期或临界状态时预防性修理	(1)不适用于对塑料材质管道,管井损环修理。 (2)不适用于管道基础断裂,管道破裂,管道节脱节倒栽式状、管接口严重错位,管道接口等变形等结构性缺陷线形严重变形等结构性损坏的修理
4	不锈钢快速锁法	300~1 800	主要用于 DN300~DN1 800 圆形管道的管节间密封,管道环向或轴向裂缝、破洞等修复	不锈钢快速锁法可用于 DN300~DN1 800 管道的局部修复	不适用于管道变形和接头错位严重情况的修复
5	翻转式原位固化法	150~2 700	内衬管耐久实用,具有耐腐蚀,耐磨损的优点,可防地下水渗入问题。材料强度大,提高管结构强度	(1)适用于管径为 150~2 700 mm 的排水管道,检查井和拱圈开裂的局部和整体修理。 (2)适用管道结构性缺陷呈现为破裂、变形、脱节、腐蚀,且接口错位宜小于或等于管径的 15%,管道基础结构基本稳定,管道线形没有明显变化,管道壁体坚实不酥化。 (3)适用于对管道内壁局部沙眼、露石、剥落等病害的修补。 (4)适用于管道接口处在渗漏预兆期或临界状态时预防性修复。 (5)适用于各种材质管修复	(1)不适用于管道基础断裂,管道破裂,管道节脱节呈倒栽式状、管接口严重错位,管道接口等变形等结构性缺陷线形严重变形等结构性损坏的修理。 (2)不适用于严重沉降,与管道接口严重错位损坏的检查井

表 5.1(续2)

序号	非开挖修复方法	管道内径/mm	优点	适用范围和特点	
				适用的条件	不适用的条件
6	紫外光原位固化法	150~1 800	(1)修复完成后的管道即可投入使用,极大减少了管道封堵的时间。 (2)内衬管强度高,加之内衬管表面光滑,与原有管道紧密贴合,没有接头,流动性好,极大减小了原有管道的过流断面损失。 (3)该工艺修复后的使用年限长	光固化内衬修复工艺适用于对多种类型的管道缺陷进行修复	施工进度相对会慢于直接进行全内衬修复的管段
7	碎(裂)管法	50~1 000	(1)是目前唯一能够实现扩径置换的非开挖修复施工方法,可以增加管道的过流能力。需要开挖地面进行支管连接。 (2)当原管道周围其他管线等设施安全距离不足时,容易造成周围设施的损坏。 (3)需要对进行行点状修复的位置进行处理。 (4)对于严重起伏状的原有管道,新管道也将会产生严重起伏现象。 (5)需要开挖始端工作坑和接收工作坑。 (6)当原管道夹角超过8°时,须分段进行置换更新	破(裂)管法一般用于等管径管道更换或增大直径管道更换	管道埋深不大于0.8 m时,建议不要使用该方法

表 5.1（续 3）

适用范围和特点

序号	非开挖修复方法	管道内径/mm	优点	适用的条件	不适用的条件
8	高分子材料喷涂法	800 及以上	(1)喷涂材料和原结构构体形成一个结构整体，无接缝。 (2)尤其适用于大面积、异形物体的修复。 (3)黏结能力强，密封性能优良，强度高，抗化学腐蚀性能好，产品可用于供水。 (4)修复方式灵活，可用于整体修复和点修复，也可用于局部修复和点修复	(1)适用于局部修复和点修复。 (2)用于直径大于 80 mm 的管道，高和宽都大于 80 mm 的渠箱	—
9	水泥基材料喷涂法	700~4 000	(1)一次性修复距离长，中间无接缝，不受管道弯曲段制约。 (2)防腐蚀，不减少过流能力，设计使用寿命可达到 50 年。 (3)设备体积小，专用设备少，一次性投资成本低	对破损的混凝土、金属、砖砌、石砌及陶土类排水管道进行防渗修复或结构性修复或防腐处理	—
10	热塑成型法	100~1 200	(1)高度的工厂预制生产。 (2)现场安装设备简单，速度快，现场技术要求低。 (3)如现场安装过程中出现问题，衬管可以通过非开挖检测发现质量问题，大大降低工程风险和成本。 (4)修复后并与并之间没有管道接口。 (5)强度高，管道的韧性好，抗化学腐蚀性能好。 (6)产品的安装过程中不产生任何污染物，属于绿色施工	(1)母管管材不限，可应用于任何材质的管道修复。 (2)部分产品可适用于饮用水管的修复。 (3)可应用于管径有变化的管道修复。 (4)可应用于管道接口错位较大的管道修复。 (5)可应用于有 45° 和 90° 弯的管道修复。 (6)可应用于接入点难以接近的管道修复。 (7)可应用于动载荷较大、地质活动比较活跃的地区的管道修复。 (8)可应用于交通拥挤地段的管道修复	—

表 5.1(续 4)

序号	非开挖修复方法	管道内径/mm	优点	适用范围和特点	
				适用的条件	不适用的条件
11	机械螺旋缠绕法	150~800	(1)占地面积较小,组装便捷,移动速度快。 (2)原管道口径会缩小5%~10% (3)管道可在通水的情况下作业,水流30%通常可正常作业。新管道与原有管道之间可不注浆或注浆	(1)适用于大型的矩形箱涵和多种不规则排水管道的局部和整体修理。 (2)接口错位应小于或等于3 cm,管道基础结构基本稳定,管道线形没明显变化。 (3)适用于对管道内壁局部沙眼、露石、剥落等病害的修补。 (4)适用于管道接口处在渗漏预兆期或临界状态时预防性修理	(1)不适用于管道基础断裂、管道破裂,管道接口严重错位,管道脱节呈倒栽式状,管道接口严重变形、线形严重变形等结构性缺陷的修理。 (2)不适用于严重沉降,与管道接口严重错位损坏的管井
12	短管穿插法	200~600	(1)HDPE管内壁光清,修复混凝土管道时,对流量影响不大。 (2)HDPE管耐腐蚀、耐磨损,可延长管道的使用寿命长	可用于管道老化,内壁腐蚀脱落的DN200~DN600排水管道置换成聚乙烯(PE)管的工程	短管一般比原管直径缩小一级,断面损失较大,所以如原管道已满足同一区域内无另外功能管道,不建议采用此缩径工艺

5.1.2　管道预处理

1. 基本规定

在排水管道非开挖修复更新工程施工前,应对原有管道进行预处理。管道预处理应编制专项方案,预处理措施主要包括管道清洗、障碍物的清除,以及对现有缺陷的处理。处理应符合下列规定。

(1)预处理后的原有管道内应无沉积物、垃圾及其他障碍物,不应有影响施工的积水;当采用原位固化法和点状原位固化法进行管道整体或局部修复时,原有管道内不应有渗水现象。

(2)管道内表面应洁净,应无影响内衬管的附着物、尖锐毛刺、突起现象。

(3)当采用碎(裂)管法时,可不对原有管道内表面进行处理,但原有管道内应有牵引拉杆或钢丝绳穿过的通道。

(4)当采用局部修复法时,原有管道待修复部位及其前后 0.5 m 范围内管道内表面应洁净,无附着物、尖锐毛刺和突起。

(5)对于管道变形或破坏严重、接头错位严重以及漏水严重的部位,还应采用钻孔注浆法等方法进行管道外土体加固、改良。

(6)清除管道内影响修复施工的障碍时宜采用专用工具进行,若范围较大或较难清除,则可采用局部开挖方式进行。

(7)内衬施工前,应由设计人员、监理人员对预处理后的管道进行现场检查,并应保存影像、文字等资料作为隐蔽验收依据。

2. 管道清洗

管道清洗技术主要包括高压水射流清洗、化学清洗、PIG 物理清洗技术等。管道内清洗宜采用高压水射流进行,必要时辅以清洗剂,清洗产生的污水和污物应满足《污水排入城镇下水道水质标准》(CJ 343—2010),否则必须从检查井内排出做专项处理,并按国家现行行业标准《城镇排水管渠与泵站运行维护及安全技术规程》(CJJ 68—2016)的规定执行。高压水流压力不得对管壁造成剥蚀、刻槽、裂缝及穿孔等损坏,当管道内有沉积碎片或碎石时,应防止碎石弹射而造成管道损坏。存在塌陷或空洞地段,不得用高压水流冲洗暴露的土体。

当管道直径大于 800 mm 时,可采取人工进入管内进行高压水射流清洗,并应符合现行国家标准《高压水射流清洗作业安全规范》(GB 26148—2010)的有关规定,如图 5.1 所示。

(a)
(b)
(c)
(d)

图 5.1　高压水射流清洗

管内影响内衬施工的障碍宜在预处理阶段清除。影响管道内衬施工的障碍主要包括不能通过清洗方法清除的固体、伸入管道内的支管、压碎的管段、管内的树根等。这些障碍可通过专门的工具(如管道机器人)进行清除,对于不能通过这些工具进行清除的应进行开挖处理。通过高压水清洗,清除管道内所有可能影响新管成形的污垢、垃圾、树根和其他物质。采用闭路电视(电视)检测技术可以清晰地观察、记录和定位管道内情况(如破裂、变形、错位、脱节、渗漏、腐蚀、水泥硬块、支管位置等)。

3. 管道降水

管道降水时必须做好泵站配合工作,施工前应对管道内有毒、有害、易燃、易爆气体进行检测和排除,所测数据必须达到安全数值后,方可穿戴好供压缩空气的隔离式防护装具后下井清淤。

管道内需采取临时排水措施时,应符合下列规定。

(1)应按现行行业标准《城镇排水管渠与泵站运行维护及安全技术规程》(CJJT 68—2016)的相关规定对原有管道进行封堵。

(2)管堵采用充气管塞时,应随时检查管堵的气压,当管堵气压降低时应及时用空压机对其充气。

（3）当管堵上、下游有水压力差时,应对管堵进行支撑。

（4）在选择管塞前,应测量并确认管径。为防止意外发生,在使用前后需观察管塞和外接软管,不得在管道使用范围不匹配的情况下使用不同大小的管塞。

（5）充气时必须按照管塞上指示的膨胀压力给管塞充气,不得超过规定的膨胀压力和最大额定背压,给管塞放气时需先释放管道内背压。

（6）当需要非潜水员工人进行管内或井下施工时,应先行对上、下游管道进行砖砌封堵。

（7）临时排水设施的排水能力应能确保各修复工艺的施工要求及排水系统的流量要求。

对于不容许水流存在的修复更新工艺,如原位固化法,临时排水设施的能力应根据原有管道中的水量确定,且应抽干修复管段中的污水;对于容许一定水流存在的修复工艺,如机械制螺旋缠绕法,临时排水设施的排水能力可适当减小。局部修复时管道内水位不应超过管道内径的 10%,必要时应按规定采取临排措施。漏水严重的原有管道,应对漏水点进行止水或隔水处理。

4. 管道内壁处理

在管道非开挖修复施工前,应进行管道内壁处理,清除管道内的杂物、污泥、油脂和其他积累物,避免堵塞和修复材料与管道内壁不完全贴合的问题,有助于修复材料更好地附着在管道内壁上,从而提高修复效果。当管道内壁结构由于长期使用和磨损等因素而受损时,应对管道内壁进行修补。

内壁附着物处理时,应符合下列规定。

（1）对软结垢附着物应清洗露出管道内壁。

（2）对硬结垢附着物处理不应损坏管道结构,并应在处理后露出管道内壁。

管道采用内衬钢环处理时,应符合下列规定。

（1）应依据管道材料、破损情况、地层条件、渗漏水状况以及管道检测与评估结果确定预处理方案。

（2）对混凝土等非高分子化学建材管道,内衬钢环安装前应对管道受损部位采用注浆止水并采用不低于管道混凝土强度的环氧砂浆进行补强预处理。

（3）对高密度聚乙烯(HDPE)等非高分子化学建材管道,内衬钢环安装前应对管道漏水、流砂等受损部位采用注浆止水及管道整形预处理。

（4）采用钢环片装配成钢圆环时,连接部位应采用螺栓连接或焊接。

（5）错位、破裂等缺陷或异形管采用内衬钢环时,应进行管内精确测量,并应定制异形钢环。

（6）钢圆环与钢筋混凝土管之间的空隙应采用水泥砂浆或灌浆料填充密实。

（7）采用内衬钢环后，管道的断面损失不宜超过 10%。

管道预处理后，应满足表 5.2 要求。

表 5.2　管道预处理的技术要求

非开挖修复方法	技术要求
原位固化法	管道表面应无明显附着物、尖锐毛刺及凸起物
水泥基材料喷筑法	管道内应无漏水、管道表面应润湿和粗糙
高分子材料喷涂法	基体表面应坚实、干燥，不得有松散附着物及锈蚀、渗水现象
机械制螺旋缠绕法	管道内应无沉积、结垢和障碍物，水深不应超过管径的 20%
垫衬法	管道内应无沉积、结垢和障碍物
碎(裂)管法	原有管道应无堵塞，宜排除积水
热塑成型法	管道内应无沉积、结垢和障碍物，基面应平整圆顺
管片内衬法	管道内应无沉积、结垢和障碍物
不锈钢双胀环法	管道内应无明显沉积、结垢和障碍物，待修复部位前后 500 mm 内的管道表面应无明显附着物、尖锐毛刺及凸起物
不锈钢快速锁法	
点状原位固化法	
短管穿插法	管道内壁表面应洁净，底部 135°范围内应无附着物以及可能划伤管道的尖锐毛刺、凸起硬物

5.2　局部非开挖修复方法

5.2.1 点状原位固化法

1. 工艺特点

（1）点状原位固化修复技术是一种排水管道非开挖局部内衬修理方法，如图 5.2 所示。利用毡筒气囊局部成型技术，将涂灌树脂的毡筒用气囊使之紧贴母管，然后用紫外线等方法加热固化。实际上是将整体现场固化成型法用于局部修理。

（2）局部现场固化主要分人工玻璃钢接口和毡筒气囊局部成型两种技术，局部地区常用毡筒气囊局部成型技术，在损坏点固化树脂，增加管道强度达到修复目的，并可提供一定的结构强度。

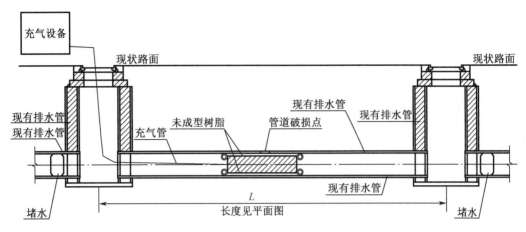

图 5.2　点状原位固化法修复示意图

（3）管径 800 mm 以上管道局部修理采用局部现场固化修复方法最具有经济性和可靠性;管径 1 500 mm 以上大型或特大型管道的修理采用局部现场固化修复方法具有较强可靠性和可操作性。

（4）在管道非开挖修复中,通常与土体注浆技术联合使用。

（5）保护环境,节省资源。不开挖路面,不产生垃圾,不堵塞交通,使管道修复施工的形象大为改观。总体的社会效益和经济效益好。

2. 适用范围

（1）点状原位固化法可用于 DN200～DN1500 的混凝土管、钢筋混凝土管、钢管及各种塑料管排水管道的修复。

（2）适用于排水管道局部和整体修复。

（3）管径 800 mm 以上及大型或特大型管道施工人员均可下井管内修复;对于管径 800 mm 以下的管道可以采用电视检测车探视位置,然后放入气囊固定位置。

（4）适用管道结构性缺陷呈现为破裂、变形、错位、脱节、渗漏,且接口错位应小于或等于 5 cm,管道基础结构基本稳定,管道线形没明显变化,管道壁体坚实不酥化。

（5）适用于管道接口处有渗或临界时预防性修复。

（6）不适用于检查井损坏修复。

（7）不适用于管道基础断裂、管道坍塌、管道脱节口呈倒栽式状、管道接口严重错位、管道线形严重变形等结构性缺陷损坏的修复。

3. 工艺原理

（1）局部现场固化采用聚酯树脂、环氧树脂或乙烯基树脂,可使用含钴化合物或有机过氧化物作为催化剂来加速树脂的固化,进行聚合反应形成高分子化合物。该材料是单液性注浆材料,施工简单,设备清洗也十分方便。

(2)其树脂与水具有良好的混溶性,浆液遇水后自行分散、乳化,立即进行聚合反应,诱导时间可通过配比进行调整。

(3)该材料对水质的适应较强,一般酸碱性及污水对其性能均无影响。

(4)性能指标见表5.3。

表5.3 性能指标

序号	项目	指标
1	密度/(g/cm³)	1.2～1.27
2	黏度/(Pa·s)	150～600
3	环氧当量/(g/mol)	291～525
4	诱导固化时间/min	30～120

4. 施工工艺流程

工艺流程如图5.3所示。

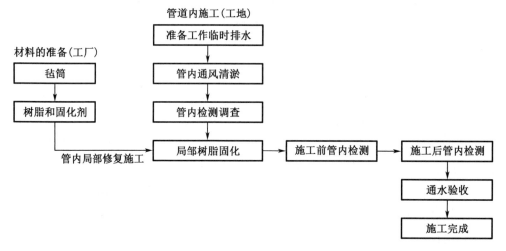

图 5.3 施工流程图

点状原位固化工艺流程如下。

(1)将毡筒用适合的树脂浸透。

(2)将上述毡筒缠绕于气囊上,在电视引导下到达允许修复的地点。

(3)向气囊充气、蒸气或水使毡筒"补丁"被压覆在管道上,保持压力待树脂固化。

(4)气囊泄压缩小并拉出管道。

（5）最后进行电视检测，进行施工质量检测。

（6）排水管道处于流砂或软土暗浜层，由于接口产生缝隙，管周流砂软土从缝隙渗入排水管道内，致使管周土体流失，土路基失稳，管道下沉，路面沉陷。因此，点状原位固化修复时，必须进行损坏处管内清洗，并且通过电视检测确认干净。

5. 工艺要求

（1）管道清淤堵漏

封堵管道—抽水清淤—测毒与防护—寻找渗漏点与破损点—止水堵漏（注：堵漏材料采用快速堵水砂浆）。

（2）钻孔注浆管周隔水帷幕和加固土体

在局部现场固化修理前应对管周土体进行注浆加固，注浆液充满土层内部及空隙，形成防渗帷幕，加强管周土体的稳定，制止四周土体的流失，提高管基土体的承载力，再通过局部现场固化修复技术进行修理，达到排水管道长期正常使用。

（3）点状原位固化法的内衬筒长度应能覆盖待修复缺陷，且覆盖缺陷部位以外的轴向前、后超出长度均应大于 200 mm。

（4）点状原位固化法内衬筒的安装应符合下列规定。

①浸渍树脂后的织物缠绕在修复气囊后应做临时绑扎，缠绕织物前应对修复气囊进行检查。

②修复气囊的工作压力和修补管径范围及各项技术指标应符合气囊设备规定的技术要求。

③将绑扎织物后的修复气囊运送到待修复位置时，若作业人员无法进入管道，应采用 CCTV 实时监测、辅助定位。

（5）内衬筒的原位固化应符合下列规定。

①施工时，气囊宜充入空气进行膨胀，并应根据施工段的直径、长度和现场条件确定固化时间。

②气囊内气体压力应保证软管紧贴原有管道内壁，并不得超过软管材料所能承受的最大压力；修复过程中应每隔 15 min 记录一次气囊内的气压，压力应为 0.08 ~ 0.20 MPa；该气压需保持一定时间直到内衬筒原位在通过常温（或加热或光照）下完全固化为止。

③固化完成后应缓慢释放气囊内的压力。

（6）点状原位固化法修复施工中应做好树脂存储温度和时间、树脂用量、软管浸渍停留时间和使用长度、气囊压力、固化时间等施工记录。

（7）点状原位固化法工艺操作要求如下。

①树脂和辅料的配比 2∶1 应合理。

②毡筒应在真空条件下预浸树脂,树脂的体积应足够填充纤维软管名义厚度和按直径计算的全部空间,考虑到树脂的聚合作用及渗入待修复管道缝隙和连接部位的可能性,还应增加 5%~10% 的余量。

③毡筒必须用铁丝紧固在气囊上,防止在气囊进入管道时毡筒滑落。

④充气、放气应缓慢均匀。

⑤树脂固化期间气囊内压力应保持在 1.5 bar(1 bar=0.1 MPa),保证毡筒紧贴管壁,如图 5.4 和图 5.5 所示。

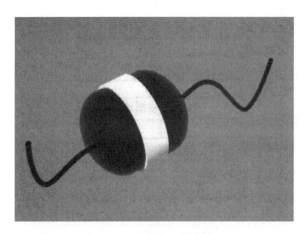

图 5.4 修复气囊与毡布

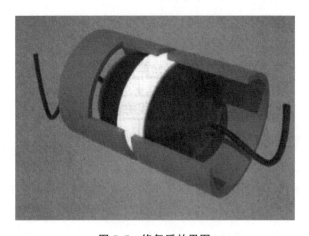

图 5.5 修复后效果图

(7)施工过程

①毡布剪裁:根据修复管道情况,在防水密闭的房间或施工车辆上现场剪裁一定尺寸的玻璃纤维毡布。剪裁长度约为气囊直径的 3.5 倍,以保证毡布在气囊上部分重叠。毡布的裁剪宽度必应使其前后均超出管道缺陷 10 cm 以上,以保证毡布能与母管紧贴。

②树脂固化剂混合:根据修复管道情况、供货商要求的配方比例配制一定量的树脂

和固化剂混合液,并用搅拌装置混匀,使混合液均匀无泡沫。记录混合湿度。同时,施工现场每批树脂混合液应保留一份样本,并进行检测和报告它的固化性能。

③树脂浸透:使用适当的抹刀将树脂混合液均匀涂抹于玻璃纤维毡布之上。通过折叠使毡布厚度达到设计值,并在这些过程中将树脂涂覆于新的表面之上。为避免挟带空气,应使用滚筒将树脂压入毡布之中。

④毡筒定位安装:经树脂浸透的毡筒通过气囊进行安装。为使施工时气囊与管道之间形成一层隔离层,使用聚乙烯(PE)保护膜捆扎气囊,再将毡筒捆绑于气囊之上,并防止其滑动或掉下。气囊在送入修复管段时,应连接空气管,并防止毡筒接触管道内壁。最后,释放气囊压力,将其拖出管道。记录固化时间和压力。

6. 材料与设备

(1)软管织物应选用耐化学腐蚀的玻璃纤维,规格为 1 050~1 400 g/m²。

(2)采用常温固化树脂时,树脂的固化时间宜为 1~2 h。

(3)当采用硅酸树脂时,其配比混合料性能指标宜符合表 5.4 的规定。

表 5.4　混合树脂性能要求

项目	要求	检验方法
密度/(g/cm³)	1.2~1.3	《塑料液体树脂用比重瓶法测定密度》(GB/T 15223—2008)
拉伸强度/MPa	≥15	《树脂浇铸体性能试验方法》(GB/T 2567—2021)
拉伸弹性模量	≥210	
抗压强度/MPa	≥48	

(4)软管织物浸渍完成后,应立即进行修复施工,否则应将软管保存在存储温度以下,且不应受灰尘等杂物污染。

(5)主要施工设备,见表 5.5。

表 5.5　主要施工设备

序号	机械或设备名称	数量	主要用途
1	电视检测系统	1 套	用于施工前后管道内部的情况确认
2	发电机	1 台	用于施工现场的电源供应
3	鼓风机	1 台	用于管道内部的通风和散热
4	空气压缩机	1 套	用于施工时压缩空气的供应

表 5.5(续)

序号	机械或设备名称	数量	主要用途
5	固化设备	1套	用于树脂固化
6	气管	1根	用于输气
7	其他设备	1套	用于施工时的材料切割等需要

5.2.2 管片内衬法

1. 技术特点

(1)管片内衬管道修复技术的最大特点是通过目测来确定注浆的程度。该技术通过注入高强度的水泥浆液将 PVC 塑料模块和原有管道相结合形成复合管道,提高原有管道的耐压强度、防腐能力和使用寿命。

(2)管片内衬法可用于 DN800 及以上的重力污水、雨水、雨污水合流的混凝土管(渠)、钢筋混凝土管(渠)、圬工管(渠),检查井,污水池等排水设施的修复。管道的形状可为圆形、马蹄形、门形以及渠箱等。

(3) PVC 模块的体积小,质量小,施工方便。

(4)不需要大型的机械设备进行安装,适用于各种施工环境。

(5)井内作业采用气压设备,保证作业面,安全施工。

(6)使用透明的 PVC 制品,目视控制灌浆料的填充,保证工程质量。

(7)可以进行弯道施工,可以对管道的上部和下部分别施工,可以从管道的中间向两端同时施工,缩短工期。

(8)出现紧急状况时,随时可以暂停施工。

(9)粗糙度系数小,能够确保修前原有管道的流量。

(10)强度高,修复后的管道破坏强度大于修复前的管道强度,满足全结构修复的强度要求。

(11)PVC 材质,抗腐蚀性强,能够大幅度延长管道使用寿命。

(12)施工时间短,噪声低,不影响周围环境和居民生活。

(13)产品的安装过程中不产生任何污染物,属于绿色施工。

2. 适用范围

PVC 模块拼装技术适用范围见表 5.6。

表 5.6　PVC 模块拼装技术适用范围

项目	适用范围	备注
可修复对象	钢筋混凝土管	—
可修复尺寸	圆形管：直径 800~2 600 mm	2 600 mm 以上也可
	矩形：1 000 mm×1 000 mm~ 1 800 mm×1 800 mm	1 800 mm 以上也可
施工长度	无限制	—
施工流水环境	水深 25 cm 以下	直径 800~1 350 mm 的 水深为 15 cm 以下
管道接口纵向错位	直径的 2% 以下	—
管道接口横向错位	150 mm 以下	—
曲率半径	8 m 以上	—
管道接口弯曲	3°以下	—
倾斜调整	可调整高度在直径的 2% 以下	—
工作面	组装时 30 m² 以上，注浆时 35 m² 以上	最小工作面 22.5 m²

3. 工艺原理

该技术采用的主要材料为 PVC 材质的模块和特制水泥注浆料，通过使用螺栓将塑料模块在管内连接拼装，然后在原有管道和拼装而成的塑料管道之间，注入特种砂浆，使新旧管道连成一体，形成新的复合管道，达到修复破损管道的目的，如图 5.6 所示。

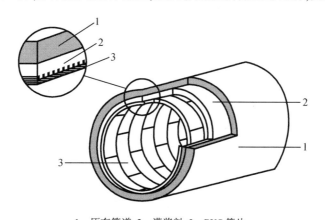

1—原有管道；2—灌浆料；3—PVC 管片。

图 5.6　管片内衬管道修复技术示意图

4. 施工工艺流程

PVC 模块拼装技术的标准施工流程如图 5.7 所示。

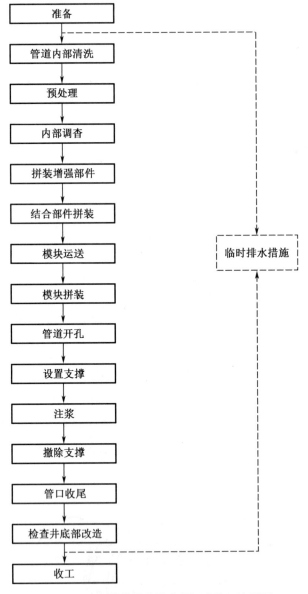

图 5.7 PVC 模块拼装技术的标准施工流程图

5. 工艺要求

（1）管片内衬法施工应包括管内清洗、组装结构增强材料、模块拼装、模块搬运、管道拼装、支管开孔、设置支撑、注浆撤除支撑、管口处理等步骤。

（2）当采用人工进入管道内进行施工时，管内水位不得超过管道垂直高度的30%或500 mm。地面人员应保持同井下人员之间的联络。

（3）施工前应进行管道内气体的探测，并应符合下列规定。

①施工人员应采用有毒气体测试仪测试管道内的有毒气体。

②管内硫化氢气体浓度应小于 10 mg/m³。

③一氧化碳气体浓度应小于 30 mg/m³。

（4）施工前应采用高压冲洗车对管内进行清理。

（5）管片下井和管内运输过程中，管内人员不得站在运输物下方。

（6）管片宜采用人工或机器的方法在管内拼装成一体。管片与管片之间采用连接键或焊接连接时，注入密封胶和胶黏剂。

（7）管片连接完成后，注浆前应对管道进行支护工作。

（8）管片拼装完成后应在内衬管与原有管道之间填充砂浆，并应符合下列规定。

①注浆时，注浆压力应根据现场情况随时进行调节，可根据材料的承载能力分次进行注浆，每次注浆前应制作试块进行试验。

②注浆泵应采用可调节流量的连续注浆设备。

③最终注浆阶段的注浆压力不应大于 0.02 MPa，流量不应大于 15 L/min。

④注浆完毕后，应按导流管中流出的砂浆密度确认注浆结束。

（9）注浆结束后，应对注浆口及管口进行处理。管口处理保持原管长度不变，管口平滑完整。

（10）施工过程中对路面交通、井下封闭空间作业、设备起吊操作、井下作业水流等采取安全措施。

6. 内衬材料

（1）管片拼装法主要使用的材料为聚氯乙烯（PVC）模块和填充砂浆，如图 5.8 所示；生产管片模块的原材料不得使用回收料；片状模块材料应透明，厚度均匀，表面光滑、无裂纹、无破损；管片模块表面应光滑，并应具有耐久性及抗腐蚀性。

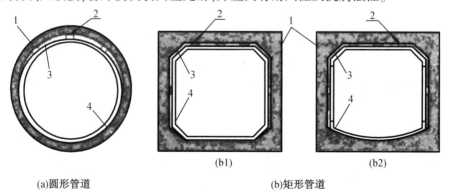

(a)圆形管道　　　　　(b)矩形管道

1—原有管道；2—垫块；3—填充砂浆；4—PVC 模块。

图 5.8　聚氯乙烯（PVC）模块和填充砂浆示意图

（2）管片模块的材料性能指标应符合表 5.7 的规定。

表 5.7 PVC 管片材料性能

项目	要求	试验方法
纵向拉伸强度/MPa	≥40	《塑料拉伸性能的测定》(GB/T 1040.2—2006)
热塑性塑料维卡软化温度/℃	≥60	《热塑性塑料维卡软化温度(VST)的测定》(GB/T 1633—2000)

（3）填充砂浆应具有在水中不易分离、水平方向流动性好的特性，可用于狭窄的间隙填充。填充砂浆的配比应符合表 5.8 的规定。填充砂浆的抗压强度、流动度应符合表 5.9 的规定。

表 5.8 填充砂浆的配比

水灰比/%	每单元体积质量/kg		备注
	砂浆	水	
21.2	1 722	365	砂浆每袋 25 kg

表 5.9 填充砂浆的基本要求

检测项目	单位	技术指标	测试方法
抗压强度	MPa	>30	《水泥基灌浆材料应用技术规范》(GB/T 50448—2015)
截锥流动度,30 min	mm	≥310	

（4）管片拼装法采用聚氯乙烯(PVC)模块结构时，圆形管道修复后的管径尺寸应符合表 5.10 的规定，矩形管道修复后的管道尺寸应符合表 5.11 规定。

表 5.10 圆形管道修复后的管径尺寸 单位:mm

原有管径	修复后管径
800	725
900	820
1 000	915
1 100	1 005
1 200	1 105

表 5.10(续)

原有管径	修复后管径
1 350	1 240
1 500	1 370
1 650	1 510
1 800	1 650
2 000	1 840
2 200	2 030
2 400	2 220
2 600	2 405

表 5.11　矩形管道修复后的管径尺寸　　　　　　　　单位:mm

原有矩形管道尺寸	修复后矩形管道尺寸
1 000×1 000	895×895
1 100×1 100	986×986
1 200×1 200	1 076×1 076
1 350×1 350	1 225×1 225
1 500×1 500	1 375×1 375
1 650×1 650	1 525×1 525
1 800×1 800	1 675×1 675

5.2.3　不锈钢双胀环法

1. 工艺特点

(1)不锈钢双胀环修复技术是一种管道非开挖局部套环修理方法。该技术采用的主要材料为环状橡胶止水密封带与不锈钢套环,在管道接口或局部损坏部位安装橡胶圈双胀环,橡胶带就位后用 2~3 道不锈钢胀环固定,达到止水目的。

(2)橡胶圈双胀环施工速度快,质量稳定性较好,可承受一定接口错位,止水套环的抗内压效果比抗外压要好,但对水流形态和过水断面有一定影响。

(3)在排水管道非开挖修复中,通常与钻孔注浆法联合使用。

2. 适用范围

(1)适用管材为球墨铸铁管、钢筋混凝土管和其他合成材料的材质雨污排水管道。

(2)适用于管径大于或等于800 mm及特大型排水管道局部损坏修复。

(3)适用管道结构性缺陷呈现为变形、错位、脱节、渗漏,且接口错位应小于或等于3 cm,管道基础结构基本稳定、管道线形没明显变化、管道壁体坚实不酥化。

(4)适用于对管道内壁局部沙眼、露石、剥落等病害的修补。

(5)适用于管道接口处在渗漏预兆期或临界状态时预防性修理。

(6)不适用于对塑料材质管道、窨井损坏修理。

(7)不适用于管道基础断裂、管道破裂、管道脱节呈倒栽式状、管道接口严重错位、管道线形严重变形等结构性缺陷损坏的修理。

3. 工艺原理

(1)双胀圈分两层,一层为紧贴管壁的耐腐蚀特种橡胶,另一层为两道不锈钢胀环,如图5.9所示。在管道接口或局部损坏部位安装环状橡胶止水密封带,橡胶带就位后,用2~3道不锈钢胀环固定,安装时先将螺栓、楔形块、卡口等构件使套环连成整体,再紧贴母管内壁,利用专用液压设备,对不锈钢胀环施压,使安装压力符合管线运行要求,在接缝处建立长久性、密封性的软连接,使管道的承压能力大幅提高,能够保证管线的正常运行。

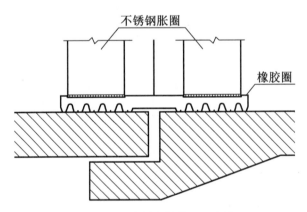

图5.9 双胀圈内衬施工示意图

(2)可承受一定接口错位,止水套环的抗内压效果比抗外压要好,但对水流形态和过水断面有一定影响。

(3)排水管道处于流砂或软土暗浜层,由于接口产生缝隙,管周流砂软土从缝隙渗入排水管道内,致使管道及检查井周围土体流失,土路基失稳,管道及检查井下沉,路面沉陷。因此,不锈钢双胀环修理时,必须进行钻孔注浆,对管道及检查井外土体进行注浆加固,形成隔水帷幕防止渗漏,固化管道和检查井周围土体,填充因水土流失造成的空洞,增加地基承载力和变形模量。

4. 施工工艺流程

不锈钢双胀环法施工工艺流程如图5.10所示。

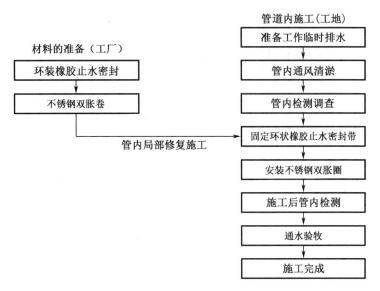

图5.10 不锈钢双胀环法施工工艺流程示意图

5. 工艺要求

(1)管道清淤堵漏。

封堵管道—抽水清淤—测毒与防护—寻找渗漏点与破损点—止水堵漏(注:堵漏材料采用快速堵水砂浆)。

(2)钻孔注浆管周隔水帷幕和加固土体。

在橡胶圈双胀环修复前应对管周土体进行注浆加固,注浆液充满土层内部及空隙,形成防渗帷幕,加强管周土体的稳定,制止四周土体的流失,提高管基土体的承载力,再通过不锈钢双胀环修复技术进行修理,达到排水管道长期正常使用。

(3)橡胶圈双胀环修理施工方法。

施工人员先对管道接口或局部损坏部位处进行清理,然后将环状橡胶带和不锈钢片带入管道内,在管道接口或局部损坏部位安装环状橡胶止水密封带,橡胶带就位后用2~3道不锈钢胀环固定,安装时,先将螺栓、楔形块、卡口等构件使套环连成整体,再紧贴母管内壁,使用液压千斤顶设备,对不锈钢胀环施压。如图5.11所示,止水橡胶圈宜采用人工沿管道环向平铺于管道内壁的方式进行,平铺后应完全覆盖管道缺陷处,橡胶圈表面应平整、无褶皱,内壁紧贴原有管道;不锈钢胀环应沿止水橡胶圈的压槽安装,安装时,钢套环应垂直无倾斜、牢固可靠;安装完成后应拆除胀环上焊接的液压设备支撑点,拆除时应沿环向施力拆除,不得沿纵向用力拆除。

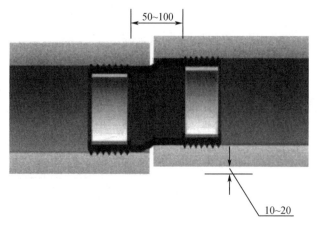

图 5.11   双胀环能适应接口错位和偏转(单位:mm)

(4)修复施工中应做好注浆用量、注浆压力、液压设备的撑力、修复前后的渗水程度等施工记录。

6. 材料与设备

(1)胀环

①应选用 C304 号或 C316 号不锈钢。

②胀环厚度不应小于 5 mm,宽度不应小于 50 mm。

③胀环应根据管道的实际尺寸定制生产,尺寸应符合设计文件的规定。

(2)止水橡胶带

①应选用耐腐蚀橡胶,紧贴管道的一面需做成齿状,以便更好地贴紧管壁。

②橡胶带宽度应按照设计要求制作,宜为 300 ~ 400 mm;橡胶带两侧应有不锈钢胀环压槽,压槽背面应有齿状止水条,止水条高度宜为 8 ~ 10 mm。

(3)橡胶带表面应平整、无缺陷,橡胶带性能应符合表 5.12 的规定。

表 5.12   橡胶带性能

项目	要求	检测方法
拉伸强度/MPa	≥9	《硫化橡胶或热塑性橡胶拉伸应力应变性能的测定》(GB/T 528—2009)
断裂延伸率/%	≥250	《硫化橡胶或热塑性橡胶拉伸应力应变性能的测定》(GB/T 528—2009)

表 5.12(续)

项目	要求	检测方法
硬度/HSD	60±5	《硫化橡胶或热塑性橡胶压入硬度试验方法第 1 部分:邵氏硬度计法(邵尔硬度)》(GB/T 531.1—2008)
适用温度范围/℃	−5～40	
耐腐蚀性(50 pphm(1 pphm=10^{-8})(:20%,48 h)	二级	大口径水下、水上的要求不同

(4)橡胶带应在低温、干燥的地方保存,保存期不应超过 6 个月。

(5)主要设备

主要设备见表 5.13。

表 5.13　主要施工设备

序号	机械或设备名称	数量	主要用途
1	电视检测系统	1 套	用于施工前后管道内部的情况确认
2	发电机	1 台	用于施工现场的电源供应
3	鼓风机	1 台	用于管道内部的通风和散热
4	空气压缩机	1 台	用于施工时压缩空气的供应
5	卷扬机	1 台	用于管道内部牵引
6	液压千斤顶	1 台	用于对不锈钢胀环施压
7	管道封堵气囊	1 套	用于临时管道封堵
8	疏通设备	1 台	用于修复前管道疏通
9	其他设备	1 套	用于施工时的材料切割等需要

5.2.4　不锈钢快速锁法

1. 技术特点

快速锁-X 管道局部系统主要用于 DN300 及以上圆形管道的管节间密封、管道环向或轴向裂缝、破洞等修复;快速锁是由 304 不锈钢套筒、锁紧螺栓和 EPDM 橡胶套三部分组成。修复施工时,工人进入原有管道缺陷位置,将 EPDM 橡胶圈套在不锈钢拼合套筒外部,使用控制器将不锈钢拼合套筒的环片扩张开来,并推动橡胶套紧密压合到管壁上后拧紧锁紧螺栓,完成对管道缺陷部位的修复。

快速锁-X 不锈钢套筒根据管道直径的大小,一般由 2~4 片精密加工的不锈钢环片拼合而成,宽度有 20 cm 和 30 cm 两种;用于密封的橡胶套,在外部两端边缘处设置各设置一道密封凸台以确保密封效果,如图 5.12、图 5.13 所示。此外,当缺陷沿管道轴向方向长度较大时,可将若干个快速锁-X 连续搭接安装。

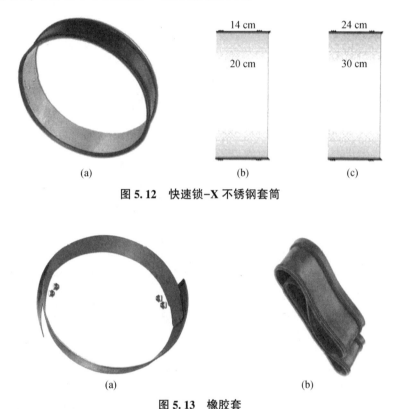

(a) (b) (c)

图 5.12   快速锁-X 不锈钢套筒

(a) (b)

图 5.13   橡胶套

2. 适用范围

(1)不锈钢快速锁法可用于 DN300~DN1 800 管道的局部修复,不适用于管道变形和接头错位严重情况的修复。

(2)管径 DN600 及以下的快速锁应采用专用气囊进行安装,管径 DN800 及以上的快速锁宜采用多片式快速锁结构进行人工安装。

3. 工艺原理

不锈钢快速锁安装原理如图 5.14 所示。

4. 施工操作要求

(1)管道检测

采用快速锁修复前,应先对管道进行检测以确定是否可以采用该方法。原则上,管道错位大于 5 mm 的不适用该方法;管道错位小于或等于 5 mm 的,可采用修补砂浆将错位填平后再使用。

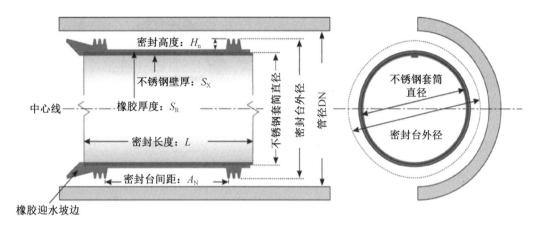

图 5.14　不锈钢快速锁安装原理示意图

(2)预处理

快速锁安装前,应对原有管道进行预处理,并应符合下列规定。

①预处理后原有管道内应无沉积物、垃圾及其他障碍物,不应有影响施工的积水。

②原有管道待修复部位及其前后 500 mm 范围内管道内表面应洁净,无附着物、尖锐毛刺和凸起物。

(3)安装

①通过检查井或工作坑将快速锁环片下入管道。

②在管口将快速锁环片拼装成钢套筒,并将专用锁紧螺栓安装好,锁紧螺栓从内往外穿,上好滑块螺母并使其凸台嵌入钢套筒滑槽内,将拼好的不锈钢片调节到能达到的最小直径。然后轻轻拧紧锁紧螺栓,使钢套筒不会自动胀开,如图 5.15 所示。

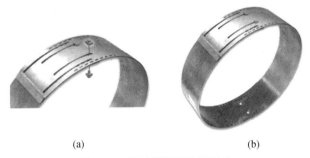

(a)　　　　　　　　　　　(b)

图 5.15　快速锁钢环片预拼装

③在橡胶套的内表面抹上滑石粉(在扩张过程中起润滑作用),然后将橡胶套套在钢套筒上,确保钢套筒外沿与橡胶套锥形边靠齐。将锁紧螺栓松开,让钢套筒环片适度

胀开,使橡胶套被钢套筒自然绷紧后拧紧锁紧螺栓,之后就可以将预装好的快速锁带安装到管道需要的位置,如图5.16所示。

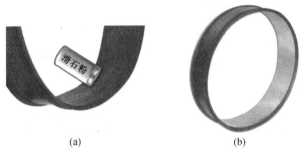

(a)   (b)

图5.16 橡胶套润滑及安装

④标记好安装位置,尽量使管道缺陷位于橡胶套两端密封凸起的中间位置,这样可达到最佳修复效果。如在一个管节部位使用宽度为20 cm的快速锁,则管节中线左右两边10 cm位置标记出来,快速锁安装时以标记线定位;在安装快速锁时,应使橡胶套的锥形边面向来水方向,如图5.17所示。

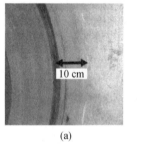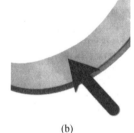

(a)   (b)

图5.17 快速锁定位

⑤校准快速锁,一方面使其沿管道方向正好覆盖缺陷;另一方面使快速锁的扩张锁紧位置居于管腰部,方便安装操作。此外,还应保证快速锁垂直于管道中轴线,如图5.18所示。

⑥将扩张工具卡入快速锁的专用卡槽内,然后用扳手拧主扩张丝杆,使其顶到支承模块的对应位置,这样安装工具就不会脱落,如图5.19所示。

⑦松开扩张工具安设部位快速锁上的锁紧螺栓,然后用扳手拧主扩张丝杆,使快速锁

图5.18 校准快速锁

不断扩张开,张开的量可以观察不断露出的卡槽数量,如图 5.20 中的 1、2;当主扩张丝杆推出总长一半左右时,停止拧主扩张丝杆,将锁紧螺栓拧紧;然后卸下扩张工具,安设到另一边重复步骤⑥、⑦的操作。

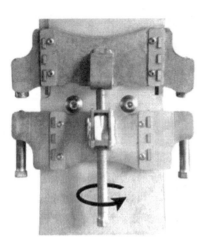

图 5.19　将扩张工具卡入快速锁的专用卡槽内

1,2—卡槽。

图 5.20　松开快速锁上的锁紧螺栓

⑧当快速锁张开接近管壁时,停止扩张,再次校准快速锁安装位置是否准确,如图 5.21 所示。

图 5.21　再次校准快速锁

⑨将扩张工具的主扩张丝杆和两边微调节丝杆完全退回,然后重新安到钢套筒上;将微调节丝杆交替拧出,当丝杆顶到支承模块的对应位置时,将锁紧螺栓松开,继续缓慢交替拧微调节丝杆,如图 5.22 所示。同时,用橡胶锤沿环向敲击钢套筒,使钢套筒外

面的橡胶套与管壁压合在一起,然后将快速锁微调节丝杆拧紧并在钢套环其他结合部位重复上述操作,如图 5.23 所示。

图 5.22　将主扩张丝杆退回

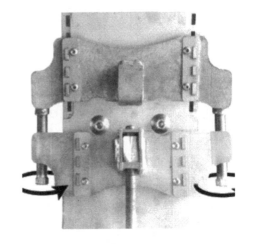

图 5.23　将快速锁微调节丝杆拧紧

⑩在扩张操作过程中,可用一个钢尺从橡胶套锥形边方向沿管周不同部位插入,如图 5.24 所示,当所有部位可插入深度小于 13 mm 时,则表明快速锁与原管壁已经充分压合在一起,可以停止继续扩张,拧紧锁紧螺栓,快速锁安装成功。

⑪ 偏心扩张:当管道存在轻微错节、弯曲或持续的渗漏,可以通过控制微调节丝杆的给进量,使快速锁套筒形成一定的偏心,如图 5.25 所示。若快速锁偏心过大,则可能造成扩张工具卡死。

图 5.24　钢尺插入

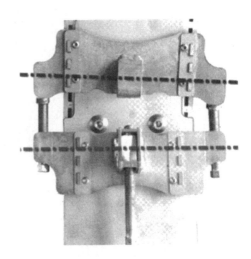

图 5.25　调节微调节丝杆适应偏心

⑫快速锁安装成功后,拧紧锁紧螺栓,退回微调节丝杆,卸下扩张工具。

⑬多个快速锁搭接安装:当缺陷比较长时,可采用多个快速锁搭接安装;安装时,在相邻快速锁背面加装一个宽度 25 cm 左右的平橡胶套,为保证扩张工具有足够操作空间,快速锁套筒相邻间距不小于 40 mm。当两个快速锁搭接时,应使快速锁橡胶套锥形边朝外;当多个快速锁连续搭接安装时,应将位于里面的快速锁橡胶套锥形边切除掉,如图 5.26 所示。

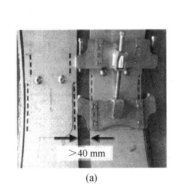

(a)　　　　　　　　　　　　(b)

图 5.26　多个快速锁连续搭接,切除位于里面快速锁橡胶套锥形边

⑭不锈钢快速锁应覆盖待修复缺陷,且轴向前后应比待修复缺陷长不小于 100 mm;当缺陷轴向长度超过单个快速锁长度时,可采取多个快速锁搭接的方式安装,安装时,后一个快速锁的橡胶套应压住前一个快速锁超出的橡胶套。

⑮采用气囊安装的不锈钢快速锁不得采用搭接方式,应按下列步骤操作。

a. 在地表将不锈钢套筒和橡胶套预先套好,并检查锁紧装置可正常工作。

b. 分别在始发井和接收井各安装一个卷扬机,将快速锁固定在带轮子的专用气囊上,然后在 CCTV 或潜望镜的辅助下将气囊牵拉至待修复位置。

c. 在 CCTV 或潜望镜设备的监控下,缓慢向气囊内充气,使不锈钢快速锁缓慢扩展开并紧贴原有管道内壁,气囊压力宜为 0.35~0.40 MPa。

d. 当确认不锈钢快速锁完全张开后,卸掉气囊压力后撤出。

⑯采用人工方式安装的不锈钢快速锁,应按下列步骤操作。

a. 将不锈钢环片、橡胶套等从检查井下送到待修复位置。

b. 先将不锈钢环片预拼装成小直径钢套,再将橡胶套套在不锈钢套上,安装时橡胶套迎水坡边朝来水方向。

c.将预拼装好的不锈钢快速锁放置在待修复位置,采用专用扩张器对快速锁进行扩张,待扩张到橡胶套密封台接近管壁时,使用扩张器上的辅助扩张丝杆缓慢扩张,在扩张过程中可用橡胶锤环向振击快速锁,确认各个部位与原管壁紧密贴合后锁死紧固螺栓,完成安装。

5. 内衬材料

(1)不锈钢快速锁可由 C304 号或 C316 号不锈钢套筒、三元乙丙橡胶套和锁紧机构等部件构成,各部件应符合下列规定。

①DN600 及以下的不锈钢套筒应由整片钢板加工成型,安装到位后应采用特殊锁紧装置固定。

②DN600 以上的不锈钢套筒应由 2 片至 3 片加工好的不锈钢环片拼装而成,在安装到位后应采用专用锁紧螺栓固定。

③橡胶套为闭合式,橡胶套外部两侧设有整体式的密封凸台,性能指标符合现行国家标准《橡胶密封件给、排水管及污水管道用接口密封圈材料规范》(GB/T 21873—2008)的有关规定。

(2)气囊安装和人工安装不锈钢快速锁技术参数应符合表 5.14 和表 5.15 的规定。

表 5.14　气囊安装不锈钢快速锁技术参数

型号	橡胶套直径/mm	不锈钢套筒长度/mm	适用管径		密封段长度/mm	不锈钢套筒			橡胶套	
			最小值/mm	最大值/mm		钢板厚度/mm	套筒卷曲直径/mm	最大扩张直径/mm	厚度/mm	密封台高度/mm
300	235	400	295	315	310	1.2	238	305	2	7
400	323	400	390	415	310	1.5	325	406	2	8
500	420	400	485	515	310	2.0	425	505	2	9
600	500	400	585	615	310	2.0	510	605	2.3	9

表 5.15　人工安装不锈钢快速锁技术参数

型号	环片数	套筒长度/mm		适用管径			不锈钢套筒			橡胶套		
		短款	长款	最小值/mm	最大值/mm	钢板厚度/mm	套筒卷曲直径/mm	最大扩张直径/mm	厚度/mm	密封台高度/mm	密封段长度/mm 短款	密封段长度/mm 长款
700	2	200	300	670	730	3	610	715	3	11	140	240
800	2	200	300	770	830	3	710	815	3	11	140	240
900	2	200	300	870	930	3	810	915	3	11	140	240
1 000	2	200	300	970	1 030	3	910	1 015	3	11	140	240
1 100	2	200	300	1 070	1 130	3	1 010	1 115	3	11	140	240
1 200	2	200	300	1 170	1 230	3	1 110	1 215	3	11	140	240
1 300	2	200	300	1 270	1 330	3	1 210	1 315	3	11	140	240
1 400	3	200	300	1 370	1 430	4	1 310	1 415	3	11	140	240
1 500	3	200	300	1 470	1 530	4	1 410	1 515	3	11	140	240
1 600	3	200	300	1 570	1 630	4	1 510	1 615	3	11	140	240
1 700	3	200	300	1 670	1 730	4	1 610	1 715	3	11	140	240
1 800	3	200	300	1 770	1 830	4	1 710	1 815	3	11	140	240

5.3 整体非开挖修复方法

5.3.1 翻转式原位固化法

1. 技术特点

(1)现场固化内衬修复技术是一种排水管道非开挖现场固化内衬修理方法。将浸满热固性树脂的毡制软管利用注水翻转将其送入已清洗干净的被修管道中,并使其紧贴于管道内壁,通过热水加热使树脂在管道内部固化,形成高强度内衬树脂新管。

(2)现场固化内衬法根据固化工艺可分为热水、蒸汽、喷淋或紫外线加热固化。根据内衬加入办法可分为水翻、气翻与拉入。具体主流工艺为水翻、气翻与拉入蒸汽固化。CIPP 纤维树脂翻转法采用水翻热水加热固化技术。

(3)内衬管耐久实用,具有耐腐蚀、耐磨损的优点,可防地下水渗入问题。材料强度大,提高管道结构强度,使用寿命可按实际需求设计,最长可达 50 年。

(4)保护环境,节省资源:不开挖路面,不产生垃圾,不堵塞交通,施工周期短(1～2 d 时间),方便解决临时排水问题,使管道修复施工的形象大为改观,总体的社会效益和经济效益好,已成为排水管道非开挖整体修复的主流。

(5)在排水管道非开挖修复中,通常与土体注浆技术联合使用。

2. 适用范围

(1)翻转法(含水翻、汽翻)是后固化成型,其适用于管道几何截面为圆形、方形、马蹄形等,管道材质为钢筋混凝土管、水泥管、钢管以及各种塑料管的雨污排水管道。

(2)适用于管径为 150～2 700 mm 的排水管道、检查井壁和拱圈开裂的局部与整体修理。

(3)适用于管道结构性缺陷呈现为破裂、变形、错位、脱节、渗漏、腐蚀,且接口错位宜小于或等于直径的 15%,管道基础结构基本稳定,管道线形没有明显变化、管道壁体坚实不酥化的管道修理。

(4)适用于对管道内壁局部沙眼、露石、剥落等病害的修补。

(5)适用于管道接口处在渗漏预兆期或临界状态时预防性修理。

(6)适用于各种材质检查井损坏修理。

(7)不适用于管道基础断裂、管道破裂、管道节脱呈倒栽式状、管道接口严重错位、管道线形严重变形等结构性缺陷严重损坏的修理。

(8)不适用于严重沉降、与管道接口严重错位损坏的检查井。

3. 工艺原理

翻转固化工艺一般采用热水或热蒸汽进行软管固化,固化过程中应对温度、压力进行实时检测。热水应从标高低的端口通入,以排除管道里面的空气;蒸汽应从标高高的端口通入,以便在标高低的端口处处理冷凝水,树脂固化分为初始固化和后续硬化两个阶段。当软管内水或蒸汽的温度升高时,树脂开始固化,当暴露在外面的内衬管变得坚硬,且起、终点的温度感应器显示温度在同一量级时,初始固化终止。之后均匀升高内衬管内水或蒸汽的温度直到后续硬化温度,并保持该温度一定时间。其固化温度和时间应咨询软管生产商。树脂固化时间取决于工作段的长度、管道直径、地下情况、使用的蒸汽锅炉功率以及空气压缩机的气量等。

(1)目前主流工艺为水翻、气翻与拉入蒸汽固化 3 种,其工艺原理(图 5.27)如下。

水翻所利用的转动力为水。翻转完成后直接使用锅炉将管道内的水加热至一定温度,并保持一定时间,使吸附在纤维织物上的树脂固化,形成内衬牢固紧贴被修复管道内壁的修复工艺。其特点是施工设备投入较小,施工工艺要求较其他两套 CIPP 简单。

气翻使用压缩空气作为动力,将 CIPP 衬管翻转如被修复管道内的工艺,使用蒸汽固化。其特点是现场临时施工设施较少,施工风险较小,设备投入成本较高、因为施工过程压力较高,不适用重力管道。

拉入蒸汽固化采用机械牵引将双面膜的 CIPP 衬管拖入被修管道,使用蒸汽固化。其特点是施工风险小,内衬强度高,现场设备多,准备工艺复杂。

(2)现场固化内衬修复工艺原理

根据现场的实际情况,在工厂内按设计要求制造内衬软管,然后灌浸热硬化性树脂制成树脂软管,施工时将树脂软管和加热用温水输送管翻转插入辅助内衬管内。

翻转完成之后,利用水和压缩空气使树脂软管膨胀并紧贴在旧管内,然后利用循环的方式通过温水循环加热,使具有热硬化性的树脂软管硬化成型,旧管内即形成一层高强度的内衬新管。

4. 施工工艺流程

施工工艺流程如图 5.28 所示。

(1)管道清淤堵漏

封堵管道—抽水清淤—测毒与防护—寻找渗漏点与破损点—止水堵漏 (注:堵漏材料采用快速堵水砂浆)。

管道清淤、冲洗后应进行管道 CCTV 内窥检测,管内不能有石头及大面积泥沙、淤泥,外露的钢筋、尖锐突出物、树根等必须去除,管道弯曲角度应小于 30°。管道接口之间若有错位,错位大小应在管径的 10%之内;错口的方向、形状必须明确;管道内壁要基本平整。

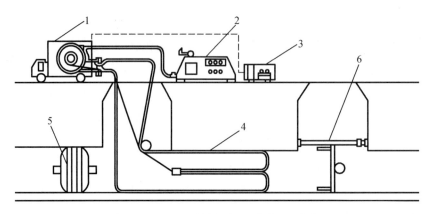

1—翻转设备;2—空压机;3—控制设备;4—软管;5—管塞;6—挡板。

图 5.27　翻转式原位固化法示意图

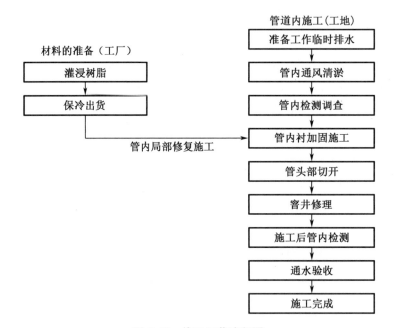

图 5.28　施工工艺流程图

（2）钻孔注浆管周形成隔水帷幕和加固土体

在现场固化内衬修复前应对管周土体进行注浆加固,注浆液充满土层内部及空隙,形成防渗帷幕,加强管周土体的稳定,防止四周土体的流失,提高管基土体的承载力,再通过现场固化内衬修复技术进行修理,使排水管道可长期正常使用。

（3）灌浸树脂

①根据试验结果决定软管厚度及长度,树脂、固化剂和促进剂的质量。

②倒树脂前检查搅拌桶定转及放料阀的状态,在翻转桶及放料口下放置塑料膜避

免树脂溅洒到地面,并把待浸料的软管放到放料口处。

③所有物品及工具准备好后,开始往搅拌桶内倒入树脂,倒完之后,开始倒固化剂,要缓慢倒入,搅拌均匀 5~10 min,然后再倒入促进剂,搅拌 10~20 min 进行导料,从放料口放约 1/3 倒入搅拌桶,再搅拌 10 min 即可放料。

④浸料开始,桶内树脂放完后,用滚筒碾压放至软管内的树脂 3~5 次,树脂碾压均匀即可准备拖入原管道。如果软管较长,可从软管两端放料,分别碾压均匀即可。

⑤树脂灌浸时间应根据无纺布长度确定,一般需要 3 h。

(4)现场固化内衬法工艺操作要求

①施工设备应根据工程特点和总体布置方案合理配置,并应备用满足施工要求的动力和设备。

②施工前应对管道进行预处理,管渠内壁应平整、圆顺,并应满足翻转式原位固化法修复要求。

③排水管道翻转式原位固化法修复工程应依据管道检测评估报告进行设计和施工。

④准备工作在施工井上部制作翻转作业台,在到达井内或管道的中间部位设置挡板。要使之坚固、稳定,以防止事故发生,影响正常工作。

⑤翻转送入辅助内衬管为保护树脂软管,并防止树脂外流影响地下水水质,彻底保护好树脂软管,故我们采取先翻转放入辅助内衬管的方法,做到万无一失。要注意检查各类设备的工作情况,防止机械故障。

⑥树脂软管的翻转准备工作在事先已准备的翻转作业台上,把通过保冷运到工地的树脂软管安装在翻转头上,接上空压机等。如果天气炎热,要在树脂软管上加盖防护材料以免提前发生固化反应影响质量。

⑦翻转送入树脂软管在事先已铺设好的辅助内衬管内,应用压缩空气和水把树脂软管通过翻转送入管内。此时要防止材料被某一部分障碍物勾住或卡住而不能正常翻转,如图 5.29 所示。

⑧温水加热工作树脂软管翻转送入管内后,在管内接入温水输送管。同时把温水泵、锅炉等连接起来,开始树脂管加热固化工作。此时要注意不要接错接口,以免发生热水不能送入等情况,如图 5.30 所示。

⑨管头部的切开树脂管加热固化完毕以后,把管的端部用特殊机械切开。同时为了保证良好的水流条件,井的底部须做一个斜坡。

⑩检查井修理按照检查井的构造和尺寸,设计加工内衬材料并灌浸树脂,运到工地将其吊入需要修复的检查井内。然后利用压缩空气将材料膨胀后紧贴于井内壁,采用温水循环加热系统使材料固化,在旧井内形成一个内胆,最后将井口切开并安装塑料爬梯后竣工。管道修复完成后,应对内衬管端口、内衬管与检查井接口、内衬管与原管管壁之间的缝隙进行密封处理。

图 5.29　翻转送入树脂软管

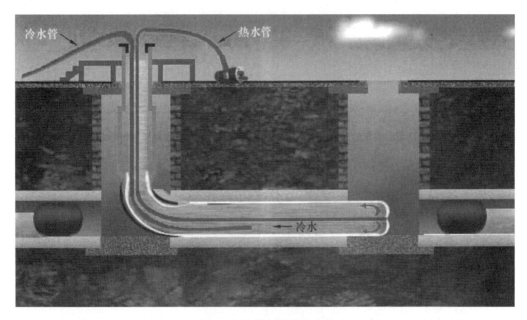

图 5.30　温水加热树脂软管

⑪施工后管内检测,为了了解固化施工后管道内部的质量情况,在管端部切开之后,对管道内部进行调查。调查采用电视检测设备,把调查结果拍成录像资料。根据调查结果和拍成的录像,把结果提供给发包方。

⑫整理和善后工作完成以后,工地现场恢复到原来的状况。

5. 工艺要求

（1）水翻工艺要求

①采用水压的方法将湿软管翻转置入原有管道时应符合下列要求。

a. 翻转时应将湿软管的外层防渗塑料薄膜向内翻转成内衬管的内膜,内膜应与管内水相接触。

b. 翻转压力应控制在使湿软管充分扩展所需最小压力和软管所能承受的允许最大内部压力之间,同时应能使湿软管翻转到管道的另一端点,相应压力值应按产品使用说明要求取值。

c. 翻转过程中宜使用减少翻转阻力的润滑剂,润滑剂应是无毒的油基产品,且不得对湿软管和相关施工设备等产生不良影响。

d. 翻转完成后,湿软管伸出原有管道两端的长度宜为 $0.5 \sim 1.0$ m。

②翻转完成后应采用热水对软管进行固化,并应符合下列要求。

a. 热水供应装置应装有温度测量仪,固化过程中应对温度进行跟踪测量和监控。

b. 在施工段起点和终点距离端口大于 300 mm 处,应在湿软管与原有管道之间安装监测管壁温度变化的温度感应器。

c. 热水宜从标高较低的端口通入。

d. 固化温度应均匀升高,固化所需的温度和时间以及温度升高速度应按树脂材料说明书的规定或咨询树脂材料生产商,并应根据修复管段的材质、周围土体的热传导性、环境温度、地下水位等情况进行适当调整。

e. 固化过程中软管内的水压应能使软管与原有管道保持紧密接触,且压力不得超过软管在固化过程中承受的最大压力,不得损坏原有管道。

g. 可通过温度感应器监测的树脂放热曲线判定树脂固化的状况。

③固化完成后,内衬管的冷却应符合下列要求。

a. 应先将内衬管内水的温度缓慢冷却至不高于 38 ℃,冷却时间应符合产品使用说明书的规定。

b. 可采用灌入常温水替换内衬管内的热水进行冷却,替换过程中内衬管内不宜形成负压。

c. 应待冷却稳定后方可进行后续施工。

④固化完成后,内衬管起点和终点端部应按下列要求进行密封与切割处理。

a. 内衬管端部应切割整齐,并应露出检查井壁 $20 \sim 50$ mm。

b. 当端口处内衬管与原有管道结合不紧密时,在内衬管与原有管道之间应采用和软管浸渍的树脂材料性能相同的树脂混合物进行密封。

⑤翻转式原位固化法修复施工中应对树脂存储温度、冷藏温度和时间,树脂用量,软管浸渍停留时间和使用长度,翻转压力、温度,固化温度、时间和压力,内衬管冷却温度、时间、压力等做施工记录。

(2)气翻工艺要求

①采用气压的方法将浸渍树脂的湿软管翻转置入原有管道时应符合下列要求。

a.翻转时将湿软管的外层防渗塑料薄膜向内翻转成内衬管的内膜,内膜与管内气相接触。

b.翻转压力应控制在使湿软管充分扩展所需最小压力和软管所能承受的允许最大内部压力之间,同时应能使软管翻转到管道的另一端点,相应压力值应咨询软管生产商。

c.翻转过程中宜使用减少翻转阻力的润滑剂,润滑剂应是无毒的油基产品,且不得对软管和相关施工设备等产生不良影响。

d.翻转完成后,湿软管伸出原有管道两端的长度宜为 0.5~1.0 m。

②翻转完成后可采用热水或蒸汽对软管进行固化,采用蒸汽固化时,应符合下列要求。

a.蒸汽发生装置应装有温度测量仪,固化过程中应对温度进行跟踪测量和监控。

b.在施工段起点和终点距离端口大于 300 mm 处,应在湿软管与原有管道之间安装监测管壁温度变化的温度感应器。

c.蒸汽应从标高较高的端口通入。

d.固化温度应均匀升高,固化所需的温度和时间以及温度升高速度应按树脂材料说明书的规定或咨询树脂材料生产商,并应根据修复管段的材质、周围土体的热传导性、环境温度、地下水位等情况进行调整。

e.固化过程中软管内的气压应能使软管与原有管道保持紧密接触,压力不得超过软管在固化过程中承受的最大压力,并不得损坏原有管道,压力应保持到固化结束。

f.可通过温度感应器监测的树脂放热曲线判定树脂固化的状况。

③蒸汽固化完成后,内衬管的冷却应符合下列要求。

a.应先将内衬管内的蒸汽温度缓慢冷却至不高于 45 ℃,冷却时间应符合产品使用说明书的规定。

b.可采用压缩空气压入替换软管内的蒸汽进行冷却并达到规定的压力值,替换过程中内衬管内不得形成负压。

c.应待冷却稳定后方可进行后续施工。

d.固化完成后,内衬管起点和终点的端部应按相关规定处理。

④翻转式原位固化法修复施工中应做好下列施工记录和检验。

a.树脂存储温度、冷藏温度和时间。

b.树脂用量。

c.软管浸渍停留时间和使用长度。

d.翻转压力、温度。

e.固化温度、时间和压力。

f.内衬管冷却温度、时间、压力等。

6. 材料与设备

（1）翻转式原位固化法使用的干软管

①干软管可由单层或多层聚酯纤维毡或同等性能的材料制成，并应与所用树脂相容，且应能承受施工的拉力和固化温度。

②软管的外表面应包覆一层与所采用的树脂兼容的非渗透性塑料膜。

③多层干软管各层的接缝应错开，接缝连接应牢固。

④干软管的长度应大于待修复管道的长度。

⑤干软管应满足后续浸渍等加工及修复施工的要求。

（2）干软管浸渍树脂

①树脂应根据修复工艺要求采用长期耐腐蚀和耐湿热老化的热固性树脂，可采用不饱和聚酯树脂、乙烯基酯树脂或环氧树脂，原位固化法专用树脂系统浇铸体性能应符合相关规定，原位固化法热固性树脂等级划分和试验方法应符合相关的规定。

②树脂应能在热水、热蒸汽作用下固化，且初始固化温度应低于 80 ℃。

③浸渍软管前，应计算树脂用量，树脂的各种成分应进行充分混合，实际用量应比理论用量多 5%～15%。

④树脂和固化体系经充分混合后应及时进行浸渍，停留时间不得超过 20 min，当不能及时浸渍时，应将树脂冷藏，冷藏温度应低于 15 ℃，冷藏时间不得超过 3 h；浸渍时树脂的温度宜为 15～30 ℃，树脂浸渍时的环境湿度宜小于80%，浸渍后软管的环境温度应为−5～20 ℃，存储期应短于产品生产企业提供的参数。

⑤干软管应在抽成真空状态下充分浸渍树脂，不得出现干斑或气泡，整个湿软管厚度应均匀、无褶皱。

⑥湿软管应根据气温和运输距离等情况确定保存与运输方法，存储在不高于 20 ℃的环境中，运输过程中宜全程保温密封，并记录软管暴露的温度和时间。

⑦湿软管进入施工现场时应进行进场复验，并应符合下列规定。

a. 内衬材料管径、壁厚应满足设计要求。

b. 湿软管材料运输车内温度应低于 20 ℃。

c. 修补湿软管的材料、辅助内衬套管应配套供应，并应满足设计要求。

d. 湿软管出厂应附有材料合格证。

e. 湿软管厚度应均匀，表面无破损，无较大面积褶皱，表面无气泡、干斑。

（3）主要施工设备

主要施工设备见表 5.16。

表 5.16　主要施工设备

序号	机械或设备名称	数量	主要用途
1	电视检测系统	1 套	用于施工前后管道内部的情况确认
2	发电机	1 台	用于施工现场的电源供应
3	鼓风机	1 台	用于管道内部的通风和散热
4	空气压缩机	1 台	用于施工时压缩空气的供应
5	温水锅炉	1 台	用于内衬材料加热时提供热源
6	温水泵	1 台	用于管道内部热水的循环
7	数字式温度仪	2 台	用于温水以及管道上、下游材料温度的监测和控制
8	翻转用机械	1 台	用于内衬材料翻转施工时的专用机械
9	其他设备	1 套	用于施工时的材料切割等需要

5.3.2　紫外光原位固化法

1. 技术特点

(1)该工艺适应于非圆形管道和弯曲管道的修复,可修复的管径范围为 DN150 ~ DN1 800。一次修复最长可达 200 m,可在一段内进行变径内衬施工。

(2)该工艺的施工过程无须开挖,占地面积小,对周围环境及交通影响小,在不可开挖的地区或交通繁忙的街道修复排水管道具有明显优势。

(3)该工艺施工时间短,管道疏通冲洗后内衬管的固化速度平均可达到 1 m/min,修复完成后的管道即可投入使用,极大减小了管道封堵的时间。

(4)该工艺形成的内衬管强度高,壁厚小,与原有管道紧密贴合,加之内衬管表面光滑、没有接头、流动性好,极大减小了原有管道的过流断面损失。

(5)内衬管壁厚 3 ~ 12 mm。

(6)该工艺修复后的使用年限最少可达到 50 年。

总之,紫外光固化技术相对于传统的热固化工艺,其内衬管刚度大,相同荷载情况下所用内衬管壁厚较小;固化时间短,随着紫外线光源逐渐向前移动,内衬的冷却也随后连续发生,降低了固化收缩在内衬管内引起的内应力;紫外光固化设备上可以安装摄像头,以便实时检测内衬管固化情况;紫外光固化工艺中不用考虑排水管道端口断面高低引起的固化起始端的问题;固化工艺中不产生废水。

2. 适用范围

(1)紫外光固化内衬修复工艺对待修复管道的长度无限制,可在施工过程中根据待修复管道实际长度进行灵活裁切。

（2）光固化内衬修复工艺主要适用于管径在 150～1 800 mm 的管道。如管径小于 150 mm，则受管道内部空间限制，无法进行本工艺的施工；如管径大于 1 800 mm，受内衬材料设备生产能力限制。

（3）光固化内衬修复工艺适用于对多种类型的管道缺陷进行修复，包括管道坍塌、变形、脱节、渗漏、腐蚀等。如管道内部出现大量坍塌、变形等缺陷时，则需要在进行全内衬修复之前，先采用铣刀机器人、扩孔头、点位修复器等辅助设备进行点位辅助修复处理，因此施工进度相对会慢于直接进行全内衬修复的管段。

3. 工艺原理

紫外光固化是在 20 世纪 90 年代进入市场的。目前紫外光灯链主要采用水银蒸汽灯泡，其波长一般为 200～400 nm。紫外光固化（UV 固化），是指在强紫外光线照射下，体系中的光敏物质发生化学反应产生活性碎片，引发体系中活性单体或低聚物的聚合、交联，从而使体系由液态涂层瞬间变成固态涂层。紫外光固化材料基本组分为光引发剂、低聚物、稀释剂以及其他组分。

光引发剂受光照射时从基态跃迁到激发态而产生化学分解，生成碎片（自由基、离子）。其分为自由基引发剂、紫外光引发剂、阳离子引发剂和可见光引发剂。自由基引发剂又分为均裂型（苯乙酮衍生物）和提氢型（二苯甲酮/叔胺）。

低聚物是含碳-碳不饱和双键的低分子化合物。包括环氧丙烯酸酯、丙烯酸氨基甲酸酯、聚酯丙烯酸酯、聚醚丙烯酸酯、不饱和聚酯、乙烯基树脂/丙烯酸树脂、多烯/硫醇体系。

紫外光固化树脂体系相对于热固性树脂体系具有明显的优点，固化区域定义比较明确，仅在紫外光灯泡照射区域；固化时间短，随着紫外线光源逐渐向前移动，内衬的冷却也随后连续发生，从而降低了固化收缩在内衬管内引起的内应力；紫外光固化设备上可以安装摄像头，以便实时检测内衬管固化情况；紫外光固化工艺中不用考虑排水管道端口断面高低的问题；固化工艺中不产生废水。但由于内衬管外表面紫外光接收比较少，因此固化效果也相对内表面较差。目前紫外光固化内衬管的最大厚度一般是 3～12 mm；固化的平均速度为 1 m/min。

内衬管道由内管和外管组成双层构造（三明治结构）（图 5.31），S 内衬材料弹性模量至少可达到 12 000 N/mm²，固化方法为紫外线。

紫外光固化技术是原位固化技术的一种。采用此工艺修复过程中，将渗透树脂的玻璃纤维，从检查井口通过专业人员、专用设备拉入所要修复的管道内部，封闭两端管口，在此玻璃纤维内衬管内充压缩空气，再采用紫外线车自动化控制设备进行照射（图 5.32）。严格控制下仅用 3～4 h 即可达到修复管道的目的，最终将玻璃纤维管两端封口切除，此段管道便可正常排水。

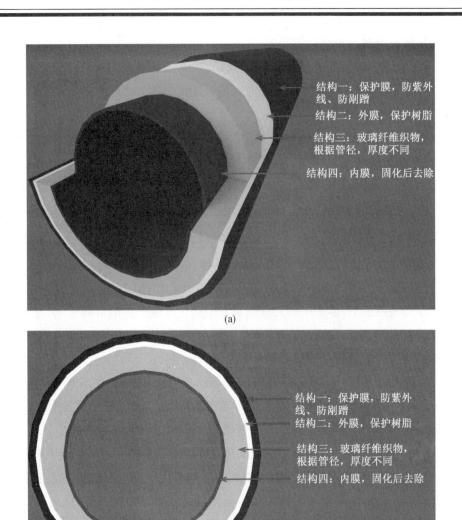

结构一：保护膜，防紫外线、防剐蹭

结构二：外膜，保护树脂

结构三：玻璃纤维织物，根据管径，厚度不同

结构四：内膜，固化后去除

(a)

结构一：保护膜，防紫外线、防剐蹭

结构二：外膜，保护树脂

结构三：玻璃纤维织物，根据管径，厚度不同

结构四：内膜，固化后去除

(b)

图 5.31　紫外光固化内衬管结构示意图

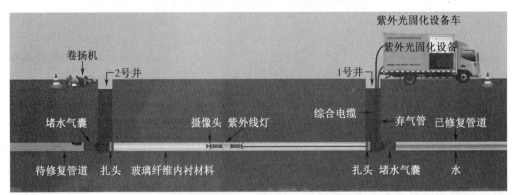

图 5.32　紫外光固化内衬修复示意图

4. 施工工艺流程

紫外光固化内衬修复流程图如图 5.33 所示。

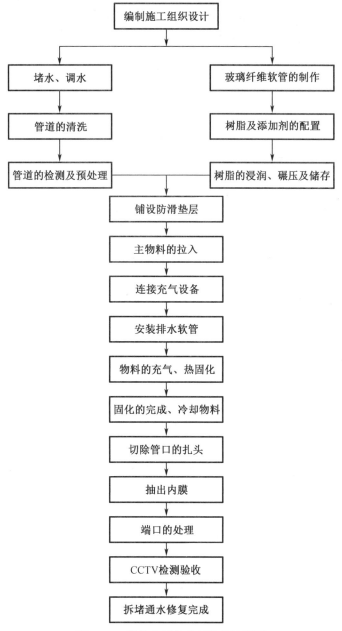

图 5.33　紫外光固化内衬修复流程图

5. 操作要求

(1) 对管道进行预处理

①排水管道原位固化法修复工程应依据管道检测评估报告进行设计和施工。

②在修复之前应对管道进行预处理，管道预处理应满足原位固化法修复要求。

③上游抽水、堵水或调水，对管道进行清洗。

④确定管外覆土的种类，分析变形内凹处原管道切割后是否会引起塌陷。

⑤管道铣刀机器人切除管内脆裂管片，利用液压扩张器和各种尺寸挤压扩头对管内侧塌陷变形位置进行复位，直至挤扩器通过。

⑥确定外壁不完整管段位置，在管壁不完整的管段衬入钢管。

⑦其中第①~②步根据原管情况确定是否进行。

（2）内衬管制做

①玻璃纤维软管制作

软管制作方法根据树脂浸胶工艺不同而不同，目前市场上主要有两种浸胶工艺：一种是通过浸胶槽进行浸胶，另一种是通过抽真空碾压的工艺进行浸胶。前者要求先将玻璃纤维布折叠包裹内膜，然后缝制成管道形状，最后通过浸胶槽浸胶，然后再将外膜及紫外光防护膜包裹在外面；后者要求先将紫外光防护膜、外膜、玻璃纤维布包裹在内膜上制成干料，然后再通过抽真空灌浆，并通过滚轴挤压使得浸胶均匀。

玻璃纤维软管制作材料要求如下。

a. 软管可由单层或多层聚酯纤维毡或同等性能的材料组成，并应与所用树脂兼容，且应能承受施工的拉力、压力和固化温度。

b. 软管的外表面应包覆层与所采用的树脂兼容的非渗透性塑料膜。

c. 多层软管各层的接缝应错开，接缝连接应牢固。

d. 软管的横向与纵向抗拉强度不得低于 5 MPa。

e. 玻璃纤维增强的纤维软管应至少包含两层夹层，软管的内表面应为聚酯毡层加苯乙烯内膜组成，外表面应为单层或多层抗苯乙烯或不透光的薄膜。

f. 软管的长度应大于待修复管道的长度，软管直径的大小应保证在固化后能与原有管道的内壁紧贴在一起。

②树脂及添加剂配置

紫外光固化树脂主要采用不饱和聚酯树脂或乙烯基树脂为基础树脂，然后通过添加光引发剂以及相关辅助材料进行配置。根据不同应用环境、浸胶工艺、软管厚度，树脂的配方有所区别。一般污水环境主要适用于不饱和聚酯树脂体系，而化学管道修复则宜用乙烯基树脂体系；根据浸胶工艺的不同应考虑增稠剂的类型及添加量；不同厚度的软管应考虑引发剂的类型及添加量。树脂配方制作过程中应满足软管的存储运输。

③储存运输

紫外光固化内衬软管应至少能够保证半年的储存期。运输过程中应遮光包装放置在定制的木箱内；天气较热时应在包装箱内防止冰块或其他制冷材料，避免运输过程中软管提前固化。

（3）管道紫外光固化修复

①拉入底膜、安装牵拉限制滑轮。拉入软管之前应在原有管道内铺设垫膜，并应固定在原有管道两端，垫膜应置于原有管道底部，且应覆盖大于 1/3 的管道周长。底膜作用是防止内衬软管在拉入旧管时与管底摩擦，保护衬管不受损害。在拉入前，应检查底膜，不得磨损或划伤湿软管，并应准备好分散拉力用的万向吊环。

②软管折叠、平整拉入原有管道。软管的拉入应符合下列规定。

a. 拉入过程中，湿软管承受的最大拉力应符合表 5.17 规定。

表 5.17　湿软管承受的最大拉力

管径/mm×壁厚/mm	最大拉力/kN
DN300×4	40
DN400×5	55
DN500×6	100
DN600×6	125
DN700×8	190
DN800×8	225
DN1 000×10	340
（DN1 200～DN1 600）×12	500
DN1 800×15	700

b. 应沿管底的底膜将湿软管平稳、缓慢地拉入原有管道，牵引速度和牵引力应根据制造商提供的数值而定；拉入内衬软管的速度宜为 6～8 m/min。

c. 拉入软管过程中，不得磨损或划伤软管。

d. 软管的轴向拉伸率不得大于 2%，软管两端应比原有管道长出 300～600 mm。

e. 软管拉入原有管道之后，宜对折放置在垫膜上。

③捆绑扎头。

④充气膨胀软管。软管的扩展应采用压缩空气，并应符合下列规定。

a. 充气装置宜安装在软管入口端，且应装有控制和显示压缩空气压力的装置。

b. 充气前应检查软管各连接处的密封性，软管末端宜安装调压阀。

c. 压缩空气压力应能使软管充分膨胀扩张紧贴原有管道内壁，压力值应咨询软管生产商。

⑤安装紫外光灯。光固化波长应与每个湿软管产品上所提供的波长一致。

⑥紫外光灯架放入软管内、牵拉至管道另端。紫外光源应根据软管的直径/壁厚规格组装紫外光灯架;紫外线光固化时,紫外光灯架应持续工作。

⑦依次打开紫外光灯、回拉灯架。

⑧固化完后卸掉扎头,回拉内膜,采用紫外光固化时应符合下列规定。

a.应根据内材管管径和壁厚合理控制紫外光灯的前进速度。

b.紫外光固化的过程中内衬管内应保持一定的空气压力,使内衬管与原有管道紧密接触。

c.树脂固化完成后,应缓慢降低管内压力至大气压。

d.拉入式原位固化法应对湿软管做拉入长度、扩展压缩空气压力、湿软管固化温度、时间和压力、紫外光灯的巡航速度、内衬管冷却温度、时间、压力等做原始记录,并提供固化前后过程的影像资料。

⑨端口切割平整、密封内衬管与原有管道间的空隙。

⑩管道修复完成后,应对内衬管端口、内衬管与支管接口或检查井接口处进行连接和密封处理。

⑪ 闭气试验或闭水试验。

(4)紫外光固化系统应具有下列功能

①固化过程的静态和动态数据瞬时采集与存储,包括控制开灯时间、固化巡航速度、长度、压力,控制软件可记录每个紫外光灯管工作发射紫外线的时间。

②固化设备每分钟自动记录温度、压力、巡航速度和距离,自动识别紫外光灯架类型、功率。

(5) 紫外光固化施工前,应开展下列工作

①应对紫外光灯架进行外观检查,并应对紫外光灯管进行清洁。

②紫外光灯管首次运行时间达到500 h后,应对紫外灯管进行功率检测,并应测量所使用的紫外光灯的辐射通量功率密度,与标准紫外光灯管进行比较测量。检测紫外光灯管应采用经过校准的测量紫外光灯管检测仪进行检查并出报告。

③紫外光灯管运行150 h后应检查一次,当所接收的辐射通量密度衰减超过30%时,应更换紫外光灯管。

④每只紫外光灯管的检测记录应包括批号、编码代号、首次使用时间、运行时间、检查日期、测量值及检测结果等内容。

(6)湿软管应采用高压风机扩展,并应符合下列规定

①应将扎头安装在湿软管端部准确位置,并应将护套、湿软管与扎头绑扎牢固。

②充气装置扎头和测压管安装在湿软管入口端,并具有控制和显示压缩空气压力的压力表。

③充气前应检查湿软管各连接处的密封性,湿软管末端宜安装调压阀。

④压缩空气压力气压应缓慢充气,应使湿软管充分膨胀扩张、紧贴原有管道内壁,压力值应根据材料手册要求设定。同时,应在扎头与原有管道口处的内衬材料端部划破一个小口,排除内部气体。

(7)采用紫外光固化应符合下列规定

①紫外灯安装应避免损伤内膜。

②紫外光固化过程中,湿软管内应保持压缩空气压力不变,使内衬管与原有管道紧密接触。

③压力应根据内衬的管径与壁厚,按湿软管内衬制造商所给出的参数表选用,压力达到参数表压力时,应保持不少于 10 min。

④应按湿软管内衬制造商提出的产品要求采用紫外光灯架型号、灯功率、数量以及固化巡航速。

⑤固化巡航时,应测量湿软管内表面上软管内衬固化时的温度。

⑥湿软管固化完成后,应缓慢降低管内压力至大气压,降压速度不应大于 0.01 MPa/min。

6. 材料与设备

紫外光原位固化法采用的原材料包括软管和树脂,原材料的物理性能、耐化学腐蚀性能和机械性能应满足内衬管的设计要求。内衬管表面应无撕裂、孔洞、切口、异物等表面缺陷,树脂体系应满足待修复污水管道的要求。

(1)紫外光原位固化法使用的软管

①软管的抗拉及柔韧性应满足施工牵引力、安装压力和树脂固化温度的要求,并能适应管道弯曲、变径等部位的修复。

②软管的横向与纵向抗拉强度不得低于 5 MPa。

③软管制作厚度应确保固化后管壁大于或等于内衬管材的设计厚度。

④软管应在厂内抽成真空状态下充分浸渍树脂,碾胶时应避免出现干斑、气泡、厚度不匀、褶皱等缺陷。

⑤软管的长度应大于待修复管道的长度,软管的直径应保证在固化后能与原有管道的内壁紧贴在一起,且不应在固化后产生影响质量的隆起或褶皱。

⑥软管应由双层或多层 ECR 玻璃纤维材料以及内外膜组成,并应与所用树脂兼容。外膜应抗紫外线且耐磨、不透光。

⑦软管的内膜应表面光滑,并且完整、无破损,具有抗渗防腐性能,可采用聚乙烯(PE)、聚丙烯(PP)、聚氨酯(PUR)、聚酰胺(PA)、聚氯乙烯(PVC)等材料。

(2)树脂

①树脂可采用不饱和聚酯树脂(UP)、环氧树脂(EP)或乙烯基酯树脂(VE)。

②树脂应具有良好的浸润性及触变性能,并应长期耐腐蚀、耐磨损。

③专用树脂浇铸体性能指标应符合表5.18的规定。

表5.18 原位固化法专用树脂浇铸体性能

纯树脂性能	不饱和聚酯树脂 (间苯)(UP)	乙烯基酯树脂 (VE)	环氧树脂 (EP)	试验方法
弯曲强度/MPa	≥90	≥100	≥100	《树脂浇铸体性能 试验方法》 (GB/T 2567—2021)
弯曲模量/MPa	≥3 000	≥3 000	≥3 000	
拉伸强度/MPa	≥60	≥80	≥80	
拉伸模量/MPa	≥3 000	≥3 000	≥3 000	
拉伸断裂延伸率/%	≥2	≥4	≥4	
热变形温度/℃	≥88	≥93	≥85	《塑料负荷变形温度的 测定》(GB/T 1634)

④树脂初始固化温度应低于60 ℃。

⑤树脂和添加剂混合后应及时进行浸渍,浸渍树脂时的温度不宜高于30 ℃。当不能及时浸渍时,树脂应冷藏,冷藏温度应低于20 ℃,冷藏时间应根据树脂本身的稳定性和固化体系来确定,不宜超过3 h。

⑥浸渍软管前,应计算树脂用量,树脂的各种成分应进行充分混合,实际用量应比理论用量多5%~15%。

⑦浸渍树脂后的软管应存储在低于20 ℃的环境中,运输过程中应全程冷藏密封运输。

⑧软管内衬上的树脂应分布均匀,没有肉眼可见的气泡和缺陷。

⑨不同树脂系统选择时应计入最终产品所需吸收的热负载、机械负载及化学负载。

(3)材料储存和保管

①湿软管材料应附有测试合格的检测报告。

②紫外光固化玻纤湿软管应按制造商建议的方式存储,并应做好保护。

③在运输、装卸和保管过程中,不得损坏湿软管材料。

(4)施工设备

①施工专用设备应根据工程特点合理选用,应有备用动力和设备,并应有现场总体布置方案。所用的湿软管、管道附件和固化设备等产品进入施工现场时,应经进场检验合格并妥善保管。

②施工专用设备系统应包括下列设备

a.卷扬机(绞盘)和用于原位拉入内衬的控制装置。

b.充气用的高压风机和软管的下料设备。

c.维护和监测压力的设备。

d.紫外光固化设备。

e.切割修整设备。

5.3.3　碎(裂)管法

1.技术特点

碎(裂)管法管道更新技术与开挖法相比具有施工速度快、效率高、造价低、对环境更加有利、对地面干扰少等优势。

与其他管道修复方法相比,碎(裂)管法的优势在于它是目前唯一能够实现扩径置换的非开挖修复施工方法,从而可以增加管道的过流能力。研究表明,碎(裂)管法非常适合更换破裂变形的管道和管壁腐蚀超过壁厚80%（外部）及60%（内部）的管道。

碎(裂)管法技术应用的局限包括如下方面。

(1)需要开挖地面进行支管连接。

(2)当原管道周围其他管线等设施安全距离不足时,容易造成周围设施的损坏。

(3)需对进行过点状修复的位置进行处理。

(4)对于严重起伏的原有管道。新管道也将会产生严重起伏现象。

(5)需要开挖起始工作坑和接收工作坑。

(6)当原管道夹角超过8°时,须分段进行置换更新。

2.适用范围

碎(裂)管法可用于高密度聚乙烯(HDPE)波纹管、混凝土管、陶土管等管道的修复,钢筋混凝土管及带钢筋的聚乙烯(PE)管应经过评估后修复。

美国路易斯安佛理工大学非开挖技术中心(TTC)在《破(裂)管法技术指南》中规定:破(裂)管法管道更新技术通常用于管道直径范围为50~1 000 mm的修复更新,理论上碎(裂)管法可施工的管道最大直径可达1 200 mm。破(裂)管法一般用于等管径管道更换或增大直径管道更换。更换的管道直径大于原有管道直径的30%的施工比较常见。扩大原有管道直径3倍的管道更换施工已经有了成功的案例,但需要适宜的地质条件和更大的回拖力,并可能出现较大的地表隆起。管道埋深不大于0.8 m时,建议不要使用该方法,如要采用该方法,应采取相应的保护措施,且需满足待修管道管顶距地面的距离应大于2~3倍管径。

3. 工艺原理

用碎(裂)管设备从内部破碎或割裂原有管道,将原有管道碎片挤入周围土体形成管孔,并同步拉入新管道的管道更新方法。

碎(裂)管法根据动力源可分为静拉碎(裂)管法和气动碎管法两种工艺。静拉碎(裂)管法是在静拉力的作用下利用胀管头破碎原有管道,或通过切割刀具切开原有管道,然后再利用膨胀头将其扩大,并同步拉入新管;气动碎管法是靠气动冲击锤产生的冲击力作用破碎原有管道,并同时带入新管道。新管的铺设方法有以下三种:①拉入长管,一般为 PVC、HDPE 管;②拉入短管,PVC、PE 管;③顶入短管,一般为陶土管、玻璃钢管、石棉水泥管或者加筋混凝土管。目前常用的是拉入连续的 HDPE 管道。

静拉碎(裂)管法如图 5.34 所示。施工过程中应根据管材材质选择不同的碎(裂)管设备。图 5.35 为一种适用于延性破坏的管道或钢筋加强的混凝土管道的碎(裂)管工具,由裂管刀具和胀管头组成,该类管道具有较高的抗拉强度或中等伸长率,很难破碎成碎片,得不到新管道所需的空间,因此需用裂管刀具沿轴向切开原有管道,然后用胀管头撑开原有管道形成新管道进入的空间。

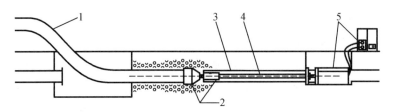

1—内衬管;2—静压碎(裂)管工具;3—原有管道;4—拉杆;5—液压碎(裂)管设备。

图 5.34 静拉碎(裂)管法示意图

1—裂管工具;2—胀管头;3—管道连接装置。

图 5.35 静拉碎(裂)管工具

气动碎管法中,碎管工具由锥形胀管头和气动锤组合,气动锤由压缩空气驱动在 180~580 次/min 的频率下工作,产生向前的冲击力。图 5.36 为气动碎管法示意图。气动锤对锥形胀管头的每一次冲击都将使管道产生些小的破碎,因此持续的冲击将破碎整个原有管道。气动碎管法一般适用于脆性管道,如混凝土管道、铸铁管道和陶土管道等。

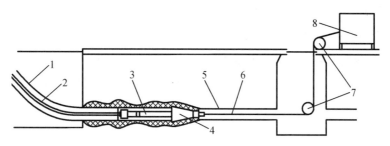

1—内衬管;2—供气管;3—气动锤;4—膨胀头;5—原有管道;

6—钢丝绳;7—滑轮;8—液压牵引设备。

图 5.36　气动碎管法示意图

4. 工艺流程

(1)静拉碎(裂)管施工工艺流程

施工准备→管道污水封堵导流→管道疏通清淤、清洗→CCTV 内窥检查→操作坑及回拖坑开挖制作→新管道焊接及试压→碎(裂)管设备安装→穿送拉杆→连接碎裂管装置及新管道→碎(裂)管置换施工→拆除施工设备→管头及支线处理→CCTV 内窥检测→检查井修补→管道密闭性试验→清理验收。

(2)气动碎管施工工艺流程

施工准备→管道污水封堵导流→管道疏通清淤、清洗→CCTV 内窥检查→操作坑及回拖坑开挖制作、新管道焊接及试压→安装牵拉设备及穿引牵拉绳→安装气动碎管装置并连接新管道→气动碎(裂)管置换施工→拆除施工设备→管头及支线处理→CCTV 内窥检测→检查井修补→管道密封性试验→清理验收。

5. 操作要点

(1)当开挖工作坑时,工作坑位置确定应符合下列规定。

①工作坑的坑位应避开地上建筑物、架空线、地下管线或其他构筑物。

②工作坑不宜设置在道路交汇口、医院入口、消防队入口处。

③工作坑宜设计在管道变径、转角、消火栓、阀门井等处。

④同一个施工段的 2 个工作坑的间距应控制在施工能力范围内。

⑤工作坑的尺寸应满足设计要求。

(2)管道的连接应符合下列规定。

①聚乙烯(PE)管采用热熔对接时,热熔对接应符合现行国家标准的有关规定。

②聚乙烯(PE)管采用机械连接时,连接处应连接紧固。

③管道连接前应对各连接方法的接头强度进行试验,试验方法及要求应符合现行国家标准《给水用聚乙烯(PE) 管道系统第 5 部分:系统适用性》(GB/T 13663.5—

2018）的有关规定。

（3）新管道在拉入过程中应符合下列规定。

①新管道应连接在碎（裂）管设备后随碎（裂）管设备一起拉入。

②新管道拉入过程中宜采用润滑剂降低新管道与土层之间的摩擦力。

③施工过程中遇牵拉力陡增时，应立即停止施工，查明原因并采取处理措施后方可继续施工。

④管道拉入后自然恢复时间不应小于 4 h。

（4）推顶（牵拉）内衬短管时，应在短管末端放置硬橡胶挡板对管口进行保护，油缸应缓慢匀速推进。

（5）当进管工作坑及出管工作坑垂直管道纵向的坑壁不能提供足够反力时，应对坑壁新管道周围土体进行加固处理，加固长度不应小于 2 m。在进管工作坑及出管工作坑中应对新管道与土体之间的环状间隙进行密封，密封长度不应小于 200 mm。

（6）应做好碎（裂）管法施工的牵拉力、速度、内衬管长度和拉伸率、贯通后静置时间等的记录和检验。

（7）静拉碎（裂）管法施工操作要点

①采用静拉碎（裂）管法同径置换施工时，待更新管道与周围其他管道和设施的安全距离不小于 300 m，实施扩径置换时安全距离不小于 600 mm。同时须大于 2~3 倍原管道直径。当安全距离不足时须局部开挖释放土层应力，并对管道实施保护加固。

②在利用静拉碎（裂）管法对排水管道更新时，更新段中间的检查井无须整体拆除，但需从检查井内对原管道外围结构和溜槽进行破除，否则，有可能会破坏原有检查井或造成管道局部高程起伏。

③静拉碎（裂）管法置换更新施工时，新管材多为 HDPE 管，管道热熔连接须确保接口质量，并要对焊口外卷边进行剔除，以减少回拖阻力。

④在碎（裂）管机安装时，须保证拉杆处于原管道中心位置，且保证拉杆与原管道轴线夹角不应大于 2°。

⑤ 在碎（裂）管机前端须制作可靠的靠背墙，靠背墙与拉杆呈 90°垂直，偏差不应大于 2°，靠背墙的结构及尺寸须依据管道置换中最大的回拖力设计，确保施工时不发生位移或破损。

⑥碎（裂）管施工时，须确保各装置连接正确可靠，否则，拉力链节点容易脱开，导致置换施工失败。关键连接节点为：新管道与胀管头之间连接、胀管头与割裂刀之间的连接、割裂刀与拉杆之间的连接、拉杆与拉杆之间的连接等。

⑦当管道周围为坚硬土质或砂卵砾石地质条件时，一般情况下无法实施扩径置换，但同径置换往往可以实施。

⑧利用静拉碎（裂）管法置换更新 HDPE 双壁波纹排水管，若原管道周围为淤泥、流

沙等松软地质条件时,由于受管道周围土体附着力不足的因素影响,往往会出现原管道在裂管刀前端堆积无法割裂,从而造成裂管失败。因此,在设计阶段选择该工艺须提前进行试验段施工。

⑨管道拉入过程中通常要采用注浆润滑措施,其目的是降低新管道与土层之间的摩擦力。应参考地层条件和原有管道周围的环境,来确定润滑泥浆的混合成分、掺加比例以及混合步骤。一般来说,膨润土润滑剂用于粗粒土层(砂层和砾石层),膨润土和聚合物的混合润滑剂可用于细粒土层与黏土层。

⑩拉入过程中应时刻监测拉力的变化情况,为了保障施工过程中的安全,当拉力突然陡增时,应立即停止施工,查明原因后才可继续施工。

⑪在排水管道置换施工中,新管道拉入就位后,在新管道进检查井及出检查井位置,应对新管道与土体之间的环状间隙进行密封、防水处理,密封长度不应小于200 mm,确保新管道与检查井壁恰当连接。按原检查井设计恢复溜槽等井内附属设施。

⑫静拉碎(裂)管法无法实现钢带增强型 HDPE 波纹管、预应力混凝土管和钢筋缠绕混凝土圆管的置换施工。

⑬当碎(裂)管设备包含裂管刀具时,应从原有管道底部切开,切刀的位置应处于与竖直方向呈30°夹角的范围内。

(8)气动碎管法施工操作要点

①采用气动碎管法进行管道更新施工时,应符合下列规定。

a. 采用气动碎管法时,碎裂管设备与周围其他管道的距离不应小于0.8 m,并不应小于原有管道的直径,与周围其他建筑设施的距离不应小于2.5 m,现场条件不能满足时应采取保护措施。

b. 气动碎管工具应与钢丝绳或拉杆连接。碎管过程中,应通过钢丝绳或拉杆对碎管头施加一个恒定的拉力。

c. 在碎管工具到达出管工作坑之前,施工不宜终止。

②在利用气动碎管法对排水管道更新时,更新段中间的检查井无须整体拆除,但需从检查井内对原管道外围结构和溜槽进行破除,否则,有可能会破坏原有检查井或造成管道局部高程起伏。

③气动碎管法置换施工时,新管材多为 HDPE 管,管道热熔连接须确保接口质量,并要对焊口外卷边进行剔除,以减小回拖阻力。

④新管道与气动锤和胀管头连接须牢靠,且在每个螺栓连接点处加缓冲套,避免置换过程中因气动锤的冲击力造成管道头撕裂脱开。

⑤气动碎管施工时,须确保各装罚连接正确可靠,否则,脱开容易拉力链节点,导致置换施工失败。关键连接节点为:新管道与碎管头之间连接,卷扬机钢丝绳与碎管装置之间的连接,气动锤与压缩机送气管之间的连接等。

⑥管道拉入过程中通常要采用注浆润滑措施,其目的是降低新管道与土层之间的摩擦力。应参考地层条件和原有管道周围的环境,来确定润滑泥浆的混合成分、掺加比例以及混合步骤。一般来说,膨润土润滑剂用于粗粒土层(砂层和砾石层),膨润土和聚合物的混合润滑剂可用于细粒土层与黏土层。

⑦在排水管道置换施工中,新管道拉入就位后,在新管道进检查井及出检查井位置,应对新管道与土体之间的环状间隙进行密封、防水处理,密封长度不应小于200 mm,确保新管道与检查井壁恰当连接。并按原检查井设计恢复溜槽等井内附属设施。

6. 材料与设备

(1)采用拉入法置入时,管材可选聚乙烯(PE)、聚氯乙烯(PVC);采用顶推法置入时,管材可选用陶瓷管、玻璃钢管、钢筋混凝土管等。

(2)碎(裂)管法所用聚乙烯(PE)管材应符合下列规定。

①管材应选用 PE80 或 PE100 及改性材料。

②管材规格尺寸应满足设计要求,尺寸公差应符合现行国家标准的有关规定,见表 5.19。

表 5.19　内衬 PE 管材力学性能要求

检查项目	单位	MDPE PE80 及其改性材料	HDPE PE80 及其改性材料	HDPE PE100 及其改性材料	试验方法
屈服强度	MPa	>18	>20	>22	《热塑性塑料管材 拉伸性能测定第 3 部分:聚烯烃管材》(GB/T 8804.3—2003)
断裂拉伸率	%	≥350	≥350	≥350	《热塑性塑料管材 拉伸性能测定第 3 部分:聚烯烃管材》(GB/T 8804.3—2003)
弯曲模量	MPa	>600	>800	>900	《塑料弯曲性能的测定》(GB/T 9341—2008)
耐慢速裂纹增长 (SDR11,e_n≥5 mm)	h	≥8760	≥8760	≥8760	《流体输送用聚烯烃管材耐裂纹扩展的测定慢速裂纹增长的试验方法(切口试验)》(GB/T 18476)—2019)

（3）内衬管的接口应采用焊接、机械连接等传力形式。

（4）当采用牵拉施工时，管材接口抗拉强度不应小于管材本身的抗拉强度；当采用顶推施工时，管材接口的抗压强度不应小于管材本身的抗压强度。

（5）内衬管承载性能不应低于原有管道，能满足承受施工过程荷载和运行过程中承受内、外部荷载的要求。

（6）施工设备

施工设备见表5.20。

表 5.20　施工机械设备配置计划表

序号	设备名称	规格,型号	数量	备注
1	管道 QV 检测仪	X1-H	1 台	管道初检
2	CCTV 检测系统	X5-HS	1 台	管道检测
3	水准仪	DSZ-1	1 台	测量管道高程
4	经纬仪	FDTL2CL	1 台	测量管线夹角
5	高压清洗车	56/min、YBK2-112M-4	1 台	清洗、清淤
6	吸污车	5 300 L/min WZJ5070GXWE5	1 台	清淤
7	渣浆泵/潜水泵	100SQJ2-10,2m³/h	若干	调水
8	反铲挖掘机	210 型	1 台	工作坑、回拖坑开挖
9	汽车吊	25 t	1 辆	设备安装拆除
10	渣土运输车	16~20 m³	1 辆	施工余土弃置
11	碎(裂)管机	TT800G/TT1250G/TT2500G	1 套	静拉碎裂管施工
12	卷扬机	5t	1 套	气动碎管施工
13	气动锤	TT800/TT270/TT350/TT450 /TT600	1 套	气动碎管施工
14	管道热熔机	ABBD300-600	1 台	新管道连接
15	轴流风机	1.5 kW,1 124 m³/h	2 台	管道通风换气
16	发电机	TQ-50-2	2 台	施工临时供电
17	"四合一"气体检测仪	Lumidoi mini max X4	2 台	有害气体检测
18	风镐	B-10	1 套	拆除检查井内设施
19	导流管	φ160 mm/φ160 mm/φ200 mm	若干	调水
	封堵气囊	多种规格	若干	主管、支管封堵

5.3.4　高分子材料喷涂法

1. 技术特点

（1）对于各种形状的结构体，不论是平面、立面还是顶面，不论是圆形、球形还是其他不规则形状的复杂物体，都可以直接实施喷涂加工，不需昂贵的模具制造费用。

（2）喷涂修复后，喷涂材料和原结构体形成一个结构整体，无接缝。

（3）生产效率高，尤其适用于大面积、异形物体的处理，成型速度快，生产效率高。

（4）黏结能力强，能在混凝土、砖石、木材、钢材等表面黏结牢固。

（5）密封性能优越，无空腔、无接缝，将建筑外围护结构完全包裹，有效地阻止了风和潮气通过缝隙流动进出管道，实现完全密封，在密封要求高的工况下，喷涂表面可以通过电火花方法检测肉眼无法观察到的针孔，从而实现 100% 的密封。

（6）强度高，在需要结构性修复的情况下，选用抗弯模量超过 5 000 MPa 的产品，可以满足全结构修复的强度要求；在柔韧性要求较高的工况下（如管道接口的修复），可选用延展率较大的产品（延展率可超过 100%）。

（7）抗化学腐蚀性能好，高分子材料的抗腐蚀性能远高于其他金属类和水泥类管材，材料的抗化学腐蚀性适用于常规污水环境。

（8）产品可用于供水，通过国家卫健委和国际饮用水卫生标准鉴定。

（9）修复方式灵活，可用于整体修复，也可用于局部修复和点修复。

（10）抗风性能：抗压强度大于 300 kPa，抗拉强度大于 400 kPa，有很强的抗风性，且其发泡可钻入墙体缝隙，增加其抗剪性能。

（11）采用 CCTV 检测对管道喷涂修复施工过程进行全程监控，既能及时发现管道病害点，又保证施工人员安全。

2. 适用范围

（1）适用于管材为钢筋混凝土管、砖砌管、陶土管、铸铁管、钢管的情况，各类断面形式混凝土、钢筋混凝土、砖砌等排水管（渠）与金属管道和无机材料检查井的修复。

（2）适用于局部修复和点修复。

（3）适用于直径大于 80 mm 的管道，高和宽都大于 80 mm 的渠箱，特别是受交通条件及周边管网等复杂因素影响，采用开挖方法无法实现目标的工程。

3. 工艺原理

采用专用设备将材料加热，在加热的同时给材料加压，用高速气流将其雾化并喷到管道表面，形成覆盖层，以提高管道抗压、耐蚀、耐磨等性能的新兴非开挖修复工程技术。

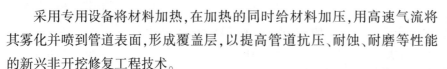

由催化剂组分(简称 A 组分)与树脂组分(简称 B 组分)反应生成的一种弹性/刚性体材料。

通过喷涂设备将 A 料和 B 料加温加压,通过专用软管连接到喷枪,在喷出前一刹那 A 料和 B 料形成涡流混合,A 料和 B 料在混合后即喷涂在基体表面,发生快速的化学反应。固化的同时产生大量的热量。化学反应中产生的热量将大大提高喷涂材料和基体的黏结程度。

整个聚氨酯喷涂系统包括主机、喷涂枪、加热管路、提料泵以及各部件之间的连接管、备用零件、相关工具、空气压缩机,如图 5.37 所示。

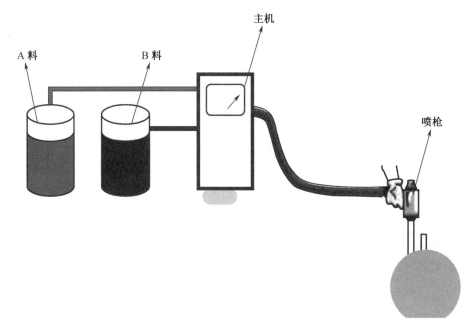

图 5.37　工艺原理图

4. 施工工艺流程

病害管道进行预处理修复施工完毕后,即可开始进行管道喷涂修复施工。本施工工艺流程如图 5.38 所示

5. 操作要点

(1)管道预处理应符合下列规定。

①混凝土、砖石结构管道宜采用高压水射流进行清洗,清洗后的基体表面应坚实、无松散附着物;金属结构宜采用超高压溶剂水射流或喷砂处理,处理后的金属表面应无锈蚀,表面粗糙度应达到 0.05 mm。

②表面处理后暴露出的凹陷、孔洞和裂缝等缺陷,应采用环氧树脂砂浆等嵌缝材料填平,嵌缝材料固化后应打磨平整。

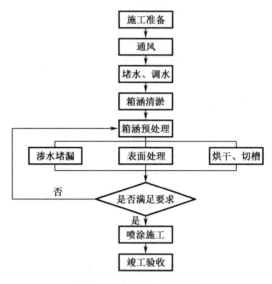

图 5.38 施工工艺流程

③基体应无渗水,喷涂前应进行干燥处理,宜测量基体的干燥度/含水率,基体的干燥度应满足喷涂材料产品使用说明要求。

④在正式喷涂作业前,应采取防止灰尘、溶剂、杂物等污染的保护措施。

(2)采用加热循环泵对 A 和 B 聚氨酯喷涂材料预热 4 h。喷涂作业前应充分搅拌 B 料。严禁现场随意向 A 料和 B 料中添加任何物质。严禁混淆 A 料和 B 料的进料系统。

(3)材料预热结束后,将材料通过专用导管连接至喷涂设备,待设备 A、B 材料对应的温度仪表分别达到 36 ℃和 71 ℃时、压力表达到 1 150 Pa 后,稳定 30 min 进行预喷涂试验。

(4)喷涂应采用专用设备。喷涂作业前,应在施工现场先喷涂一块 200 mm×400 mm、厚度不小于 3 mm 的样片,并由施工技术主管人员进行外观质量评价并留样备查。当涂层外观质量达到要求后,方可确定工艺参数并开始喷涂作业。

(5)现场喷涂试验结束后,待喷涂成型的材料冷却后,检查其喷涂的厚度、色泽、光滑度和力学强度是否满足要求。若不满足要求,表明材料的预热时间或喷涂设备的参数设置不满足设计要求,应进行检查核对,并再次进行喷涂试验;若满足要求,则由工人将喷涂管转移至待修复管道中。

(6)在喷涂操作开始时,采取快速扫枪动作,间隔时间以表干时间为准(简单方法为触觉感受),不定有固定的间隔时间。经过多次类似喷涂后,直到见不到基底。快速扫枪的目的是避免基底可能滞留的极少水分或其他杂质与产品发生反应,避免发生起泡、针孔等不良结果,特别是在没有明确清楚底材是否完全干燥时。

（7）平面喷涂,喷枪宜垂直于基层,距离基层宜为 600 mm,喷枪工作时匀速移动。喷涂开始时一定要采取扫枪方法,避免不良效果出现。然后按照先细部后整体的顺序连续作业,一次多遍、交叉喷涂至设计要求的厚度。

（8）阴角处理,在遇到角落处喷涂的情况下,采取甩小臂/腕喷涂,从角的一段实施到另一段。并以扫枪方式结束。

（9）正常情况下,产品的重涂时间在 15 min 内,并且不会出现断层现象。但当超过重涂时间、需要二次喷涂时,打磨并清理待喷面,并应用专用层间处理剂,采取措施防止灰尘、溶剂、杂物等的污染直到烘干,继续喷涂。两次喷涂作业面之间的搭接宽度不小于 150 mm。两次喷涂时间间隔宜小于材料产品使用说明规定的复涂时间,超过间隔时间时,再次喷涂作业前,应在已有涂层的表面做层间处理。

（10）喷涂施工完成并经检验合格后,如有特殊要求,可对表面施作保护层。例如抗紫外线能力,可在涂层表涂抹面漆。喷涂后 2 s 开始固化,2 min 达到不脱落状态,4~6 h 完全固化,应用后 30 min 可通水施工。

（11）每个作业班次做好现场施工工艺记录,施工工艺记录包括下列内容。

①施工的时间、地点和工程项目名称。

②环境温度、湿度、露点。

③打开包装时 A 料、B 料的状态。

④喷涂作业时 A 料、B 料的温度和压力。

⑤材料及施工的异常状况。

⑥施工完成的面积。

⑦各项材料的用量。

6. 喷涂材料与设备

（1）喷涂材料的标志、包装、运输和储存应符合下列规定。

①包装容器应密封,容器表面应标明材料名称、生产厂名、质量、生产编号。

②喷涂材料应按生产厂商要求或推荐的温度进行运输和分类存放,存放环境应干燥、通风,应避免日晒,并应远离火源。

（2）排水管道修复用喷涂材料不得对排水水质造成二次污染,施工中产生的排放物不得对下游污水处理设施和工艺产生有害影响。

（3）高分子喷涂材料的施工性能应符合表 5.21 规定,黏结性能应符合表 5.22 的规定。

表 5.21 高分子喷涂材料的施工性能

检测项目	单位	性能要求	测试方法
流挂性能	min	≤1	现行国家标准《色漆和清漆 抗硫挂性评定》（GB/T 9264—2012）
表干时间	min	≤3	现行国家标准《漆膜、腻子膜干燥时间测定法》（GB/T 1728—2020）
硬干时间(可进行CCTV 检测时间)	min	≤10	
喷涂后可通水时间	min	≥60	—

表 5.22 高分子喷涂材料的黏结性能

检测项目	单位	性能要求	测试方法
混凝土基体	MPa	>1,或试验时基体破坏	现行国家标准《色漆和清漆 拉开法附着力试验》(GB/T 5210—2006)
金属基体	MPa	>1	

（4）高分子材料喷涂固化后的短期力学性能应符合表 5.23 的规定。

表 5.23 高分子材料喷涂固化后的短期力学性能

检测项目	单位	性能要求	测试方法
弯曲强度	MPa	>90	现行国家标准《塑料 弯曲性能的测定》（GB/T 9341—2008）
弯曲模量	MPa	>2 000	
抗拉强度	MPa	>30	现行国家标准《塑料 拉伸性能的测定 第 2 部分：模塑和挤塑塑料的试验条件》(GB/T 1040.2—2006)

（5）设备

主要施工设备见表 5.24。

表 5.24 主要施工设备表

序号	设备名称	规格、型号	数量(台)	备注
1	电视检测系统	SINGA	1	管道检测
2	泥浆泵	56 L/min，YBK2-112M-2	2	清淤
3	潜水泵	100SQJ2-10，2 m³/h	2	调水

表 5. 24(续)

序号	设备名称	规格、型号	数量(台)	备注
4	鼓风机	T35-1124 m³/h	2	管道通风
5	发电机	TQ-25-2	1	设备供电
6	喷涂机	—	1	管道喷涂
7	热风机	HAM-G3A-11	1	管道烘干
8	注浆机	C-999	1	渗水堵漏、土体加固
9	提升机	TI. 10	1	运输污泥和设备

5. 3. 5　水泥基材料喷涂法

1. 技术特点

(1)永久性、全结构性修复,适用管径为 0. 7~4. 0 m。

(2)CCCP 技术是在 30 年的 CCM 技术经验积累基础上发明的,成熟、可靠。

(3)全自动旋转离心浇筑,内衬均匀、致密。

(4)内衬浆料与结构表面紧密黏合,对结构上的缺陷、孔洞、裂缝等具有填充和修复作用,充分发挥了原有结构的强度。

(5)一次性修复距离长、中间无接缝,不受管道弯曲段制约;内衬层厚度可根据需要灵活选择。

(6)全结构性修复,材料可选方案多,最大限度节约工程成本。

(7)对于超大断面管涵,可在喷内衬之前加筋(钢筋网、纤维网等),增加整体结构强度。

(8)修复结构防水。防腐蚀、不减少过流能力,设计使用寿命可达到 50 年。

(9)设备体积小,专用设备少,一次性投资成本低。

2. 适用范围

对破损的混凝土、金属、砖砌、石砌及陶土类排水管道进行防渗防水、结构性修复或防腐处理。

3. 工艺原理

CCCP 技术修复时,将配制好的膏状修复浆料泵送到位于管道中轴线上由压缩空气驱动的高速旋转喷头上,材料在高速旋转离心力的作用下均匀甩向管道内壁,同时旋转浇筑设备在牵引绞车的带动下沿管道中轴线缓慢行驶,使修复材料在管壁形成连续致密的内衬层。当 1 个回次的浇筑完成后,可以适时地进行第 2 次、第 3 次浇筑……直到浇筑形成的内衬层达到设计厚度。

4. 施工工艺流程

CCCP 内村施工工艺流程如图 5.39 所示。为保证内衬层与既有管道的良好精合，首先应对管道进行常规高压清洗，使管内不得有脏污残留。为将管壁疏松的铁锈冲洗下来，在清洗完泥沙等杂物后，采用高压旋转清洗器对管壁进行更彻底的清洗，如果管道锈蚀严重或有残留的防腐层，通过喷砂方式进行管壁除锈。然后再进行一次高压清洗；清洗完后，采用 CCTV 对管段进行检查，确认管道内壁干净后，采用海绵球对管道进行 1~2 回次的擦拭，将管道及管壁上的明显水珠及管底积水吸走，然后进行 CCCP 内衬施工。

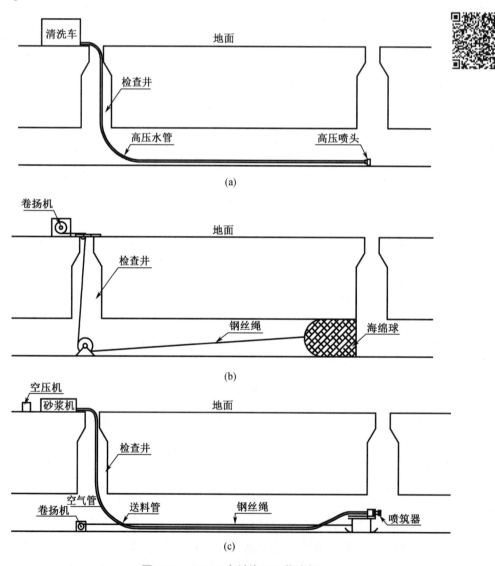

图 5.39　CCCP 内衬施工工艺流程

5. 材料与设备

（1）CCCP 修复材料及性能

CCCP 管用 PL-8000 材料应具备高强度、刮抹性好、耐磨及耐腐蚀性好等性能，由改性水泥、添加剂（含防锈剂）在工厂混配制成。将该灰浆材料与一定量水充分搅拌后形成一种适宜浇筑或可泵入不小于 6 mm 空间的膏状材料。

在配制时，水的加量根据施工方法的不同在流塑和可塑范围内进行。除了良好的可施工性，灰浆即使在潮湿的表面上也有很强的黏附力，不会出现流挂现象；该材料适用于在土体、金属、木材、塑料或其他常见建筑材料的表面上使用。PL-8000 的性能参数见表 5.25。

表 5.25　PL-8000 的性能参数

初凝时间/终凝时间	约 150 min/约 240 min
抗压强度 ASTMC- 109	
24 h/28 d	20.7 MPa/55.2 MPa
抗弯强度 ASTM C-293	
24 h/28 d	4.1 MPa/7.4 MPa
28 d 斜向剪切强度 ASTM C-882	14.5 MPa
抗拉强度 ASTM C-496	4.7 MPa
抗冻融性	300 次循环无破坏迹象
28 d 弹性模量 ASTM C-469	2.46×10^4 MPa

注：上述参数是按美国测试和材料学会（ASTM）标准测得的，由于国内外检测方式上的差异，实际数值可能会有所不同。

（2）管道离心浇筑修复需准备的设备和机具

表 5.26 列出了实施 CCCP 内衬修复所需要用的基本设备和机具。在一些特殊的工程中，可能还需要根据现场情况增加额外的设备和机具。

表 5.26　CCCP 施工设备机具一览表

序	设备名	数量
1	离心浇筑器	1
2	喷筑器机架	1
3	砂浆泵	1

表 5.26（续）

序	设备名	数量
4	立式搅拌机	1
5	液压卷扬	1
6	输送料管	160 m
7	空气管	160 m
8	井底导绳架	1
9	井口导绳架	1
10	空压机	1
11	水箱	1
12	泡沫清管球	1~2
13	叉车	1
14	高压清洗机	1
15	抹子	1~2
16	对讲机	3~5
17	高压清洗车	1
18	综合工具车	1
19	喷砂机	1

注：现场需准备熟石灰粉用于料管的润滑减阻。

除了上述设备机具外，在施工现场还需要有足够的施工作业区，包括材料堆放区域。同时要确保材料输送胶管、供气管以及卷扬钢丝长度满足待喷筑修复管道的长度要求。现场水箱是用于储存配置灰浆用的水，对讲机能使地面操作人员和管内照看离心浇筑器的人员能够及时沟通。料管清扫枪是专门清洗料管配备的工具，将它连接到空压机上并通过快速接头与料管连接，清扫枪上设有球阀，在需要对料管进行清洁时，打开球阀，使高压空气从料管进入，用高压空气将残留在料管内的浆料冲出。

5.3.6 热塑成型法

1. 技术特点

（1）热塑成型管道修复技术的最大特点是高度的工厂预制生产。和传统通过开挖方式埋设的管道相似，衬管的各项性能，包括材料力学参数、化学抗腐蚀参数、管壁厚度等都是由严格控制工厂流水线决定的。现场安装只是通过热量和压力对生产出的管材进行形状上的改变(使其紧贴于待修管道的内壁),而不造成任何材料形态变化,不改变管衬的力学参数,从而大大提高非开挖管道修复的工程质量。

(2)热塑成型法可用于 DN100~DN1200 排水管道的修复。

(3)现场安装设备简单,速度快,现场技术要求低。

(4)现场安装之前可以进行产品质量检测,杜绝不合格产品的应用。

(5)如现场安装过程中出现问题或安装后检测发现质量问题,衬管可以通过非开挖的方式抽出,大大降低工程风险和成本。

(6)衬管的维护和保养与传统高分子材料管材基本一致。

(7)衬管安装面可常温长时间储存,储存成本低。

(8)修复后井与井之间没有管道接口。

(9)管材可保证 100% 不透水。

(10)强度高,在需要变结构性修复的情况下,可以满足全结构修复的强度要求。

(11)管道的韧性好,抗冲击性能卓越。

(12)抗化学腐蚀性能好,高分子材料的抗腐蚀性能运高于其他金属类和水泥类管材,材料的抗化学腐蚀性适用于常规污水环境。

(13)部分产品可用于饮用水。

(14)产品的安装过程中不产生任何污染物,属于绿色施工。

2. 适用范围

(1)母管管材不限,可应用于任何材质的管道修复。

(2)部分产品可适用于饮用水修复。

(3)可应用于管道管径有变化的管道修复。

(4)可应用于管道接口错位较大的管道修复。

(5)可应用于有 45° 和 90° 弯的管道修复。

(6)可应用于接入点难以接近的管道修复。

(7)可应用于动荷载较大、地质活动比较活跃的地区的管道修复。

(8)可应用交通拥挤地段的管道修复。

3. 工艺原理

高分子材料热塑成型技术自问世起,被广泛地应用于各个领域。热塑成型技术可以用于存在严重缺陷的管道修复,如管道上部塌陷,下部隆起(管道通流面积不小于原管道 50% 的管道修复)。热塑成型修复工艺是一种采用牵拉方法将生产压制成"C"型或"U"型等形状的内衬管置入原有管道内,然后通过静置、加热、加压等方法将衬管与原有管道紧密贴合的管道内衬修复技术。衬管的强度高,可达到单独承受地下管道所有的外部荷载,包括静水压力、土压力和交通荷载。有些产品可以应用于低压压力管道的全结构修复。由于管道的密闭性能卓越,在高压管道的母管强度没有严重破坏的情况下,可以用于高压压力管道的修复。热塑成型修复示意图如图 5.40 所示。

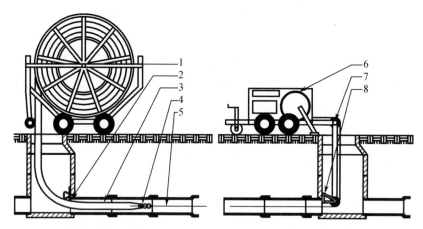

1—盘拖车/架子;2—导滑件;3—内衬管(折叠);4—牵拉头;

5—牵引绳;6—绞车/牵引单元;7—导轮;8—支撑。

图 5.40　热塑成型修复示意图

4. 施工流程

病害管道进行预处理修复施工完成后,即可开始进行热塑成型修复施工。现场施工步骤要点如下。

(1)管道清洗。

(2)衬管现场预热。

(3)衬管拖入待修管道。

(4)衬管加热加压,保证衬管紧贴于待修管道内壁。

(5)快速冷却。

(6)切去多余衬管,检测修复效果。

5. 操作要点

(1)施工准备

①收集以下资料。

a. 收集检测范围内道路管线竣工图及相关技术资料,应将管线范围内的泵站,污水处理厂等附属构筑物标注在图纸上。

b. 收集检测范围内其他相关管线的图纸资料。

c. 收集检测范围内污水管理部门、泵/厂站负责人及值班人员的联系方式,并制成表格以便联络。

d.收集检测范周内道路排水管迫检测或修复的历史资料,如检测评估报告或修复施工竣工报告。

e.收集待检测管道区域内的工程地质、水位地质资料。

f.收集评估所需的其他相关资料。

g.收集当地道路占用施工的法律法规。

h.将收集到的资料整理成册,并编制目录。

②根据管线图纸核对检查井位置、编号、管道理深、管径、管材等资料,对于检查井编号与图纸不一致或混乱的应重新编号,并用红笔标注在图纸上。

③查看待检测管道区域内的地物、地貌、交通状况等周边环境条件,并对每个检查井现场拍摄照片。

④根据检测方案和工作计划配置相应的技术人员、设备、资金,整理施工设备合格证报监理审批。

⑤施工前项目部进行书面技术交底,明确各小组的任务,检测视频质量要求,施工质量控制过程程序、相关技术资料的填写和整理要求,各技术人员应在书面交底记录上签字。

⑥施工前进行书面安全交底,明确各环节安全保障措施及相关安全控制指标,责任到人,各技术人员应在书面交底记录上签字。

⑦施工班组长填写《下井作业申请表》,并报项目部审批。

⑧各组施工人员对配置的设备进行试运行,确保设备能正常运行。

⑨人员进场后应立即摆放围挡,围挡采用路锥及警示杆。

⑩将所用工具依次卸下,并整齐摆放在指定位置。

(2)通风

①在清洗过程中,如需人员井下作业,井下气体浓度应满足《城镇排水管道维护安全技术规程》中的规定。

②井下作业前,应开启作业井盖和其上、下游井盖进行自然通风,且通风不应小于30 min。

(3)堵水、调水

①管道避开雨天进行施工。

②如待修复管道内过水量很小,修复期间可在上游采用堵水气囊或砂袋进行临时封堵,以防止上游来水流入待修复管道。

③由于采用热塑成型法修复管道速度快,一般一段修复需要时间为3 h之内,在流量较小的时候(如夜间),通常不需要导流。安装过程中并不需要完全断流,这样也大大降低了需要导流的概率。

④当上游来水量相对较大时,则需要通过水泵进行导流。

（4）清洗

①待修管道主要是通过高压水进行冲洗，根据管道本身的结构情况和淤积情况来调节清洗压力。

②清洗通常需要高压冲洗设备自动完成。

③清洗后的管道要求可以保证衬管顺利通过。

（5）衬管的运输、储藏和现场预加热

热塑成型法管道衬管在工厂生产后，缠绕在木质或钢质的轮盘之上，根据管径的不同，一段可为几十米，甚至上百米。其卷盘方式与通常电缆的卷盘方式类似。

卷盘后的热塑成型法衬管的一个优点是为运输提供了极大的便利，一辆卡车可以运送数公里的衬管到工程现场，在运输过程中，衬管无须进行任何遮盖或低温保存等特殊处理。

衬管可以在常温下长时间储存，短时间可以露天储存，如需要长期储存，建议室内储存，或者用篷布遮盖，以避免长期日光照射。在单端管道的修复施工中，与其相应的单个轮盘运到工程现场。工程当天，在对待修管道进行清洗的同时，开始对在轮盘上的管道衬管进行预加热，通常可以将管轮盘放入预制的蒸箱或是用塑料布覆盖。

根据所需预加热的衬管的长度和管径，预加热时间般需 $1 \sim 2$ h。当衬管触摸柔软后即可准备拖入待修管道。

（6）衬管的拖入

当待修管道的清洗和预处理结束，且衬管的预加热结束之后，可以开始向管道内拖入衬管，衬管在生产过程后的形状为扁形、C 形或是工字形，其目的是减小衬管的横截面积，从而使拖入待修管道成为可能。

在拖入过程中，下游的卷扬机通过铁链和上游卷盘上的衬管连接，上、下游的施工人员通过步话机联系相互配合，保证将衬管顺利拖入待修管道之中。

（7）衬管的成型

当村管完全拖入后，在上游用水蒸气继续对衬管加热，在衬管再次加热并软化后，用专用管塞在上游和下游分别将衬管的两头塞住。

管塞的中部有可通过气体的通道。在管道的上游通过管塞中间的通道向管道内吹水蒸气，管道下游的管塞中接阀门、温度和压力仪表。下游的阀门根据温度和压力的情况逐渐关小，衬管内部的水蒸气压力将衬管"吹起"。衬管首先将恢复到生产时变形前的圆形，然后在水蒸气的压力下继续膨胀，直至紧贴于待修管道的内壁。

在成型过程中，下游的温度一般不会超过 95 ℃，而压力则由管道的长度和管道的直径决定，一般不会超过 0.15 MPa。在管道的上游也观察到衬管紧贴于待修管道后，则可以停止输入水蒸气。

（8）成型后的冷却和端口处理

热塑成型法管道被"吹起"紧贴于管道内壁之后，在保持压力的情况下，通过管塞的气体通道向衬管内部输入冷空气冷却衬管。当下游的温度表显示出通流气体温度降到 30 ℃之下时可以释放压力，将两端多余的衬管切掉，安装结束。

衬管一般伸出待修管道大于 10 cm，其伸出部分呈喇叭状。如有必要，衬管末端可翻边至原管道的端口，这样的端口处理可以有助于压力管道的接口密封处理。

6. 材料

衬管材料应以高分子热塑聚合物树脂为主，加入改性添加剂时，添加剂应分布均匀。衬管内外表面应光滑、平整，无裂口、凹陷和其他影响衬管性能的表面缺陷。衬管中不应含有可见杂质。衬管长度不应有负偏差。衬管用于非变径管道的修复时，出厂时的截面周长应为原有管道周长的 80%～90%。

热塑成型前，管壁厚度应符合设计文件的规定，厚度检测应符合现行国家标准《塑料管道系统塑料部件尺寸的测定》(GB/T 8806—2008)的有关规定。衬管安装前的平均厚度不应小于出厂值。热塑成型衬管的力学性能应符合表 5.27 的规定。

表 5.27　热塑成型衬管的力学性能

检测项目	单位	指标	测试方法
断裂伸长率	%	≥25	现行国家标准《热塑性塑料管材拉伸性能测定　第 2 部分：硬聚氯乙烯(PVC-U)、氯化聚氯乙烯(PVC-C)和高抗冲聚氯乙烯(PVC-HI)管材》(GB/T 8804.2—2003)
拉伸强度	MPa	≥30	
弯曲模量	MPa	≥1 600	现行国家标准《塑料　弯曲性能的测定》(GB/T 9341—2008)
弯曲强度	MPa	≥40	

热塑成型衬管材料的耐化学腐蚀性检验应按相关规定执行。

7. 工艺要求

（1）衬管的运输、存储应符合下列规定。

①热塑成型法衬管在工厂生产后，应缠绕在木质或钢质的轮盘之上，运输时应整盘放在运输车上。

②衬管的现场储存宜在常温下存储，短时间可露天存储，如需长期存储，应在室内存储，或用篷布遮盖。

（2）衬管的预加热及拖入应符合下列规定。

①衬管运到现场后，应在对待修管道进行清洗的同时开始对衬管进行预加热，预加

热时应将衬管放入预制的蒸箱或用塑料篷布覆盖。

②衬管预加热的时间宜为 1~3 h,衬管软化后方可拖入待修管道。

③衬管拖入前应检测卷扬机的绳索处于完好状态。

④卷扬机绳索与卷盘上的衬管应连接牢固。

⑤衬管拖入过程中,上下游的施工人员可通过步话机联系,相互配合。

⑥衬管拖入应在衬管软化状态时完成,若衬管在拖入中途已冷却变硬,则应重新加热后再实施拖入。

(3)衬管的加热复原应符合下列规定。

①衬管拖入完成后,对衬管两端露出待修复管道端头部分重新进行加热,待软化后用专用管塞将衬管的两端封堵。

②管塞的中部应有通气管,管道上游的管塞应通过蒸汽管与蒸汽发生机连接,管道下游的管塞应连接带有阀门、温度和压力仪表的蒸汽管。

③衬管复原过程中,通过蒸汽发生机向衬管内输送水蒸气再次加热衬管,待温度达到材料软化点时,应逐渐关闭下游蒸汽管上的阀门。

④衬管复原过程中,通过下游的温度表及压力表实时监测衬管内的温度及压力,衬管成型过程中温度不宜超过 95 ℃,压力不宜超过 0.15 MPa。

⑤衬管成型过程中,在管道的上游检查井实时观察衬管复原状况,观察到衬管紧贴于待修管道后,应停止蒸汽发生机输送水蒸气。

(4)衬管的冷却和端口处理应符合下列规定。

①衬管加热复原后,在保持原有压力的情况下,将衬管内的蒸气逐渐置换成冷空气。

②置换过程中实时监测下游的温度表,当温度降低到 40 ℃ 以下时,方可打开阀门,释放衬管内的压力。

③修复后管道两端多余管道应切除,衬管伸出待修管道的长度应大于 10 cm,伸出部分宜呈喇叭状或按照设计要求处理。

5.3.7 机械螺旋缠绕法

1. 工艺特点

(1)机械制螺旋管内衬修复技术是一种排水管道非开挖内衬整体修理方法。其是通过螺旋缠绕的方法在旧管道内部将带状型材通过压制卡口不断前进形成新的管道,新管道卷入旧管道后,通过扩张贴紧旧管壁或以固定口径在新旧管之间注浆形成新管。

(2)螺旋管分为独立结构管和复合管两种。独立结构管是指新管完全不依靠原有的管道,单独承担所有的负担;复合管是指螺旋管承担部分负载,另一部分负载由新、旧管之间的结构注浆承担。螺旋管内衬修复工艺分为扩张法和固定口径法。

（3）具有占地面积较小、组装便捷、移动速度快等优点，适合在复杂地理环境下施工，适合长距离的管道修复。一般情况下，由于型材的厚度的影响，原管道口径会缩小5%～10%。但是，由于管道修复后内壁光滑，粗糙系数低，整体输送能力损失不大。

（4）管道可在通水的情况作业，水流30%通常可正常作业。新管道与原有管道之间可不注浆或注浆。

（5）在排水管道非开挖修复中，通常与土体注浆技术联合使用。

2. 适用范围

（1）适用母管管材为球墨铸铁管、钢筋混凝土管和其他合成材料的雨污排水管道的局部与整体修复。

（2）适用于大型的矩形箱涵和多种不规则排水管道的局部与整体修理。

（3）扩张法适用于管径150～800 mm排水管道的整体修理；固定口径法适用于管径450～3 000 mm排水管道局部和整体修理。

（4）适用结构性缺陷呈现为破裂、变形、错位、脱节、渗漏、腐蚀，且接口错位应小于或等于3 cm的管道，管道基础结构基本稳定、管道线形没明显变化。

（5）适用于对管道内壁局部沙眼、露石、剥落等病害的修补。

（6）适用于管道接口处在渗漏预兆期或临界状态时预防性修理。

（7）不适用于管道基础断裂、管道破裂、管道脱节呈倒栽式状、管道接口严重错位、管道线形严重变形等结构性缺陷损坏的修理。

（8）不适用于严重沉降、与管道接口严重错位损坏的窨井。

3. 工艺原理

（1）螺旋缠绕工艺分为扩张法和固定口径法。

①扩张法

该工艺是将带状聚氯乙烯（PVC）型材放在现有的人井底部，通过专用的缠绕机，在原有的管道内螺旋旋转缠绕成一条新管。

所用型材外表面布满 T 形肋，以增加其结构强度；而新管内表面则光滑平整。型材两边各有公母边，型材边缘的锁扣在螺旋旋转中互锁，在原有管道内形成一条连续无缝的结构性防水新管。当一段扩张管安装完毕后，通过拉动预置钢线，将二级扣拉断，使新管开始径向扩张，直到新管紧紧地贴在原有管道的内壁上，如图5.41所示。

图 5.41　扩张螺旋管

②固定口径法

该工艺是将带状聚氯乙烯(PVC)或聚乙烯(PE)型材,放在现有的人孔井底部,通过专用的缠绕机,在原有的管道内螺旋旋转缠绕成一条固定口径的新管,并在新管和旧管之间的空隙灌入水泥浆。所用型材外表面布满T形肋,以增加其结构强度;而作为新管内壁的内表面则光滑平整。型材两边各有公母锁扣,型材边缘的锁扣在螺旋旋转中互锁,在原有管道内形成一条连续无缝的结构性防水新管,如图5.42及图5.43所示。

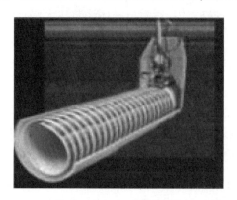

图5.42　固定口径螺旋管

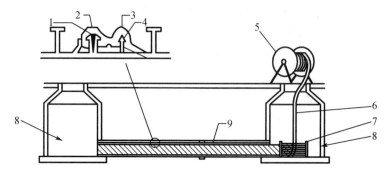

1—密封胶;2—主锁扣;3—次锁扣;4—胶黏剂;5—转轴;
6—型材;7—缠绕机;8—检查井;9—水泥浆。

图5.43　固定口径螺旋缠绕工艺

(2)机械制螺旋缠绕法形成的新管主要有独立结构管和复合结构管两种。

①独立结构管:型材螺旋缠绕的新管能独立承受外部荷载。

②复合结构管:型材螺旋缠绕的新管不能独立承受全部外部荷载,新旧管之间的空隙需要进行结构灌浆,形成一条新的复合结构管,如图5.44所示。

4. 施工工艺流程

施工工艺流程如图5.45所示。

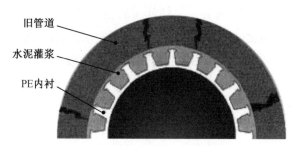

图 5.44 新管和原管之间可不注浆或注浆

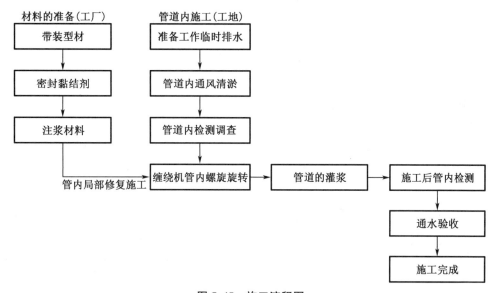

图 5.45 施工流程图

5. 操作要点

(1)扩张法

①管道的初步缠绕成形

在机器的驱动下,PVC 型材被不断地卷入缠绕机,通过螺旋旋转,使型材两边的主次锁扣互锁,从而形成一条比原管道口径小、连续的无缝新管。当新管到达另一人孔井(接收井)后,缠绕停止。在缠绕过程中,缠绕机不停地重复以下动作:将润滑密封剂注入主锁的母扣中(润滑密封剂在缠管和扩张过程中起润滑作用,在扩张结束衬管成形后起密封作用)。

卷入高抗拉的预埋钢线。这条钢线被拉出时将割断次锁扣使新管能够扩张。但是在新管缠绕成形过程中,钢线并不往外拉。带状型材被卷成一条圆形衬管。

②管道的扩张最后成形

缠绕初步成形完成后,缠绕机停止工作。然后在终点处新管上钻两个洞并插入钢筋以防新管在接下来的扩张中旋转。一切就绪后,启动拉钢线设备和缠绕机,随着预埋钢止线缓缓拉出,在缠绕成形过程中互锁的次扣被割断,从而在缠绕机的驱动下使型材沿着主锁的轨迹滑动并不断地沿径向扩张,直到非固定端(缠绕机端)的新管也紧紧地贴在原管道管壁。通常在新管扩张完成后,对新管两端进行密封(密封材料通常是与新管材料相容的聚乙烯泡沫或聚氨酯)。

(2)固定口径法

①管道的缠绕

固定口径法新管的缠绕过程与扩张法类似,也是当新管到达另一人孔井后,缠绕成形过程停止。但是,用于螺旋缠绕固定口径管的聚氯乙烯型材可以通过热熔机进行热熔对焊,这样每次缠绕管的长度可以更长。

②管道的灌浆

按固定尺寸缠绕新管完成后,在母管和新管之间可能会留有一定的间隙(环面),如果必要的话,这一间隙可以用水泥浆来填满。由于通过缠绕完成的新管已经设计好能承受所有的水流力、土壤、交通载荷以及外部地下水压,因此水泥浆本身并不需要用来增强新管的强度,只是起到将荷载传递到衬管上的作用。

(3)施工操作要求

①机械制螺旋缠绕法所用缠绕机应能拆分组装。固定设备螺旋缠绕工艺工作时,缠绕机应放在检查井里并与原有管道轴线对正,以便螺旋缠绕内衬管能直接插入(旋转并推进)到原有管道里。固定设备螺旋缠绕工艺分为钢塑加强型工艺(图5.46)和扩张型工艺。钢塑加强型工艺是将工厂预制的带状PVC-U型材和钢带,同步送至在检查井下提前安装好的缠绕机,以螺旋缠绕的方式进行推进,在缠绕过程中,型材边缘的公母锁扣互锁,并将钢带压合在接缝处,到达下一检查井后,在新管与旧管之间灌注水泥浆,从而形成一条具有高强度和良好水密性的钢塑加强型新管。

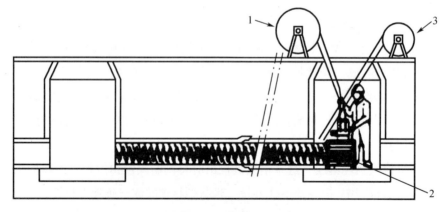

1—带状型材;2—缠绕机;3—钢带。

图5.46 螺旋缠绕钢塑加强型工艺

②当带状型材在缠绕机中形成内衬管时,应该向带状型材边缘的主锁扣和次锁扣锁定装置中注入密封剂或胶黏剂,对于扩张型工艺,同时还应将钢线放在主锁扣和次锁扣锁定装置之间。螺旋缠绕扩张型工艺内衬管推进到终点时,应在新管端口处打孔并插入钢筋固定,以防止新管转动。通过将钢线从互锁接缝中拉出,从而割断次锁,使带状型材沿连接的主锁方向自由滑动,不断拉出钢线同时继续缠绕,使型材不断沿径向扩张,直到螺旋缠绕内衬管的非固定端紧紧地贴在原有管道内壁,如图 5.47 所示。

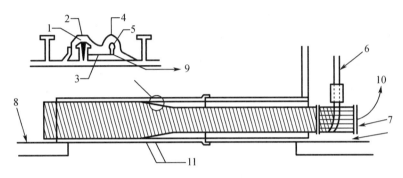

1—密封胶;2—主锁扣;3—钢丝;4—次锁扣;5—胶黏剂;6—型材;
7—缠绕机;8—检查井;9—拉出钢丝、次缩扣拉断、衬管扩张;
10—牵拉钢丝;11—型材滑动。

图 5.47 螺旋缠绕扩张型工艺

③螺旋缠绕工艺带水作业时,管道内水流应符合下列规定。

a.管道内水深不宜超过 300 mm。

b.水流速度不宜超过 0.5 m/s。

c.充满度不宜超过 50%。

④机械制螺旋缠绕法所用缠绕机应能在地面拆分、井下组装。

⑤扩张法螺旋缠绕工艺应符合下列规定。

a.螺旋缠绕设备固定在起始检查井中,且设备轴线与管道轴线一致。

b.内衬管的缠绕成型及推入过程应同步进行,直到内衬管到达目标工作坑或检查井。

c.内衬管缠绕过程中,在主锁扣和次锁扣间放置钢丝,并在主锁扣中注入密封剂和胶黏剂。

d.内衬管在扩张前应将端口固定。

e.扩张工艺的钢丝抽拉和螺旋缠绕操作应同步进行,直至整个施工段内衬管扩张完毕。

f.扩张前应在管两端的环形间隙内注入聚氨酯发泡胶,扩张完成后应对端头和检查井用快干水泥进行抹平。

⑥当原有管道内部已有内衬管道、原有管道内有弯曲、错台等导致缠绕管无法到达接收检查井时,可在原有管道中间进行对接,对接时两段管道的距离不应超过 200 mm,对接处表面应进行防腐处理。

⑦内衬管两端与原有管道间的环状空隙应采用快干水泥等材料进行密封处理。

⑧钢塑加强法和机头行走法注浆时应符合下列规定。

a. 应在管道两侧环形间隙 2 点、10 点、12 点的位置分别埋设注浆管,一侧可用于注浆,另一侧可用于放气和观察。

b. 注浆压力宜为 0.10~0.15 MPa,不得超过最大注浆压力。

c. 注浆应分步进行,首次注浆量应根据内衬管自重、管内水量进行计算,应控制首次注浆量,不得超过计算量。

d. 第二次注浆应至少在首次注浆浆液初凝后进行,与首次注浆的时间间隔不宜小于 12 h。

e. 注浆总量不应小于计算注浆量的 95%,并应做好记录。

f. 注浆应在内衬管一侧进行,当观察到另一侧 12 点观察孔冒浆时,停止注浆。

g. 当管道距离大于 100 m 时,宜在管道中间位置的顶部进行开孔补浆。

h. 当采用机头行走法修复方涵且内衬管不足以承受注浆压力时,注浆前应对内衬管进行支护或采取其他保护措施。

i. 注浆完成后密封注浆孔,并对管道端头进行平整处理。

6. 材料和设备

(1)主要材料符合下列要求

①硬聚氯乙烯(PVC-U)带状型材的材料性能应符合表 5.28 的规定。

表 5.28　硬聚氯乙烯(PVC-U)带状型材的材料性能

检测项目	单位		技术指标	测试方法
拉伸弹性模量	MPa	≥2 000		现行国家标准《塑料　拉伸性能的测定　第 2 部分:模塑和挤塑塑料的试验条件》(GB/T 1040.2—2006),测试速度为(10±2) mm/min
拉伸强度	MPa	≥35		
断裂伸长率	%	≥40		现行国家标准《热塑性塑料管材拉伸性能测定　第 2 部分:硬聚氯乙烯(PVC-U)、氧化聚氯乙烯(PVC-C)和高抗冲聚氯乙烯(PVC-HI)管材》(GB/T 8804.2—2003),测试速度为(5±0.5) mm/min
弯曲强度	MPa	≥58		现行国家标准《塑料　弯曲性能的测定》(GB/T 9341—2008),测试速度为(1±0.2) mm/min

②钢塑加强法工艺用钢带材料的性能指标应符合表 5.29 的规定。

表 5.29　钢塑加强法工艺用钢带材料的性能

检测项目	单位	性能要求	测试方法
弹性模量	GPa	≥193	《金属材料　弹性模量和泊松比试验方法》（GB/T 22315—2008）（静态法）
材质	—	不锈钢 Ni 含量大于 1%	《不锈钢　多元素含量的测定　电感耦合等离子体原子发射光谱法》（YB/T 4396—2014）

（2）带状型材外观质量应满足下列要求

①型材内表面应光滑、平整，无裂口、凹陷和其他影响型材性能的表面缺陷，型材中不应含有可见杂质；外表面应布设 T 型加强肋，内表面应喷码，喷码内容应至少包括实时米数、产品规格。

②型材的最小内层壁厚不应小于 1.5 mm。

③每卷型材的长度不宜小于 2 000 m。

④密封材料应与型材黏结牢固。

⑤钢带表面应无裂纹、麻面、凸泡、脱皮，厚度应均匀。

型材外观示意图如图 5.48 至图 5.50 所示。

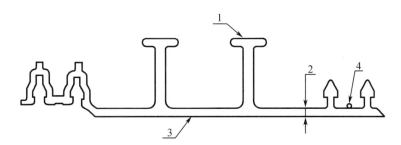

1—型材外表面 T 型肋；2—水槽最小深度；3—型材内表面；4—密封材料。

图 5.48　型材外观示意图（一）

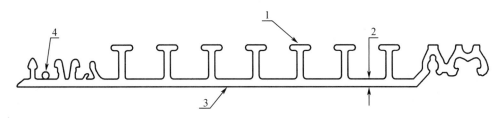

1—型材外表面 T 型肋；2—水槽最小深度；3—型材内表面；4—密封材料。

图 5.49　型材外观示意图（二）

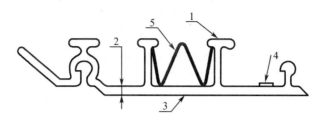

1—型材外表面 T 型肋;2—水槽最小深度;3—型材内表面;4—密封材料;5—钢带。

图 5.50 型材外观示意图(三)

(3)主要设备

主要施工设备见表 5.30。

表 5.30 主要施工设备

序号	设备名称	技术参数	数量	单位
1	缠绕机	—	1	台
2	液压设备	—	1	套
3	钢带压制设备	—	1	套
4	型材焊机	—	1	台
5	电子控制设备	—	1	套
6	缠绕笼	—	1	套
7	发电机	100 kW	1	台
8	空压机	$1.1 \ m^3/min$	1	台
9	自卸吊车	≥6.3 t	1	台
10	卡车	中型	1	台
11	轴流风机	7.5 kW	2	台
12	气体检测仪	四合一	1	台
13	长管空气呼吸器	—	1	套

5.3.8 短管穿插法

1. 技术特点

短管穿插法修复技术是在完全不开挖的情况下,利用检查井,将经过特殊加工的短管在检查井内连接后达到原管道内,并对新、旧管道之间的空隙进行填充的一种管道修复技术。短管一般采用高密度聚乙烯(HDPE)管材。

(1)该技术是将适合尺寸的 HDPE 管置入待修复的原管道,可形成"管中管"结构,也可以充分利用 HDPE 管本身具备的直埋管道特性,实现结构修复。

(2)HDPE 短管连接采用子母扣设计,管材容易加工、接口方便操作,并辅以胶圈和密封胶可有效保证修复后管道的整体严密性。

(3)该技术使用设备体积小、质量小,短管连接简单、方便,可随时间断施工、最大限度减小对交通和运行的影响。

(4)HDPE 管内壁光滑,修复混凝土管道时,对流量影响不大。

(5)HDPE 管耐腐蚀、耐磨损,可延长管道的使用寿命达 50 年,大幅度降低综合成本,提高管道的使用寿命。

(6)配合胀管器或制管牵引头可实现短管胀插法施工。

2. 适用范围

短管穿插法可用于管道老化、内壁腐蚀脱落的 DN200～DN600 排水管道置换聚乙烯(PE)管的工程。短管内衬可采用插管法或胀插法工艺。

短管一般比原管道直径缩小一级,断面损失较大,所以如原管道已满负荷运行且同一区域内无另外同功能管道,不建议采用此缩径工艺。短管胀插工艺可实现扩径或微缩径修复。短管穿插法修复技术可作为设施抢险抢修应急方法。

3. 工艺原理

短管穿插法修复技术是穿插法管道修复技术的延伸,穿插法管道修复技术是在原管道中置入一根新的管道,新管道独立或与原管共同承担原管道功能。但穿插法管道修复技术需要在原管道两端开挖工作竖井以使新管道整体拖入原管中。短管穿插法是在完全不开挖的情况下进行,利用原管道两端检查井作为工作竖井,即一端井室用于放置牵拉设备,在另一端井室将经过加工的高密度聚乙烯(HDPE)短管通过人孔下至井室内,在井室内完成短管连接(必要时设置顶推装置),通过两端配合操作,将连接好的管道拖动至所需位置。新管就位后用水泥浆对新、旧管道之间的空隙进行填充保证管道稳固和周围结构安全。

短管穿插法施工一般采用牵引就位的方法,也可采用顶推或顶推与牵引结合的方法将短管就位。将短管穿插法与胀管法结合就是短管胀插法修复技术,是采用胀管器或割管牵引头将原管道胀碎或割裂,将原管道碎片挤入周围土体形成观孔,同时将连接好的短管带入以形成新的管道。

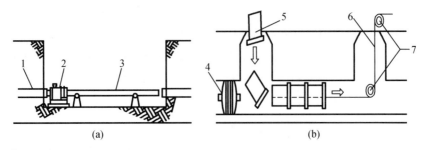

1—原有管道;2—内衬管连接设备;3—内衬管;4—管塞;

5—短管;6—钢丝绳;7—滑轮。

图5.51 短管穿插法示意图

4. 施工工艺流程

施工准备→管道封堵导流→管道疏通清淤、清洗→CCTV内窥检查→施工设备安装→短管安装→管道功能试验→新、旧管道间隙注浆填充→CCTV内窥检测→管头及支线处理→检查井修补→清理验收。

5. 操作要点

(1)内衬短管加工

①管材性能

为提高污水管道耐久性及其强度,内衬短管宜采用高密度聚乙烯(HDPE)管材加工。管材宜采用HDPE80、HDPE100等级专用混配料。由于同直径(公称外径)、同压力(公称压力)情况下,HDPE80管材壁厚大于HDPE100管材,为尽量减少修复后管道断面损失,宜采用HDPE100管材。

②短管切割

将HDPE管材切割成60~80 cm的短节,长度以满足在检查井内操作为宜。

③短管接口设计及加工

为方便内衬短管在现况井室或管道内的连接,一般采用子母口锁扣或螺扣连接,以有效防止合口后管口脱落。短管子母口连接宜采用过盈配合,以保证接口严密性,同时宜在接口增加密封胶圈和黏结设计,以确保接口严密。短管子母口连接强度应满足安装时拖拉力(或顶推力)要求或设计要求。短管接口加工形状应均匀、规整、配合良好,(短节)轴向受力时接触面受力均匀,宜使用专用机床加工,以满足加工精度要求。

(2)通风

①井下作业前,应开启作业井盖和其上、下游井盖进行自然通风,且通风不应于30 min。

②人员井下作业,应满足地方政府有关有限空间作业管理规定。

（3）封堵导流

①管道修复宜避开雨天进行施工。

②如原管道内过水量很小，修复期间可在上游采用堵水气囊成砂袋进行临时封堵，以防止上游来水流入原管道。

③当上游来水量较大时，则需要在保证上游管道系统运行安全的情况下通过管道系统或水泵抽升进行导流。

（4）管道疏通清理

①管道内沉积的淤泥及其他异物会影响新管行进、位置偏移或对新管造成损伤，故在进行施工前需对现况污水管和检查井进行清淤及障碍物清理作业。

② 清管应彻底，露出管道基底后，应采用与内衬短管同直径的短管进行试通。试通后，应采用 CCTV 检测清管质量。

③采用插管工艺修复时，管道经清理冲洗后，管道内壁应表面洁净，底部 135°范围内应无附着物以及可能划伤管道的尖锐毛刺、凸起硬物。

采用胀插工艺修复时，应将原有管道内淤泥、垃圾等物进行清理，表面可不进行清洗，管道变形宜适当。

（5）施工方法

短管穿插施工一般采用拉杆或链条牵引就位的方法，或根据实际条件采用单向顶推方法施工（在检查井内设置千斤顶，将连接后的短管全部顶入原管道中），或采用前方牵引导向、后方顶推入位的联合方式。

①采用顶推法施工时，检查井内设备安装应符合下列规定。

a. 应设置顶进后背，后背应能满足保护井墙的要求，千斤顶应与后背贴实紧密；

b. 油管应与千斤顶、油压泵连接牢靠，顶进前应进行试机，千斤顶油缸应伸缩自由，并应具备足够的牵引和推力。

②内衬管通过牵引、顶推或两者结合的方法置入原有管道中。动力设备牵引、顶推速度与内衬管送入原有管道配合同步，内衬管道受力应与管道轴线重合或平行。

③内衬管穿插时，对原有管道端口、牵引或顶推连接端、内衬传送接触部位采取保护措施，不得损伤内衬管。

④内衬管插管法施工应符合下列规定。

a. 内衬管顶推或牵拉时应缓慢、匀速、可控；一个施工管段宜在同一连续作业时段内完成；管道牵拉速度不宜大于 0.3 m/s，在管道弯曲段或变形较大的管道中施工应减慢速度。

b. 顶推或牵拉时的最大作用力不应大于内衬管的设计压力或拉力以及接口的允许最小拉力，无设计值时，最大顶推或牵拉力不应大于内衬管允许压力或拉力的 50%。

c. 内衬管道顶推或牵拉就位应计入应力变形和热胀冷缩的变形量；就位后宜经过

24 h 的应力恢复后方可进行后续操作。

　　d. 顶推作业应保证形成的内衬管平顺,不宜出现"蛇形"变形和起伏。

　　e. 短管接口连接时,连接方式和操作应符合设计、工艺或加工厂家的规定。

　　⑤内衬管胀插法施工应符合下列规定。

　　a. 内衬管胀插法施工应在无水的条件下进行作业。

　　b. 推顶或牵拉内衬短管时,短管末端应放置硬橡胶挡板对管口进行保护,油缸应缓慢匀速推进。

　　c. 每个子口的规定位置应安装一道遇水膨胀止水胶圈,并应将子母口擦拭干净,满涂密封胶,管口应完全密封。

　　d. 井段完成后,应将工作井与目标井的管端进行切削处理,并应将管口打磨光滑。

　　e. 环形间隙应使用速凝水泥进行密封,管顶应预留注浆孔、出浆孔。

　　(6)功能性检验

　　内衬短管施工就位完成后进行闭水或闭气检验。

　　(7)注浆

　　为使新、旧管道结合紧密且共同作用,需要在内衬短管与旧管的间隙内填充水泥浆,在注浆过程中,为防止漂管采用多次注浆方法,一般分 3 次以上进行。在上游井管道顶部预留出浆口有浆液流出时,停止注浆。因原管道局部破损形成土体空洞时,宜通过地面注浆充实。胀插短管穿插施工无须管道间隙充填注浆。

　　①应严格控制浆液配比,浆液 30 min 截锥流动度不应小于 310 mm,并应满足固化过程收缩量小、放热量低的要求;

　　②注浆前应采取避免浆液泄漏进入支管或从注浆孔、内衬接头处泄漏的保护措施;注浆后应密封注浆孔,并应对管道端口进行平滑处理;

　　③注浆压力不应大于 0.4 MPa,且应小于内衬管可承受的外压力;当条件不能满足时,应对内衬管进行支护或采取其他保护措施;

　　④注浆后的环形间隙应饱满,不得有松散、空洞等现象,并不得造成内衬管的移动和变形;

　　⑤注浆完成后对两端端口进行封闭处理。

6. 内衬材料

　　(1)短管内衬用管材规格、外观尺寸应符合现行国家标准《给水用聚乙烯(PE)管道系统　第 2 部分:管材》(GB/T 13663.2—2018)的规定,聚乙烯(PE)管材性能应符合表5.31 和设计文件的规定。

表 5.31 聚乙烯(PE)管材性能

性能	单位	技术指标	测试方法
环刚度	kN/m²	≥8	现行国家标准《热塑性塑料管材环刚度的测定》(GB/T 9647—2015)
弯曲模量	MPa	≥900	现行国家标准《塑料 弯曲性能的测定》(GB/T 9341—2008)
屈服强度	MPa	≥22	现行国家标准《热塑性塑料管材 拉伸性能测定
断裂伸长率	%	≥350	第 3 部分:聚烯经管材》(GB/T 8804.3—2003)

(2)短管内衬长度应满足从检查井进入管道的要求,不宜大于 600 mm。

(3)短管内衬连接断面采用倒榫子母口形式或其他可以保证接口密封的形式。短管内衬连接断面应安装防水密封橡胶圈。

(4)短管内衬加工过程应严格控制加工精度。

【思考与练习】

一、填空题

1. 在采用原位固化法和点状原位固化法进行管道整体或局部修复前,应对原有管道进行预处理,预处理后原有管道内不应有_____现象。

2. 对管道变形或破坏严重、接头错位严重以及漏水严重的部位进行预处理时,应采用_____等方法进行管道外土体加固、改良。

3. 管道清洗技术主要包括_____、_____、_____等技术。存在_____或_____地段,不得用高压水流冲洗暴露的土体。

4. 对混凝土等非高分子化学建材管道,内衬钢环安装前应对管道受损部位采用_____,并采用不低于管道混凝土强度的_____进行补强预处理。

5. 管道采用内衬钢环处理时,钢圆环与钢筋混凝土管之间的空隙应采用_____或_____填充密实。

6. 管道采用内衬钢环处理时,管道的断面损失不宜超过_____。

7. 点状原位固化法的内衬筒长度应能覆盖待修复缺陷,且覆盖缺陷部位以外的轴向前、后超出长度均应大于_____ mm。

8. 当采用人工进入管道内进行管片内衬法施工时,管内水位不得超过管道垂直高度的_____或_____。

9.采用管片内衬法修复管道时,填充砂浆的水灰比为_____,抗压强度应大于_____ MPa。

10.不锈钢双胀环修复技术采用的主要材料为_____和_____。

11.不锈钢胀环应选用 _____号或_____号不锈钢;胀环厚度不应小于_____ mm,宽度不应小于_____ mm。

12.采用气囊安装不锈钢快速锁时,不得采用_____方式。

13.现场固化内衬法根据固化工艺可分为_____、_____、_____、_____固化。根据内衬加入办法可分为_____、_____与_____。

14.翻转式原位固化翻转完成后,湿软管伸出原有管道两端的长度宜为_____ m。

15.翻转式原位固化法采用的树脂应能在热水、热蒸汽作用下固化,且初始固化温度应低于_____ ℃;

16.紫外光固化材料基本组分为_____、_____、_____以及其他组分。

17.紫外光原位固化玻璃纤维软管的横向与纵向抗拉强度不得低于_____ MPa;软管的轴向拉伸率不得大于_____;软管两端应比原有管道长出_____ mm。

18.紫外光原位固化树脂的初始固化温度应低于_____ ℃;浸渍树脂时的温度不宜高于_____ ℃;浸渍树脂后的软管应存储在低于_____ ℃的环境中。

19.碎(裂)管法根据动力源可分为_____和_____两种工艺。

20.碎(裂)管法新管的铺设方法有_____、_____和_____三种方法。

21.碎(裂)管法管道拉入后,自然恢复时间不应小于_____ h。

22.碎(裂)管法管道拉入过程中通常要采用_____措施,其目的是降低新管道与土层之间的摩擦力。

23.高分子材料喷涂固化后的弯曲强度应大于_____ MPa,弯曲模量应大于_____ MPa,抗拉强度应大于_____ MPa。

24.螺旋缠绕工艺分为_____法和_____法。

25.短管穿插法施工时,可采用_____、_____或_____的方法将短管就位。

26.为使新、旧管道结合紧密且共同作用,短管穿插法需要在内衬短管与旧管的间隙内填充水泥浆,注浆压力不应大于_____ MPa,且应小于_____可承受的外压力。

二、简答题

1.管道内壁附着物处理应满足哪些规定?

2.在局部原位固化修理前,对管道周围土体进行钻孔注浆的目的是什么?

3. 点状原位固化法修复管道时,内衬筒的原位固化应符合哪些要求?

4. 管片内衬法的工艺原理是什么?

5. 管片内衬法修复管道时,内衬管与原有管道之间填充砂浆应满足哪些规定?

6. 不锈钢快速锁法快速锁安装前,对原有管道进行预处理后应达到什么效果?

7. 进行翻转固化之前的管道预处理应达到什么要求?

8. 采用水翻工艺固化完成后,内衬管冷却时应符合什么要求?

9. 翻转式原位固化的湿软管,在进入施工现场复验时应达到哪些要求?

10. 紫外光固化的定义是什么?

11. 简要描述紫外光固化法的优缺点。

12. 管道紫外光固化修复时,应在原有管道内铺设垫膜,垫膜的铺设要求和作用分别是什么?

13. 采用碎(裂)管时,新管道在拉入过程中应符合哪些要求?

14. 高分子材料喷涂法的适用范围是什么?

15. 机械制螺旋管内衬修复时,螺旋管有独立结构管和复合管两种形式,这两种形式的区别是什么?

16. 简单描述固定口径法螺旋缠绕工艺原理。

17. 螺旋缠绕工艺带水作业时,管道内水流应符合哪些规定?

第6章　管道内非开挖作业安全管理

【本章导读】

　　人员在进行管道内非开挖作业时,通常都属于有限空间作业,这就会导致作业人员面临一定的安全风险,比如中毒、缺氧窒息、坍塌以及掩埋等风险。针对这些风险,要能够进行有效的风险辨识,进行安全风险防控和事故隐患排查,以及给作业人员配置合适的安全防护设备设施,并按照有限空间作业的流程进行作业,确保作业过程的安全性。对有限空间作业可能发生的事故,应按要求编制应急救援预案,进行应急演练等。通过本章的学习,读者能够全面深入地了解有限空间作业的安全风险分析、防范和应急救援措施,以确保施工过程中的人员安全和工程质量。

【教学要求】

知识目标	能力目标	素质目标
(1)有限空间的定义和特点; (2)有限空间的分类; (3)有限空间作业的定义和分类	能够掌握有限空间和有限空间作业定义、分类	(1)安全意识:重视非开挖施工中的安全问题,始终保持警觉,采取措施以减少潜在的风险; (2)判断与决策能力:能够分析风险和危险,做出明智的决策,确保安全的施工过程; (3)紧急救援技能:了解应急救援的装备和程序,具备处理突发事件的能力; (4)责任感:对工作中的安全负有责任感,能够积极采取措施以保护工作人员和公众的安全
(1)安全风险分类; (2)安全风险辨识	能够辨识出有限空间作业时可能存在的安全风险	
安全防护设备设施	熟悉各安全防护设备设施,并能够正确选择使用	
(1)安全管理措施; (2)作业过程风险防控; (3)事故隐患排查	能够在有限空间作业全过程对风险进行防控	
中毒、窒息等应急救援措施	能够在发生中毒、窒息等事故时及时正确处置	

6.1　非开挖施工主要风险分析及安全规定

6.1.1　有限空间作业

1. 有限空间的定义和特点

有限空间是指封闭或部分封闭、进出口受限但人员可以进入,未被设计为固定工作场所,通风不良,易造成有毒有害、易燃易爆物质积聚或氧含量不足的空间。有限空间一般具备以下特点(图 6.1)。

图 6.1　有限空间特点

(1)空间有限,与外界相对隔离。有限空间是一个有形的,与外界相对隔离的空间。有限空间既可以是全部封闭的,如各种检查井、反应釜,也可以是部分封闭的,如敞口的污水处理池等。

(2)进出口受限或进出不便,但人员能够进入有限空间开展有关工作。有限空间限于本身的体积、形状和构造,进出口一般与常规的人员进出通道不同,大多较为狭小,如直径 80 cm 的井口或直径 60 cm 的人孔;或进出口的设置不便于人员进出,如各种敞口池。虽然进出口受限或进出不便,但人员可以进入其中开展工作。如果开口尺寸或空间体积不足以让人进入,则不属于有限空间,如仅设有观察孔的储罐、安装在墙上的配电箱等(图 6.2)。

(3)未按固定工作场所设计,人员只能在必要时进入有限空间开展临时性工作(图 6.3)。有限空间在设计上未按照固定工作场所的相应标准和规范,考虑采光、照明、通风和新风量等要求,建成后内部的气体环境不能确保符合安全要求,人员只是在必要时进入进行临时性工作。

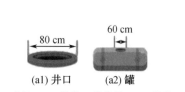

(a1) 井口　(a2) 罐

(a) 直径 80cm 的井口或直径 60cm 的孔　(b) 设有观察孔的储罐

图 6.2　有限空间进出口受限但人员可以进入

图 6.3　有限空间未按固定工作场所设计

(4) 通风不良，易造成有毒有害、易燃易爆物质积聚或氧含量不足。有限空间因封闭或部分封闭、进出口受限且未按固定工作场所设计，内部通风不良，容易造成有毒有害、易燃易爆物质积聚或氧含量不足，产生中毒、燃爆和缺氧风险。

2. 有限空间的分类

有限空间分为地下有限空间、地上有限空间和密闭设备 3 类。

(1) 地下有限空间，如地下室、地下仓库、地下工程、地下管沟、暗沟、隧道、涵洞、地坑、深基坑、废井、地窖、检查井室、沼气池、化粪池、污水处理池等，如图 6.4 所示。

(2) 地上有限空间，如酒糟池、发酵池、腌渍池、纸浆池、粮仓、料仓等，如图 6.5 所示。

(3) 密闭设备，如船舱、储(槽)罐、车载槽罐、反应塔(釜)、窑炉、炉膛、烟道、管道及锅炉等，如图 6.6 所示。

3. 有限空间作业定义和分类

有限空间作业，是指人员进入有限空间实施作业。常见的有限空间作业主要有：

(a) 污水井　　　　　　　　(b) 地下柴油罐、罐坑

(c) 酒窖　　　　　　　　　(d) 盾构隧道

图 6.4　地下有限空间

(a) 污水井　　　　　　　　(b) 污水处理池

图 6.5　地上有限空间

(1) 清除、清理作业, 如进入污水井进行疏通, 进入发酵池进行清理等。

(2) 设备设施的安装、更换、维修等作业, 如进入地下管沟敷设线缆、进入污水调节池更换设备等。

(3) 涂装、防腐、防水、焊接等作业, 如在储罐内进行防腐作业、在船舱内进行焊接作业等。

(a) 污水井   (b) 污水处理池

图 6.6 密闭设备

（4）巡查、检修等作业，如进入检查井、热力管沟进行巡检等。

按作业频次划分，有限空间作业可分为经常性作业和偶发性作业。

（1）经常性作业指有限空间作业是单位的主要作业类型，作业量大、作业频次高。例如，从事水、电、气、热等市政运行领域施工、运维、巡检等作业的单位，有限空间作业就属于单位的经常性作业。

（2）偶发性作业指有限空间作业仅是单位偶尔涉及的作业类型，作业量小、作业频次低。例如，工业生产领域的单位对炉、釜、塔、罐、管道等有限空间进行清洗、维修，餐饮、住宿等单位对污水井、化粪池进行疏通、清掏等有限空间作业就属于单位的偶发性作业。按作业主体划分，有限空间作业可分为自行作业和发包作业。

①自行作业指由本单位人员实施的有限空间作业。

②发包作业指将作业进行发包，由承包单位实施的有限空间作业。

6.1.2 非开挖有限空间作业主要安全风险分类

有限空间作业存在的主要安全风险包括中毒、缺氧窒息、燃爆以及淹溺、高处坠落、触电、物体打击、机械伤害、灼烫、坍塌、掩埋、高温高湿等。在某些环境下，上述风险可能共存，并具有隐蔽性和突发性。

1. 中毒

有限空间内存在或积聚有毒气体，作业人员吸入后会引起化学性中毒，甚至死亡。有限空间中有毒气体可能的来源包括：有限空间内存储的有毒物质的挥发，有机物分解产生的有毒气体，进行焊接、涂装等作业时产生的有毒气体，相连或相近设备、管道中有毒物质的泄漏等，如图 6.7 所示。有毒气体主要通过呼吸道进入人体，再经血液循环，对人体的呼吸、神经、血液等系统及肝脏、肺、肾脏等脏器造成严重损伤。

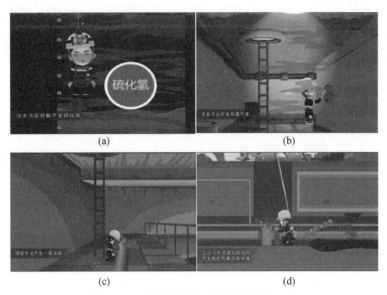

图6.7　有限空间中有毒气体可能的来源

引发有限空间作业中毒风险的典型物质有硫化氢、一氧化碳、苯和苯系物、氰化氢、磷化氢等。

(1)硫化氢(H_2S)

硫化氢是一种无色、剧毒气体,比空气密度大,易积聚在低洼处。硫化氢易燃,与空气混合能形成爆炸性混合气体,遇明火、高热等点火源将引发燃烧爆炸。硫化氢易存在于污水管道、污水池、炼油池、纸浆池、发酵池、酱腌菜池、化粪池等富含有机物并易于发酵的场所。低浓度的硫化氢有明显的臭鸡蛋气味,可被人敏感地发觉;浓度增高时,人会产生嗅觉疲劳或嗅神经麻痹而不能觉察硫化氢的存在;当浓度超过1 000 mg/m³ 时,数秒内即可致人闪电型死亡。

(2)一氧化碳(CO)

一氧化碳是一种无色无味的气体,密度与空气相当。一氧化碳与血红蛋白的亲和力比氧与血红蛋白的亲和力高200~300倍,因此一氧化碳极易与血红蛋白结合,形成碳氧血红蛋白,使血红蛋白丧失携氧的能力和作用,造成组织窒息,甚至导致人员死亡。一氧化碳易燃,与空气混合能形成爆炸性混合气体,遇明火、高热等点火源将引发燃烧爆炸。含碳燃料的不完全燃烧和焊接作业是一氧化碳的主要来源。

(3)苯和苯系物(苯(C_6H_6)、甲苯(C_7H_8)、二甲苯(C_8H_{10}))

苯、甲苯、二甲苯都是无色透明、有芬芳气味、易挥发的有机溶剂;易燃,其蒸气与空气混合能形成爆炸性混合物。苯可引起各类型白血病,国际癌症研究中心已确认苯为人类致癌物。甲苯、二甲苯蒸气也均具有一定毒性,对黏膜有刺激性,对中枢神经系统有麻痹作用。短时间内吸入较高浓度的苯、甲苯和二甲苯,人体会出现头晕、头痛、恶心、呕吐、胸闷、四肢无力、步态蹒跚和意识模糊,严重者出现烦躁、抽搐、昏迷症状。苯、甲苯和二甲苯通常作为油漆、黏结剂的稀释剂,在有限空间内进行涂装、除锈和防腐等作业时,易挥发和积聚该类物质。

(4)氰化氢(HCN)

氰化氢在常温下是一种无色、有苦杏仁味的液体,易在空气中挥发、弥散(沸点为25.6 ℃),有剧毒且具有爆炸性。氰化氢轻度中毒主要表现为胸闷、心悸、心率加快、头痛、恶心、呕吐、视物模糊;重度中毒主要表现为深昏迷状态、呼吸浅快、阵发性抽搐,甚至强直性痉挛。酱腌菜池中可能产生氰化氢。

(5)磷化氢(PH_3)

磷化氢是一种有类似大蒜气味的无色气体,剧毒且极易燃。磷化氢主要损害人体神经系统、呼吸系统及心脏、肾脏、肝脏。$10 \ mg/m^3$ 接触 6 h,人体就会出现中毒症状。在微生物作用下,污水处理池等有限空间可能产生磷化氢。此外磷化氢还常作为熏蒸剂用于粮食存储以及饲料和烟草的储藏等。

有毒有害气体和缺氧危险场所(井下)常见有害气体容许浓度和爆炸范围见表6.1。

表6.1 有毒有害气体和缺氧危险场所(井下)常见有害气体容许浓度和爆炸范围

气体名称	相对密度(取空气密度为1)	短时接触阈限值		经常接触最高容许值		爆炸范围%(容积)	说明
		mg/	ppm	mg/	ppm		
硫化氢	1.19	21	15	10	6.6	4.3~45.5	
一氧化碳	0.97	440	400	30	24	12.5~74.2	操作时间 1 h 以上
				50	40		操作时间 1 h 以内
				100	80		操作时 30 min 以内
				200	160		操作时间 15~20 min
氰化氢	0.94	11	10	0.3	0.25	5.6~12.8	
汽油	3~4	1 500		350		1.4~7.6	不同品种汽油的分子量不同,在此不再折算 ppm
氯	2.49	9	3	1	0.32	不燃	
甲烷	0.55	—	—	—	—	5~15	
苯	2.71	75	25	40	12	1.30~2.65	

注:①井下空气含氧量不得少于19.5%,否则即为缺氧;硫化氢的最高容许浓度是 $10 \ mg/m^3$;一氧化碳在工作有害气体容许浓度不能超过 $20 \ mg/m^3$;空气中可燃气体或粉尘浓度应低于爆炸下限的10%。

②1 ppm = 10^{-6}。

2. 缺氧窒息

空气中氧含量的体积分数约为 20.9%,氧含量低于 19.5% 时就是缺氧。缺氧会对人体多个系统及脏器造成影响,甚至使人致命。空气中氧气含量不同,对人体的影响也不同(表 6.2)。

表 6.2　不同氧气含量对人体的影响

氧气含量 (体积浓度)/%	对人体的影响
15~19.5	体力下降,难以从事重体力劳动,动作协调性降低,易引发冠心病、肺病等
12~14	呼吸加重,频率加快,脉搏加快,动作协调性进一步降低,判断能力下降
10~12	呼吸加重、加快,几乎丧失判断能力,嘴唇发紫
8~10	精神失常,昏迷,失去知觉,呕吐,脸色死灰
6~8	4~5 min 通过治疗可恢复,6 min 后 50% 致命,8 min 后 100% 致命
4~6	40 s 内昏迷、痉挛,呼吸减缓、死亡

有限空间内缺氧主要有两种情形:一是由于生物的呼吸作用或物质的氧化作用,有限空间内的氧气被消耗导致缺氧;二是有限空间内存在二氧化碳、甲烷、氮气、氩气、水蒸气和六氟化硫等单纯性窒息气体,排挤氧空间,使空气中氧含量降低,造成缺氧。引发有限空间作业缺氧风险的典型物质有二氧化碳、甲烷、氮气、氩气等。

(1)二氧化碳

二氧化碳是引发有限空间环境缺氧最常见的物质。其来源主要为空气中本身存在的二氧化碳,以及在生产过程中作为原料使用以及有机物分解、发酵等产生的二氧化碳。当二氧化碳含量超过一定浓度时,人的呼吸会受影响。吸入高浓度二氧化碳时,几秒内人会迅速昏迷倒下,更严重者会出现呼吸、心跳停止及休克,甚至死亡。

(2)甲烷

甲烷是天然气和沼气的主要成分,既是易燃易爆气体,也是一种单纯性窒息气体。甲烷的来源主要为有机物分解和天然气管道泄漏。甲烷的爆炸极限 5.0%~15.0%。当空气中甲烷浓度达 25%~30% 时,可引起头痛、头晕、乏力、注意力不集中、呼吸和心跳加速等,若不及时远离,可致人窒息死亡。甲烷燃烧产物为一氧化碳和二氧化碳,也可引起中毒或缺氧。

(3)氮气

氮气是空气的主要成分,其化学性质不活泼,常用作保护气防止物体暴露于空气中被氧化,或用作工业上的清洗剂置换设备中的危险有害气体等。常压下氮气无毒,当作业环境中氮气浓度增高,可引起单纯性缺氧窒息。吸入高浓度氮气,人会迅速昏迷、因呼吸和心跳停止而死亡。

（4）氩气

氩气是一种无色无味的惰性气体,作为保护气被广泛用于工业生产领域,通常用于焊接过程中防止焊接件被空气氧化或氮化。常压下氩气无毒,当作业环境中氩气浓度增高,会引发人单纯性缺氧窒息。氩气含量达到75%以上时可在数分钟内导致人员窒息死亡。液态氩可致皮肤冻伤,眼部接触可引起炎症。

3. 燃爆

有限空间中积聚的易燃易爆物质与空气混合形成爆炸性混合物,若混合物浓度达到其爆炸极限,遇明火、化学反应放热、撞击或摩擦火花、电气火花、静电火花等点火源时,就会发生燃爆事故。有限空间作业中常见的易燃易爆物质有甲烷、氢气等可燃性气体以及铝粉、玉米淀粉、煤粉等可燃性粉尘。

4. 其他安全风险

有限空间内还可能存在淹溺、高处坠落、触电、物体打击、机械伤害、灼烫、坍塌、掩埋和高温高湿等安全风险。

（1）淹溺

作业过程中突然涌入大量液体,以及作业人员因发生中毒、窒息、受伤或不慎跌入液体中,都可能造成人员淹溺。发生淹溺后人体常见的表现有:面部和全身青紫、烦躁不安、抽筋、呼吸困难、吐带血的泡沫痰、昏迷、意识丧失、呼吸心搏停止。

（2）高处坠落

许多有限空间进出口距底部超过 2 m,一旦人员未佩戴有效坠落防护用品,在进出有限空间或作业时有发生高处坠落的风险。高处坠落可能导致四肢、躯干、腰椎等部位受冲击而造成重伤致残,或是因脑部或内脏损伤而致命。

（3）触电

有限空间作业过程中使用电钻、电焊等设备可能存在触电的危险。当通过人体的电流超过一定值(感知电流)时,人就会产生痉挛,不能自主脱离带电体;当通过人体的电流超过 100 mA,就会使人呼吸和心脏停止而死亡。

（4）物体打击

有限空间外部或上方物体掉入有限空间内,以及有限空间内部物体掉落,可能对作业人员造成人身伤害。

（5）机械伤害

有限空间作业过程中可能涉及机械运行,如未实施有效关停,人员可能因机械的意外启动而遭受伤害,造成外伤性骨折、出血、休克、昏迷,严重的会直接导致死亡。

（6）灼烫

有限空间内存在的燃烧体、高温物体、化学品（酸、碱及酸碱性物质等）、强光、放射性物质等因素可能造成人员烧伤、烫伤和灼伤。

（7）坍塌

有限空间在外力或重力作用下，可能因超过自身强度极限或因结构稳定性破坏而引发坍塌事故。人员被坍塌的结构体掩埋后，会因压迫导致伤亡。

6.1.3　有限空间作业主要安全风险辨识

1. 气体危害辨识方法

对于中毒、缺氧窒息、气体燃爆风险，主要从有限空间内部存在或产生、作业时产生和外部环境影响 3 个方面进行辨识。

（1）内部存在或产生的风险

①有限空间内是否储存、使用、残留有毒有害气体以及可能产生有毒有害气体的物质，导致中毒。

②有限空间是否长期封闭、通风不良，或内部发生生物有氧呼吸等耗氧性化学反应，或存在单纯性窒息气体，导致缺氧。

③有限空间内是否储存、残留或产生易燃易爆气体，导致燃爆。

（2）作业时产生的风险

①作业时使用的物料是否会挥发或产生有毒有害、易燃易爆气体，导致中毒或燃爆。

②作业时是否会大量消耗氧气，或引入单纯性窒息气体，导致缺氧。

③作业时是否会产生明火或潜在的点火源，增加燃爆风险。

（3）外部环境影响产生的风险

与有限空间相连或接近的管道内单纯性窒息气体、有毒有害气体、易燃易爆气体扩散、泄漏到有限空间内，导致缺氧、中毒、燃爆等风险。对于中毒、缺氧窒息和气体燃爆风险，使用气体检测报警仪进行针对性的检测是最直接有效的方法。检测后，各类气体浓度评判标准如下。

①有毒气体浓度应低于《工作场所有害因素职业接触限值　第 1 部分：化学有害因素》（GBZ 2.1—2019）规定的最高容许浓度或短时间接触容许浓度，无上述两种浓度值的，应低于时间加权平均容许浓度。

②氧气含量（体积分数）应为 19.5% ~ 23.5%。

③可燃气体浓度应低于爆炸下限的 10%。

2. 其他安全风险辨识方法

（1）对淹溺风险，应重点考虑有限空间内是否存在较深的积水，作业期间是否可能遇到强降雨等极端天气导致水位上涨。

（2）对高处坠落风险，应重点考虑有限空间深度是否超过 2 m，是否在其内进行高于基准面 2 m 的作业。

（3）对触电风险，应重点考虑有限空间内使用的电气设备、电源线路是否存在老化破损。

（4）对物体打击风险，应重点考虑有限空间作业是否需要进行工具、物料传送。

（5）对机械伤害，应重点考虑有限空间内的机械设备是否可能意外启动或防护措施失效。

（6）对灼烫风险，应重点考虑有限空间内是否有高温物体或酸碱类化学品、放射性物质等。

（7）对坍塌风险，应重点考虑处于在建状态的有限空间边坡、护坡、支护设施是否出现松动，或有限空间周边是否有严重影响其结构安全的建（构）筑物等。

3. 常见有限空间作业主要安全风险辨识示例

常见有限空间作业主要安全风险辨识示例见表 6.3。

表 6.3　常见有限空间作业主要安全风险辨识示例

有限空间种类	有限空间	作业可能存在的主要安全风险
地下有限空间	废井、地坑、地窖、通信井	缺氧、高处坠落
	电力工作井（隧道）	缺氧、高处坠落、触电
	热力井（小室）	缺氧、高处坠落、高温高湿、灼烫
	污水井、污水处理池、沼气池、化粪池、下水道	硫化氢中毒、缺氧、可燃性气体爆炸、高处坠落、淹溺
	燃气井（小室）	缺氧、可燃性气体爆炸、高处坠落
	深基坑	缺氧、高处坠落、坍塌

6.1.4　有限空间作业安全防护设备设施

1. 便携式气体检测报警仪

便携式气体检测报警仪可连续实时监测并显示被测气体浓度，当达到设定报警值时可实时报警。按传感器数量划分，便携式气体检测报警仪可分为单一式（图 6.8（a））和复合式（图 6.8（b）、图 6.8（c））；按采样方式划分，便携式气体检测报警仪可分为扩散式(图6.8(a)、图6.8(b))和泵吸式(图6.8(c))。单一式气体检测报警仪内置单一传感器,只能检测一种气体。复合式气体检测报警仪内置多个传感器,可检测多种气体。有限空间作业主要使用复合式气体检测报警仪。扩散式气体检测报警仪利用被测气体自然扩散到达检测仪的传感器进行检测,因此无法进行远距离采样,一般适合作业人员随身携带进入有限空间,在作业过程中实时检测周边气体浓度。泵吸式气体检测报警仪采用一体化吸气泵或者外置吸气泵,通过采气管将远距离的气体吸入检测仪中进行检测。作业前应在有限空间外使用泵吸式气体检测报警仪进行检测。

(a) 单一式扩散式气体检测报警仪

(b) 复合式扩散式气体检测报警仪　　　(c) 复合式泵吸式气体检测报警仪

图6.8　便携式气体检测报警仪

选用便携式气体检测报警仪时应注意的事项。

(1)便携式气体检测报警仪应符合《作业场所环境气体检测报警仪 通用技术要求》(GB 12358—2006)的规定,其检测范围、检测和报警精度应满足工作要求。

(2)便携式气体检测报警仪应每年至少检定或校准1次,量值准确方可使用。

(3)仪器外观检查合格后,在洁净空气下开机,确认"零点"正常后再进行检测;若数据异常,应先进行手动"调零"。

(4)使用泵吸式气体检测报警仪时,应确保采样泵、采样管处于完好状态。

(5)使用后,在洁净环境中待数据回归"零点"后关机。

四合一便携式气体检测报警仪检测范围及低报值见表6.4。

表 6.4　四合一便携式气体检测报警仪检测范围及低报值

检测气体	检测范围	示值误差	最小读数	低报纸
氧气(O_2)	0~30%VOL	<±3%FS	0.1%VOL	19.5%VOL
可燃气(Ex)	0~100%LEL	<±3%FS	1%LEL	20%LEL
一氧化碳(CO)	0~1 000 ppm	<±3%FS	1 ppm	50 ppm
硫化氢(H_2S)	0~100 ppm	<±3%FS	1 ppm	10 ppm

注:上表为四合一便携式气体检测报警仪主要检测项目,根据现场实际需要可增加仪器检测项目。

2. 呼吸防护用品

根据呼吸防护方法,呼吸防护用品可分为隔绝式和过滤式两大类。

(1)隔绝式呼吸防护用品

隔绝式呼吸防护用品能使佩戴者呼吸器官与作业环境隔绝,靠本身携带的气源或者通过导气管引入作业环境以外的洁净气源供佩戴者呼吸。常见的隔绝式呼吸防护用品有长管呼吸器、正压式空气呼吸器和隔绝式紧急逃生呼吸器。

①长管呼吸器

长管呼吸器主要分为自吸式、连续送风式和高压送风式 3 种。自吸式长管呼吸器依靠佩戴者自主呼吸,克服过滤元件阻力,将清洁的空气吸进面罩内(图 6.9(a));连续送风式长管呼吸器通过风机或空压机供气为佩戴者输送洁净空气(图 6.9(b))、图 6.9(c));高压送风式长管呼吸器通过压缩空气或高压气瓶供气为佩戴者提供洁净空气(图 6.9(d))。自吸式长管呼吸器使用时可能存在面罩内气压小于外界气压的情况,此时外部有毒有害气体会进入面罩内,因此有限空间作业时不能使用自吸式长管呼吸器,而应选用符合《呼吸防护长管呼吸器》(GB 6220—2009)的连续送风式或高压送风式长管呼吸器。

(a) 自吸式　　　(b) 电动送风式　　　(c) 空压机送风式　　　(d) 高压送风式

图 6.9　长管呼吸器分类

②正压式空气呼吸器

正压式空气呼吸器(图 6.10)是使用者自带压缩空气源的一种正压式隔绝式呼吸防护用品。正压式空气呼吸器使用时间受气瓶气压和使用者呼吸量等因素影响,一般供气时间为 40 min 左右,主要用于应急救援或在危险性较高的作业环境内短时间作业使用,但不能在水下使用。正压式空气呼吸器应符合《自给开路式压缩空气呼吸器》(GB/T 16556—2007)的规定。

图 6.10　正压式空气呼吸器

③隔绝式紧急逃生呼吸器

隔绝式紧急逃生呼吸器(图 6.11)是在出现意外情况时,帮助作业人员自主逃生使用的隔绝式呼吸防护用品,一般供气时间为 15 min 左右。

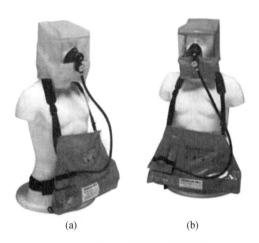

(a)　　　　　　　　　(b)

图 6.11　隔绝式紧急逃生呼吸器

在呼吸防护用品使用前应确保其完好、可用。各呼吸器使用前检查要点参见表6.5。

表6.5　呼吸防护用品使用前检查要点

检查要点	连续送风式长管呼吸器	高压送风式长管呼吸器	正压式空气呼吸器	隔绝式紧急逃生呼吸器
面罩气密性是否完好	√	√	√	√
导气管是否破损，气路是否通畅	√	√	√	√
送风机是否正常送风	√			
气瓶气压是否不低于25 MPa 最低工作压力		√	√	√
报警哨是否在(5.5±0.5)MPa 时开始报警并持续发出鸣响		√	√	
气瓶是否在检验有效期内		√	√	√

注:根据《气瓶安全技术监察规程》(TSG R0006—2014)的要求,气瓶应每3年送至有资质的单位检验1次。

呼吸防护用品使用后应根据产品说明书的指引定期清洗和消毒,不用时应存放于清洁、干燥、无油污、无阳光直射和无腐蚀性气体的地方。

3. 过滤式呼吸防护用品

过滤式呼吸防护用品能把使用者从作业环境吸入的气体通过净化部件吸附、吸收、催化或过滤等作用,去除其中有害物质后作为气源供使用者呼吸。常见的过滤式呼吸防护用品有防尘口罩和防毒面具等。在选用过滤式呼吸防护用品时应充分考虑其局限性,主要如下。

(1)过滤式呼吸防护用品不能在缺氧环境中使用。

(2)现有的过滤元件不能防护全部有毒有害物质。

(3)过滤元件容量有限,防护时间会随有毒有害物质浓度的升高而缩短,有毒有害物质浓度过高时甚至可能瞬时穿透过滤元件。鉴于过滤式呼吸防护用品的局限性和有限空间作业的高风险性,作业时不宜使用过滤式呼吸防护用品,若使用必须严格论证,充分考虑有限空间作业环境中有毒有害气体种类和浓度范围,确保所选用的过滤式呼吸防护用品与作业环境中有毒有害气体相匹配,防护能力满足作业安全要求,并在使用

过程中加强监护,确保使用人员安全

4. 坠落防护用品

有限空间作业常用的坠落防护用品主要包括全身式安全带(图6.12(a))、速差自控器(图6.12(b))、安全绳(图6.12(c))以及三脚架(图6.12(d))等。

(a) 全身式安全带　　　(b) 速差自控器(防坠器)　　　(c) 安全绳　　　(d) 三脚架(挂点装置)

图 6.12　坠落防护用品

(1)全身式安全带

全身式安全带可在坠落者坠落时保持其正常体位,防止坠落者从安全带内滑脱,还能将冲击力平均分散到整个躯干部分,减少对坠落者的身体伤害。全身式安全带应在制造商规定的期限内使用,一般不超过 5 年,如发生坠落事故或有影响安全性能的损伤,则应立即更换;使用环境特别恶劣或者使用格外频繁的,应适当缩短全身式安全带的使用期限。

(2)速差自控器

速差自控器又称速差器、防坠器等,使用时安装在挂点上,通过装有可伸缩长度的绳(带)串联在系带和挂点之间,在坠落发生时因速度变化引发制动,从而对坠落者进行防护。

(3)安全绳

安全绳是在安全带中连接系带与挂点的绳(带),一般与缓冲器配合使用,起到吸收冲击能量的作用。

(4)三脚架

三脚架作为一种移动式挂点装置广泛用于有限空间作业(垂直方向)中,特别是三脚架与绞盘、速差自控器、安全绳、全身式安全带等配合使用,可用于有限空间作业的坠落防护和事故应急救援。

5. 其他个体防护用品

为避免或减轻人员头部受到伤害,有限空间作业人员应佩戴安全帽(图6.13(a))。安全帽应在产品的有效期内使用,受到较大冲击后,无论是否发现帽壳有明显的断裂纹或变形,都应停止使用立即更换。

(a) 安全帽　　(b) 防护服　　(c) 防护手套　　(d) 防护眼镜　　(e) 防护鞋

图 6.13　个体防护用品

单位应根据有限空间作业环境特点,按照《个体防护装备选用规范》(GB/T 11651—2008)为作业人员配备防护服(图 6.13(b))、防护手套(图 6.13(c))、防护眼镜(图 6.13(d))、防护鞋(图 6.13(e))等个体防护用品。例如,易燃易爆环境,应配备防静电服、防静电鞋;涉水作业环境,应配备防水服、防水胶鞋;有限空间作业时可能接触酸碱等腐蚀性化学品的,应配备防酸碱防护服、防护鞋、防护手套等。

6. 安全器具

(1) 通风设备

移动式风机(图 6.14)是对有限空间进行强制通风的设备,通常有送风和排风 2 种通风方式。使用时应注意:

图 6.14　移动式风机和风管

①移动式风机应与风管配合使用。

②使用前应检查风管有无破损,风机叶片是否完好,电线有无裸露,插头有无松动,风机能否正常运转

(2)照明设备

当有限空间内照度不足时,应使用照明设备。有限空间作业常用的照明设备有头灯(图 6.15(a))、手电(图 6.15(b))等。使用前应检查照明设备电池电量,保证作业过程中能够正常使用。有限空间内使用照明灯具电压应不大于 24 V,在积水、结露等潮湿环境的有限空间和金属容器中作业,照明灯具电压应不大于 12 V。

(3)通信设备

当作业现场无法通过目视、喊话等方式进行沟通时,应使用对讲机(图 6.16)等通信设备,便于现场作业人员之间的沟通。

7. 围挡设备和警示设施

有限空间作业过程中常用的围挡设备如图 6.17 所示,常用的安全警示标志或安全告知牌如图 6.18 所示

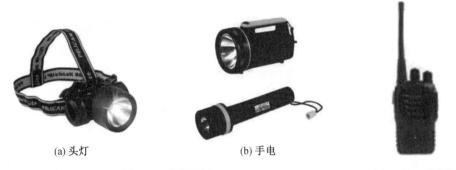

(a) 头灯　　　　　　　　　(b) 手电

图 6.15　照明设备　　　　　　　　　图 6.16　对讲机

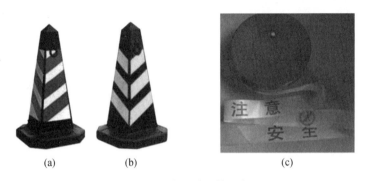

(a)　　　　　　(b)　　　　　　　　　(c)

图 6.17　常用的围挡设备

(a)　　　　　　　(b)　　　　　　　(c)

图 6.18　安全警示标志或安全告知牌

6.1.5　有限空间作业安全风险防控与事故隐患排查

1. 有限空间作业安全管理措施

(1)建立健全有限空间作业安全管理制度

为规范有限空间作业安全管理,存在有限空间作业的单位应建立健全有限空间作业安全管理制度和安全操作规程。安全管理制度主要包括安全责任制度、作业审批制度、作业现场安全管理制度、相关从业人员安全教育培训制度、应急管理制度等。有限空间作业安全管理制度应纳入单位安全管理制度体系一管理,可单独建立,也可与相应的安全管理制度进行有机融合。在制度和操作规程内容方面:一方面要符合相关法律法规、规范和标准要求;另一方面要充分结合本单位有限空间作业的特点和实际情况,确保具备科学性和可操作性。

(2)辨识有限空间并建立健全管理台账

存在有限空间作业的单位应根据有限空间的定义,辨识本单位存在的有限空间及其安全风险,确定有限空间数量、位置、名称、主要危险有害因素、可能导致的事故及后果、防护要求、作业主体等情况,建立有限空间管理台账并及时更新。有限空间管理台账样式可参照表6.6。

表 6.6　有限空间管理台账示例

序号	所在区域	有限空间名称或编号	主要危险有害因素	事故及后果	防护要求	作业主体

(3)设置安全警示标志或安全告知牌

对辨识出的有限空间作业场所,应在显著位置设置安全警示标志或安全告知牌,以提醒人员增强风险防控意识并采取相应的防护措施。

(4)开展相关人员有限空间作业安全专项培训

单位应对有限空间作业分管负责人、安全管理人员、作业现场负责人、监护人员、作业人员、应急救援人员进行专项安全培训。参加培训的人员应在培训记录上签字确认,单位应妥善保存培训相关材料。培训内容主要包括:有限空间作业安全基础知识,有限空间作业安全管理,有限空间作业危险有害因素和安全防范措施,有限空间作业安全操作规程,安全防护设备、个体防护用品及应急救援装备的正确使用,紧急情况下的应急处置措施等。企业分管负责人和安全管理人员应当具备相应的有限空间作业安全生产知识与管理能力。有限空间作业现场负责人、监护人员、作业人员和应急救援人员应当了解和掌握有限空间作业危险有害因素与安全防范措施,熟悉有限空间作业安全操作规程、设备使用方法、事故应急处置措施及自救和互救知识等。

（5）配置有限空间作业安全防护设备设施

为确保有限空间作业安全，单位应根据有限空间作业环境和作业内容，配备气体检测设备、呼吸防护用品、坠落防护用品、其他个体防护用品和通风设备、照明设备、通信设备以及应急救援装备等。单位应加强设备设施的管理和维护保养，并指定专人建立设备台账，负责维护、保养和定期检验、检定和校准等工作，确保处于完好状态，发现设备设施影响安全使用时，应及时修复或更换。

（6）制定应急救援预案并定期演练

单位应根据有限空间作业的特点，辨识可能发生的安全风险，明确救援工作的分工及职责、现场处置程序等，按照《生产安全事故应急预案管理办法》（应急管理部令第 2 号）和《生产经营单位生产安全事故应急预案编制导则》（GB/T 29639—2020），制订科学、合理、可行、有效的有限空间作业安全事故专项应急预案或现场处置方案，定期组织培训，确保有限空间作业现场负责人、监护人员、作业人员以及应急救援人员掌握应急预案内容。有限空间作业安全事故专项应急预案应每年至少组织 1 次演练，现场处置方案应至少每半年组织 1 次演练。

（7）加强有限空间发包作业管理

将有限空间作业发包的，承包单位应具备相应的安全生产条件，即应满足有限空间作业安全所需的安全生产责任制、安全生产规章制度、安全操作规程、安全防护设备、应急救援装备、人员资质和应急处置能力等方面的要求。发包单位对发包作业安全承担主体责任。发包单位应与承包单位签订安全生产管理协议，明确双方的安全管理职责，或在合同中明确约定各自的安全生产管理职责。发包单位应对承包单位的作业方案和实施的作业进行审批，对承包单位的安全生产工作统一协调、管理，定期进行安全检查，发现安全问题的，应当及时督促整改。承包单位对其承包的有限空间作业安全承担直接责任，应严格按照有限空间作业安全要求开展作业。

2. 有限空间作业过程风险防控

有限空间作业各阶段风险防控关键要素如图 6.19 所示。

（1）作业审批

①制订作业方案

作业前应对作业环境进行安全风险辨识，分析存在的危险有害因素，提出消除、控制危害的措施，编制详细的作业方案。作业方案应经本单位相关人员审核和批准。

②明确人员职责

根据有限空间作业方案，确定作业现场负责人、监护人员、作业人员，并明确其安全职责。根据工作实际，现场负责人和监护人员可以为同一人。相关人员主要安全职责见表 6.7。

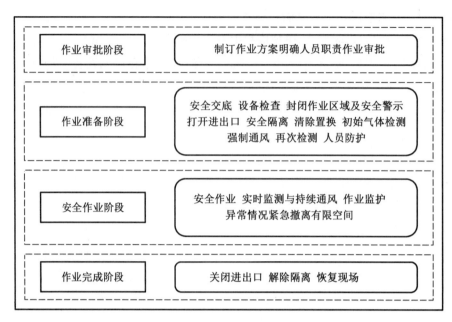

图 6.19 有限空间作业各阶段风险防控关键要素

表 6.7 作业现场负责人、监护人员、作业人员主要安全职责

人员类别	主要安全职责
作业现场负责人	1.填写有限空间作业审批材料,办理作业审批手续; 2.对全体人员进行安全交底; 3.确认作业人员上岗资格、身体状况符合要求; 4.掌控作业现场情况,作业环境和安全防护措施符合要求后许可作业,当有限空间作业条件发生变化且不符合安全要求时,终止作业; 5.发生有限空间作业事故,及时报告,并按要求组织现场处置
监护人员	1.接受安全交底; 2.检查安全措施的落实情况,发现落实不到位或措施不完善时,有权下达暂停或终止作业的指令; 3.持续对有限空间作业进行监护,确保和作业人员进行有效的信息沟通; 4.出现异常情况时,发出撤离警告,并协助人员撤离有限空间; 5.警告并劝离未经许可试图进入有限空间作业区域的人员
作业人员	1.接受安全交底; 2.遵守安全操作规程,正确使用有限空间作业安全防护设备与个体防护用品; 3.服从作业现场负责人安全管理,接受现场安全监督,配合监护人员的指令,作业过程中与监护人员定期进行沟通; 4.出现异常时立即中断作业,撤离有限空间

③作业审批

应严格执行有限空间作业审批制度。审批内容应包括但不限于是否制订作业方案、是否配备经过专项安全培训的人员、是否配备满足作业安全需要的设备设施等。审批负责人应在审批单上签字确认,未经审批不得擅自开展有限空间作业。

（2）作业准备

①安全交底

作业现场负责人应对实施作业的全体人员进行安全交底,告知作业内容、作业过程中可能存在的安全风险、作业安全要求和应急处置措施等。交底后,交底人与被交底人双方应签字确认。

②设备检查

作业前应对安全防护设备、个体防护用品、应急救援装备、作业设备和用具的齐备性与安全性进行检查,发现问题应立即修复或更换。当有限空间可能为易燃易爆环境时,设备和用具应符合防爆安全要求。

③封闭作业区域及安全警示

应在作业现场设置围挡(图6.20),封闭作业区域,并在进出口周边显著位置设置安全警示标志或安全告知牌。

图6.20　作业现场围挡

占道作业的,应在作业区域周边设置交通安全设施(图6.21(a))。夜间作业的,作业区域周边显著位置应设置警示灯,人员应穿着高可视警示服(图6.21(b))。

(a) 交通安全设施

(b) 高可视警示服

图 6.21 占道、夜间作业安全警示

④打开进出口

作业人员站在有限空间外上风侧,打开进出口进行自然通风,如图 6.22 所示。可能存在爆炸危险的,开启时应采取防爆措施;若受进出口周边区域限制,作业人员开启时可能接触有限空间内涌出的有毒有害气体的,应佩戴相应的呼吸防护用品。

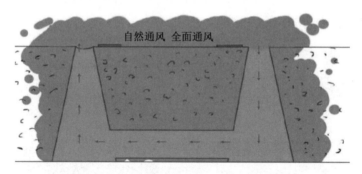

自然通风 全面通风

图 6.22 打开有限空间进出口进行自然通风

⑤安全隔离

存在可能危及有限空间作业安全的设备设施、物料及能源时,应采取封闭、封堵、切断能源等可靠的隔离(隔断)措施,并上锁挂牌或设专人看管,防止无关人员意外开启或移除隔离设施。

⑥清除置换

有限空间内盛装或残留的物料对作业存在危害时,应在作业前对物料进行清洗、清空或置换。

⑦初始气体检测

作业前应在有限空间外上风侧,使用泵吸式气体检测报警仪对有限空间内气体进行检测。有限空间内仍存在未清除的积水、积泥或物料残渣时,应先在有限空间外利用工具进行充分搅动,使有毒有害气体充分释放。检测应从出入口开始,沿人员进入有限空间的方向进行。垂直方向的检测由上至下,至少进行上、中、下三点检测(图 6.23),水平方向的检测由近至远,至少进行进出口近端点和远端点两点检测。

图 6.23　垂直方向气体检测

作业前应根据有限空间内可能存在的气体种类进行有针对性检测,但应至少检测氧气、可燃气体、硫化氢和一氧化碳。当有限空间内气体环境复杂,作业单位不具备检测能力时,应委托具有相应检测能力的单位进行检测。

检测人员应当记录检测的时间、地点、气体种类、浓度等信息,并在检测记录表上签字。有限空间内气体浓度检测合格后方可作业。

⑧强制通风

经检测,有限空间内气体浓度不合格的,必须对有限空间进行强制通风。强制通风时应注意:

a. 作业环境存在爆炸危险的,应使用防爆型通风设备。

b. 应向有限空间内输送清洁空气,禁止使用纯氧通风。

c. 有限空间仅有 1 个进出口时,应将通风设备出风口置于作业区域底部进行送风。有限空间有 2 个或 2 个以上进出口、通风口时,应在临近作业人员处进行送风,远离作业人员处进行排风,且出风口应远离有限空间进出口,防止有害气体循环进入有限空间。风机、风管的设置如图 6.24 所示。

d. 有限空间设置固定机械通风系统的,作业过程中应全程运行。

⑨再次检测

对有限空间进行强制通风一段时间后,应再次进行气体检测。检测结果合格后方可作业;检测结果不合格的,不得进入有限空间作业,必须继续进行通风,并分析可能造成气体浓度不合格的原因,采取更具针对性的防控措施。

图 6.24　风机、风管的设置

⑩人员防护

气体检测结果合格后,作业人员在进入有限空间前还应根据作业环境选择并佩戴符合要求的个体防护用品与安全防护设备,主要有安全帽、全身式安全带、安全绳、呼吸防护用品、便携式气体检测报警仪、照明灯和对讲机等,如图 6.25 所示。

图 6.25　人员防护要求

（3）安全作业

在确认作业环境、作业程序、安全防护设备和个体防护用品等符合要求后,作业现场负责人方可许可作业人员进入有限空间作业。

①注意事项

a. 作业人员使用踏步、安全梯进入有限空间的,作业前应检查其牢固性和安全性,确保进出安全。

b. 作业人员应严格执行作业方案,正确使用安全防护设备和个体防护用品,作业过程中与监护人员保持有效的信息沟通。

c. 传递物料时应稳妥、可靠,防止滑脱;起吊物料所用绳索、吊桶等必须牢固、可靠,避免吊物时突然损坏、物料掉落。

d. 应通过轮换作业等方式合理安排工作时间,避免人员长时间在有限空间工作。

②实时监测与持续通风

作业过程中,应采取适当的方式对有限空间作业面进行实时监测。监测方式有两种:一种是监护人员在有限空间外使用泵吸式气体检测报警仪对作业面进行监护检测;

另一种是作业人员自行佩戴便携式气体检测报警仪对作业面进行个体检测,如图 6.26 所示。

(a) 有限空间外监护监测　　　　　　(b) 有限空间内个体检测

图 6.26　作业过程中实时监测气体浓度

除了实时监测外,作业过程中还应持续进行通风。当有限空间内进行涂装作业、防水作业、防腐作业以及焊接等动火作业时,应持续进行机械通风。

③作业监护

监护人员应在有限空间外全程持续监护,不得擅离职守,主要做好两方面工作:

a. 跟踪作业人员的作业过程,与其保持信息沟通,发现有限空间气体环境发生不良变化、安全防护措施失效和其他异常情况时,应立即向作业人员发出撤离警报,并采取措施协助作业人员撤离。

b. 防止未经许可的人员进入作业区域。

④异常情况紧急撤离有限空间

作业期间发生下列情况之一时,作业人员应立即中断作业,撤离有限空间:

a. 作业人员出现身体不适。

b. 安全防护设备或个体防护用品失效。

c. 气体检测报警仪报警。

d. 监护人员或作业现场负责人下达撤离命令。

e. 其他可能危及安全的情况。

(4)作业完成

有限空间作业完成后,作业人员应将全部设备和工具带离有限空间,清点人员和设备,确保有限空间内无人员和设备遗留后,关闭进出口,解除本次作业前采取的隔离、封闭措施,恢复现场环境后安全撤离作业现场。有限空间作业安全风险防控确认表见表 6.8。

表 6.8　有限空间作业安全风险防控确认表

序号	确认内容	确认结果	确认人
1	是否制订作业方案,作业方案是否经本单位相关人员审核和批准		
2	是否明确现场负责人、监护人员和作业人员及其安全职责		
3	作业现场是否有作业审批表,审批项目是否齐全,是否经审批负责人签字同意		
4	作业安全防护设备、个体防护用品和应急救援装备是否齐全、有效		
5	作业前是否进行安全交底,交底内容是否全面,交底人员及被交底人员是否签字确认		
6	作业现场是否设置围挡设施,是否设置符合要求的安全警示标志或安全告知牌		
7	是否安全开启进出口,进行自然通风		
8	作业前是否根据环境危害情况采取隔离、清除、置换等合理的工程控制措施		
9	作业前是否使用泵吸式气体检测报警仪对有限空间进行气体检测,检测结果是否符合作业安全要求		
10	气体检测不合格的,是否采取强制通风		
11	强制通风后是否再次进行气体检测,进入有限空间作业前,气体浓度是否符合安全要求		
12	作业人员是否正确佩戴个体防护用品和使用安全防护设备		
13	作业人员是否经现场负责人许可后进入作业		
14	作业期间是否实时监测作业面气体浓度		
15	作业期间是否持续进行强制通风		
16	作业期间,监护人员是否全程监护		
17	出现异常情况是否及时采取妥善的应对措施		
18	作业结束后是否恢复现场并安全撤离		

3. 有限空间作业主要事故隐患排查

存在有限空间作业的单位应严格落实各项安全防控措施,定期开展排查并消除事故隐患。有限空间作业主要事故隐患排查表见表6.9。

表 6.9 有限空间作业主要事故隐患排查表

序号	项目	隐患内容	隐患分类
1	有限空间作业方案和作业审批	有限空间作业前,未制订作业方案或未经审批擅自作业	重大隐患
2	有限空间作业场所辨识和设置安全警示标志	未对有限空间作业场所进行辨识并设置明显安全警示标志	重大隐患
3	有限空间管理台账	未建立有限空间管理台账并及时更新	一般隐患
4	有限空间作业气体检测	有限空间作业前及作业过程中未进行有效的气体检测或监测	一般隐患
5	劳动防护用品配置和使用	未根据有限空间存在危险有害因素的种类和危害程度,为从业人员配备符合国家或行业标准的劳动防护用品,并督促其正确使用	一般隐患
6	有限空间作业安全监护	有限空间作业现场未设置专人进行有效监护	一般隐患
7	有限空间作业安全管理制度和安全操作规程	未根据本单位实际情况建立有限空间作业安全管理制度和安全操作规程,或制度、规程照搬照抄,与实际不符	一般隐患
8	有限空间作业安全专项培训	未对从事有限空间作业的相关人员进行安全专项培训,或培训内容不符合要求	一般隐患
9	有限空间作业事故应急救援预案和演练	未根据本单位有限空间作业的特点,制定事故应急预案,或未按要求组织应急演练	一般隐患
10	有限空间作业承发包安全管理	有限空间作业承包单位不具备有限空间作业安全生产条件,发包单位未与承包单位签订安全生产管理协议或未在承包合同中明确各自的安全生产职责,发包单位未对承包单位作业进行审批,发包单位未对承包单位的安全生产工作定期进行安全检查	一般隐患

6.1.6　有限空间作业流程

1. 作业审批

作业审批由现场负责人对人力资源、安全防护措施等内容把关,符合要求后方可开具作业审批单。

2. 作业准备

对作业人员进行安全交底教育,明确作业任务、作业程序、作业分工、作业中可能存在的危险因素及应采取的防护措施等;对防护用具进行检查,并正确佩戴。

3. 危害告知

对作业场所张贴危险告知牌,警示作业者存在危害因素,警告周围无关人员远离危险作业点。

4. 安全隔离

将所从事有毒有害危险空间与作业场所隔离,确保作业安全。

5. 清除置换

在进入有限空间作业前采用有效措施,清除有限空间中的污染物,必要时用水车清洗作业环境。

6. 检测分析

进入有限空间前必须进行有毒有害气体分析,检测氧气、可燃气体、有毒气体浓度并如实记录。

7. 通风换气

无论气体监测是否合格都必须全程通风换气,保证作业中产生的有毒有害气体顺利排除。

8. 正确防护

作业人员进入有毒有害作业环境后,必须佩戴劳保防护用具,包括防护服、正压式呼吸器等。

9. 安全监护

由两名持证人员进行现场不间断监护工作。

10. 安全撤离

当完成有限空间作业后,监护人员要确保进入有限空间作业人员全部退出作业场所,清点人数无误,方可关闭有限空间盖板、人孔、洞口等出入口。然后清点物资,清理有限空间外部作业环境。

6.2　有限空间作业事故应急救援

通过对近年来有限空间作业事故进行分析发现,盲目施救问题非常突出,近80%的事故由于盲目施救导致伤亡人数增多,在有限空间作业事故致死人员中超过50%的为救援人员。因此,必须杜绝盲目施救,避免伤亡扩大。

当作业过程中出现异常情况时,作业人员在还具有自主意识的情况下,应采取积极主动的自救措施。作业人员可使用隔绝式紧急逃生呼吸器等救援逃生设备,提高自救成功效率(图6.27(a))。如果作业人员自救逃生失败,应根据实际情况采取非进入式救援或进入式救援方式。

(a) 自救　　　　　　　(b) 非进入式　　　　　　(c) 进入式

图6.27　有限空间事故应急救援

1. 非进入式救援

非进入式救援(图6.27(b))是指救援人员在有限空间外,借助相关设备与器材,安全快速地将有限空间内受困人员移出有限空间的一种救援方式。非进入式救援是一种相对安全的应急救援方式,但需至少同时满足以下2个条件:

(1)有限空间内受困人员佩戴了全身式安全带,且通过安全绳索与有限空间外的挂点可靠连接。

(2)有限空间内受困人员所处位置与有限空间进出口之间通畅、无障碍物阻挡。

2. 进入式救援

当受困人员未佩戴全身式安全带,也无安全绳与有限空间外部挂点连接,或因受困人员所处位置无法实施非进入式救援时,就需要救援人员进入有限空间内实施救援。进入式救援(图6.27(c))是一种风险很大的救援方式,一旦救援人员防护不当,极易出现伤亡扩大。

实施进入式救援,要求救援人员必须采取科学的防护措施,确保自身防护安全、有效。同时,救援人员应经过专门的有限空间救援培训和演练,能够熟练使用防护用品和救援设备设施,并确保能在自身安全的前提下成功施救。若救援人员未得到足够防护,不能保障自身安全,则不得进入有限空间实施救援。

6.2.1 应急救援装备配置

应急救援装备是开展救援工作的重要基础。有限空间作业事故应急救援装备主要包括便携式气体检测报警仪(图6.28(a))、大功率机械通风设备(图6.28(b))、照明工具(图6.28(c))、通信设备(图6.28(d))、正压式空气呼吸器(图6.28(e))或高压送风式长管呼吸器(图6.28(f))、安全帽(图6.28(g))、全身式安全带(图6.28(h))、安全绳(图6.28(i))、有限空间进出及救援系统(图6.28(j)、图6.28(k)、图6.28(l))等。上述装备与此前介绍的作业用安全防护设备和个体防护用品并无区别,发生事故后,作业配置的安全防护设备设施符合应急救援装备要求时,可用于应急救援。

救援注意事项:

一旦发生有限空间作业事故,作业现场负责人应及时向本单位报告事故情况,在分析事发有限空间环境危害控制情况、应急救援装备配置情况以及现场救援能力等因素的基础上,判断可否采取自主救援以及采取何种救援方式。

若现场具备自主救援条件,应根据实际情况采取非进入式或进入式救援,并确保救援人员人身安全;若现场不具备自主救援条件,应及时拨打119和120,依靠专业救援力量开展救援工作,决不允许强行施救。

受困人员脱离有限空间后,应迅速被转移至安全、空气新鲜处,进行正确、有效的现场救护,以挽救人员生命,减轻伤害。

6.2.2 应急预案编制格式和要求

综合应急预案是从总体上阐述事故的应急方针、政策,应急组织结构及相关应急职责,应急行动、措施和保障等基本要求与程序,是应对各类事故综合性文件。综合应急预案的主要如下。

1. 总则

(1)编制目的

简述预案编制的目的、作用等。

(2)编制依据

简述预案编制所依据的国家法律法规、规章,以及有关行业管理规定和技术规范与标准等。

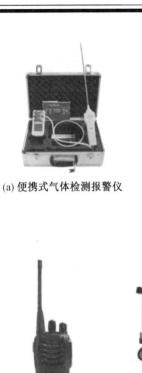

(a) 便携式气体检测报警仪

(b) 大功率机械通风设备

(c) 照明工具

(a) 通信设备

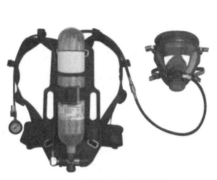

(b) 正压式空气呼吸器

(c) 高压送风式长管呼吸器

(d) 安全帽

(e) 全身式安全带

(f) 安全绳

(g) 三脚架救援系统（垂直方向）

(h) 侧边进入系统（水平方向）　　(i) 便携式吊杆系统（水平／垂直方向）

图 6.28　应急救援装备

（3）适用范围

说明应急预案适用的区域范围，以及事故的类型、级别。

（4）应急预案体系

说明本单位应急预案体系的构成情况。

注：生产经营单位应急预案体系的主要划分为综合预案、专项预案、现场预案三个层次。

（5）工作原则

说明本单位应急工作的原则，内容应简明扼要、明确具体。

2. 生产经营单位的危险性分析

（1）生产经营单位概况

主要包括单位的地址、从业人数、隶属关系、主要原材料、主要产品、产量等内容，以及周边重大危险源、重要设施、目标、场所和周边布局情况。必要时，可附平面图进行说明。

（2）危险源与风险分析

主要阐述本单位存在的危险源与风险分析结果。

3. 组织机构及职责

（1）应急组织体系

明确应急组织形式，构成单位或人员，并尽可能以结构图的形式表示出来。

（2）指挥机构及职责

明确应急指挥机构总指挥、副总指挥、各成员单位及其相应职责。应急救援指挥机构根据事故类型和应急工作需要，可以设置相应的应急救援工作小组，并明确各小组的工作任务及职责。

4. 预防与预警

（1）危险源监控

明确本单位对危险源监测监控的方式、方法，以及采取的预防措施。

（2）预警行动

明确事故预警条件、方式、方法和信息的发布程序。

（3）信息报告与处置

按照有关规定，明确事故及未遂伤亡事故信息报告与处置办法。

①信息报告与通知

明确 24 小时值守电话、事故信息接收和通报程序。

②信息上报

明确事故发生后向上级主管部门和地方人民政府报告事故信息的流程、内容与时限。

③信息传递

明确事故发生后向有关部门或单位通报事故信息的方法和程序。

5. 应急响应

（1）应急分级

针对事故危害程度、影响范围和单位控制事态能力，将事故分为不同的等级。按照分级负责的原则，明确应急响应级别。

（2）响应程序

根据事故的大小和发展态势，明确应急指挥、应急行动、资源调配、应急避险、扩大应急等响应程序。

（3）应急结束

明确应急终止的条件。事故现场得以控制，环境符合有关标准，导致次生、衍生事故隐患消除后，经事故现场应急指挥机构批准后，现场应急结束。

应急结束后，应明确：

①事故情况上报事项；

②需向事故调查处理小组移交的相关事项；

③事故应急救援工作总结报告。

6. 信息发布

明确事故信息发布的部门，发布原则。事故信息应由事故现场指挥部及时准确向新闻媒体通报事故信息。

7. 后期处置

主要包括污染物处理、事故后果影响消除、生产秩序恢复、善后赔偿、抢险过程和应急救援能力评估及应急预案的修订内容。

8. 保障措施

（1）通信与信息保障

明确参与应急工作相关联的单位或部门人员通信联系方式和方法，并提供备用方案。建立信息通信系统及维护方案，确保应急期间信息通畅。

（2）应急队伍保障

明确各类应急响应的人力资源，包括专业应急救援队伍、兼职应急救援队伍的组织与保障方案。

（3）应急物资装备保障

明确应急救援需要使用的应急物资和装备的类型、数量、性能和存放位置、管理责任人及其联系方式等内容。

（4）经费保障

明确应急专项经费来源、使用范围、数量和监督措施,保障应急状态时生产经营单位应急经费的及时到位。

（5）其他保障

根据本单位应急工作需要而确定其他相关保障措施。（如交通运输保障、治安保障、技术保障、医疗保障、后勤保障等。）

9. 培训与演练

（1）培训

明确对本单位人员开展的应急培训计划、方式和要求。如果预案涉及社区和居民,要做好宣传教育和告知等工作。

（2）演习

明确应急演练的规模、方式、频次、范围、内容、组织、评估、总结等内容。

10. 奖惩

明确事故应急救援工作中奖励和处罚的条件与内容。

11. 附则

（1）术语和定义

对应急预案涉及的一些术语进行定义。

（2）应急预案备案

明确本应急预案的报备部门。

（3）维护和更新

明确应急预案维护和更新的基本要求,定期进行评审,实现可持续改进。

（4）制定与解释

明确应急预案负责制定与解释的部门。

（5）应急预案实施

明确应急预案实施的具体时间。

6.2.3 应急预案编制—中毒和窒息事故专项应急预案

1. 事故风险分析

（1）风险分析

中毒和窒息指人接触有毒物质,如误吃有毒食物或呼吸有毒气体引起的人体急性中毒事故,或在废弃的坑道、暗井、涵洞、地下管道等不通风地方工作,因为氧气缺乏,有时会发生突然晕倒,甚至死亡的事故称为窒息。两种现象合为一体,称为中毒和窒息事故。不适用与病理变化导致的中毒和窒息的事故,也不适用与慢性中毒的职业病导致的死亡。

项目建设活动中涉及沼气、CO、CO_2、CH_4、H_2S 等多种有毒物质,一旦出现超标,处理不当将会造成作业人员及周边区域人员中毒或窒息:

①生产过程中的最大危险因素是火灾爆炸及中毒。沼气、CO 等物质一旦超标可发生火灾爆炸及中毒事故,且 CO、CH_4、H_2S 极易发生急性中毒事故。

②进入受限空间作业时,由于管道内有机质腐烂等,有可能积聚有毒有害气体、氧含量过低等,若操作人员未做气体分析、氧含量分析、气体置换、未戴防毒面具等容易造成中毒窒息等事故。

③焦油蒸馏装置中存在大量的轻油、焦油、酚油、沥青等毒性物质,若这些物质发生泄漏,不能及时收集、处理或收集人员未佩戴防毒面具,会导致人员中毒和窒息的事故发生。

危险程度:较大危险。

事故后果:人员伤亡。

(2)事故类型

中毒和窒息。

(3)事故风险严重程度分析

项目建设活动中涉及沼气、CO、CO_2、CH_4、H_2S 等多种有毒物质,一旦出现超标,处理不当将会造成作业人员及周边区域人员中毒或窒息:可能存在 H_2S、CO、有毒化学品、缺氧等,如果受限空间作业未采取可靠的安全措施或采取的措施不当,就有可能发生中毒和窒息等事故。

(4)事故发生的诱因

①作业人员和监护人不了解现场情况或未辨识出潜在的风险。

②受限空间作业未采取有效的安全隔绝、清洗或置换、通风、监测、消除点火源等防火防爆措施。

③在缺氧、有毒环境中,未采取有效的安全隔绝、置换、通风、监测、个体防护等措施。

④发生中毒窒息事故时救援措施不当以及盲目施救。

2. 应急指挥机构

应急组织机构框图如图 6.29 所示。

3. 处置程序

应急准备和响应工作程序如图 6.30 所示。

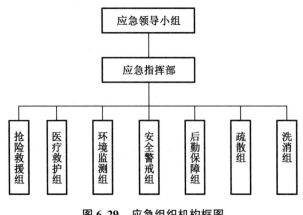

图 6.29　应急组织机构框图

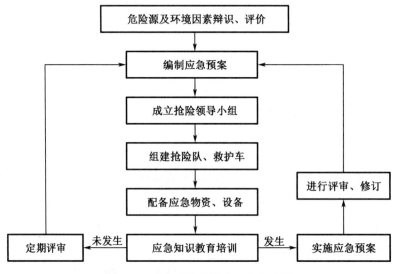

图 6.30　应急准备和响应工作程序图

（1）监测和预警

①监控预防

a. 对含有有毒物质的地下管道、工作井、污水池及其相关设施定期检查并维护保养防止泄漏。

b. 加强毒性物质过程安全管理。

c. 抽堵盲板、检维修、异常情况处理等高危作业活动时辨识有毒有害风险、落实防毒安全措施、正确佩戴防护用品。

d. 加强受限空间作业管理，在缺氧、有毒环境中采取有效的安全隔绝、置换、通风、监测、个体防护等措施，一旦发生事故避免盲目施救。

e. 对从事有毒作业、有窒息危险作业人员,必须进行防毒急救安全知识教育,其内容应包括所从事作业的安全知识、有毒有害气体的危害性、紧急情况下的处理和救护方法等。

f. 在有毒场所作业时,必须佩戴防护用具,必须有人监护。

g. 进入高风险区域巡检、排凝、施工、采样、清理维修等作业时,作业人员应佩戴符合要求的防护用品,携带便携式报警仪,2 人同行,1 人作业,另 1 人监护。

h. 要充分认识到氮气等单纯窒息性气体的危害。过量的氮气会剥夺人类赖以生存的氧气,导致窒息,甚至在几秒内就可以导致人员死亡。氮气是一种"隐形杀手",可以在无任何征兆的情况下致人死亡,所以一定要高度重视氮气的危害。

i. 自救:在可能或确已发生有毒物质泄漏的作业场所,当突然出现头晕、头疼、恶心、无力等症状时,必须想到有发生中毒的可能性,此刻应憋住气,迅速逆风跑出危险区;如遇风向与火源、毒源方向相同时,应往侧面方向跑;如果是在无围栏的高处,以最快的速度抓住东西或趴倒在上风侧,尽量避免坠落;如有可能,尽快启用报警设施,同时,迅速将身边能利用的衣服、毛巾、口罩等用水浸湿后,捂住口鼻脱离现场,以免吸入有毒气体。

j. 互救:救援人员首先摸清被救者所处的环境,要选择合适的防毒面具,在做好防护的前提下将中毒者救出至空气新鲜处;救援人员应从上风、上坡处接近现场,严禁盲目进入。

k. 出现有人中毒、窒息的紧急情况,在场的领导应主动负责指挥,抢救人员必须佩戴隔离式防护面具进入设备,并至少有一人在外部做联络工作,这一点非常重要,发生事故后抢救工作理应分秒必争,但须沉着冷静并正确处理,不能盲目抢救,各行业都曾经发生过多起因施救不当造成伤亡扩大的事故。

②中毒和窒息事故预警

a. 有毒或可燃气体报警仪报警。

b. 发现作业人员异常反应。

c. 闻到异常气味。

d. 听到呼救。

③预警程序

a. 立即拨打 119 和 110 尽快得到专业救助。

b. 必须佩戴防毒劳动防护用品方能进入救援。

c. 救援人员未经批准,不得进入受限空间进行救援。

d. 事故发生后,事故现场有关人员应当立即报告安全管理员,安全管理员接到事故报告后,应立即报告安全负责人,由安全负责人将事故信息上报公司应急救援指挥部和相关部门,同时拨打 120 报警求救。

（2）响应程序

应急响应的程序为接警、应急启动、应急资源调配、应急救援、扩大应急、应急结束和后期处置。具体如下。

①应急启动。在发生事故后，事故现场人员应立即报告事故基本情况，及时发出事故警报或信号，随后视情况及时启动相应预案。一级响应，由负责人上报地方政府后，当地政府相关部门启动应急预案；二级响应，由应急组织机构启动应急预案或由现场人员启动现场处置方案。

②应急资源调配。在应急预案启动后，后勤保障组要及时调配救援所需的应急资源，充分合理地利用各种资源，为应急救援提供物质保障。

③应急救援。应急预案响应后，应急领导小组要立即采取措施，组织抢险救援组和救援队伍进行抢险救援。

④扩大应急。在事故发生时，已实施了应急抢救措施，但事故状态仍不能得到控制，而且极有可能蔓延乃至发生更严重的后果时，相关责任人应及时扩大响应级别，按相关规定启动响应联动机制，同时安全警戒疏散组要尽快疏散周边所有人群，封锁道路，控制流动人员进出等。

4. 应急处置

（1）应急救援程序流程图（图 6.31）。

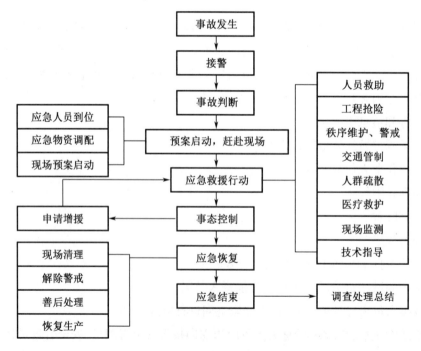

图 6.31　应急救援程序流程图

（2）处置措施

①事故发生后，优先进行自救或互救，在可能或确已发生有毒物质的作业场所，当突然出现头晕、头疼、恶心、无力等症状时，必须想到有发生中毒的可能性，此刻应憋住气，迅速逆风跑出危险区；如遇风向与火源、毒源方向相同时，应往侧面方向跑；如果是在无围栏的高处，以最快的速度抓住东西或趴倒在上风侧，尽量避免坠落；如有可能，尽快启用报警设施，同时，迅速将身边能利用的衣服、毛巾、口罩等用水浸湿后，捂住口鼻脱离现场，以免吸入有毒气体。互救：救援人员首先摸清被救者所处的环境，要选择合适的防毒面具，在做好防护的前提下将中毒者救出至空气新鲜处；救援人员应从上风、上坡处接近现场，严禁盲目进入。

②出现有人中毒、窒息的紧急情况，在场的领导应主动负责指挥，抢救人员必须佩戴隔离式防护面具进入设备，并至少有一人在外部做联络工作，这一点非常重要，发生事故后抢救工作理应分秒必争，但须沉着冷静并正确处理，不能盲目抢救，各行业都曾经发生过多起因施救不当造成伤亡扩大的事故。

③事故现场有关人员应当立即报告安全管理员，安全管理员接到事故报告后，应立即报告安全负责人，由安全负责人将事故信息上报公司应急救援指挥部和相关部门，同时拨打120报警求救。

④事故发生后，应迅速将事故信息报告现场处置指挥小组，现场处置指挥小组接到报警后；各成员接到报警后，应立即赶到事故现场，对警情做出判断，确定是否启动现场处置方案。

⑤应急救援队伍赶到事故现场后，立即对事故现场进行侦查、分析、评估，制订救援方案，各应急人员按照方案有序开展人员救助、工程抢险等有关应急救援工作。

⑥事故超出现场处置能力，无法得到有效控制时，经现场应急救援总指挥同意，立即向当地主管部门报告，请示启动所属地人民政府应急救援预案。

⑦进入事故现场的救援人员必须根据发生中毒的毒物，选择佩戴个体防护用品。进入中毒事故现场，必须佩戴防毒面具、正压式呼吸器、穿防护服。

⑧救援人员到达现场后，应立即询问中毒人员、被困人员情况，毒物名称、含量等，并安排侦查人员进行侦查，内容包括确认中毒、被困人员的位置，泄漏扩散区域及周围有无火源、泄漏物质浓度等，并制订处置具体方案。

⑨综合侦查情况，确定警戒区域，设置警戒标志，疏散警戒区域内与救援无关人员至安全区域，切断火源，严格限制出入。救援人员在上风、侧风方向选择救援进攻路线。

（3）注意事项

①施救过程不可盲目施救，必须佩带个人防护用品。

佩戴个人防护用具注意事项：拔下滤毒罐上下的防潮盖，将面罩同滤毒罐用短软管（15～20 cm）连接，再将面罩戴在面部，然后做几次深呼吸，检查呼吸器是否密封良好,在确认无误后方可进入险区工作。

正压式消防空气呼吸器的佩戴:将空气呼吸器平放,背架向上(气瓶在下面),瓶底面正对自己,将背托左右分开,双手抓住背架两边将空气呼吸器举过头顶,沿背部慢慢下滑并顺势将手伸入背带内,扣上腰带,调节器好肩带和腰带的长度,以最适为准。带上面罩,打开气瓶阀组开关,听到报警声的同时面罩内应有空气。

②使用救援器材注意事项

a.注意防化服和防护手套不要在忙乱中被划破。

b.消防水枪不能直接对准电器设备喷淋。

c.工具(如扳手、管钳等)注意不要与管道、设备、地面发生碰撞,以免产生火星引发泄漏气体燃烧、爆炸;使用灭火器时,用后要将灭火器放倒,以免人员不注意误用灭火器进入火场。

③采取救援对策或措施方面的注意事项

a.事故救护、处理人员必须穿戴好防护用品,在确认自身安全的情况下方可进入事故现场。

b.在救援前应通知配电室断掉本系统的电源,以防在用消防水稀释雾时不慎导电。

c.准备好应急灯,断电时可使用应急灯照明。

d.及时对较近岗位的人员进行疏散,以防发生人员中毒。

e.关闭相邻车间的火源,以防在泄漏扩散时发生燃烧或爆炸。

f.在救援的同时,注意保持通信畅通。

④现场自救互救的注意事项

a.当发现泄漏时,若泄漏不大,现场操作人员应沉着、冷静,迅速判明逃生方向。立即用衣物、毛巾(能够用水打湿最好)遮住口鼻迅速向出口撤离事发现场。

b.若泄漏大,空气中弥漫时,现场操作人员应沉着、冷静,迅速判明逃生方向。立即用衣物、毛巾遮住口鼻(能够用水打湿最好),匍匐在地,迅速向出口爬离事发现场。

c.当发现有人中毒、灼伤时,应立即将中毒(灼伤)者转移到上风侧新鲜空气处,按"救护措施"对中毒(灼伤)者施行救护。同时应立即拨打120或就近送医院救治。

⑤现场应急处置能力的确认和人员安全防护等事项

a.现场应急处置人员必须熟悉了解系统的工艺、管线。

b.现场应急处置人员必须熟悉了解周围的环境,便于在处置事故发生意外时能安全撤离。

c.现场应急处置人员必须熟悉处理事故的程序和具备应变能力。

⑥人员安全防护

a.进入现场应急处置时必须穿戴好防护用品。

b.进入现场应急处置时必须要有3人以上。

c. 堵较大的泄漏时,应内穿棉衣裤,外穿防化服。

d. 根据现场情况制定堵漏方案,若现场情况变化,应重新制订堵漏方案,不可随意蛮干。

e. 事故救援应以人员安全为首要任务,在必要情况下,应迅速撤离事故现场。

(4)应急结束

①应急解除判别标准

a. 事故现场得以控制,环境处置符合国家及地方政府有关标准。

b. 危害已经消除,对周边地区构成的威胁已经得到排除。

c. 现场抢救活动(包括搜救、险情及隐患的排除等)已经结束,被紧急疏散的人员已经得到良好的安置或已经安全返回原地。

②应急结束程序

经过应急处置后,应急指挥领导小组确认满足应急预案终止条件时,可下达应急终止指令。

(5)应急保障

①消防器材:生产车间、仓库、办公场所均设置灭火器材。

②医疗救护:公司配备了正压式呼吸器、安全绳、医药箱,用于紧急救护。

③人员:公司人员基本进行了受限空间事故演练和急救培训,具备受限空间事故应急能力。

(6)灾后处理

①救援结束后,组织相关技术人员进行认真分析,评估其危险性,防止出现次生、衍生事件,对受伤人员进行就治、安抚。

②收集事故发生情况原始资料,由应急领导小组总指挥召集应急指挥部成员、应急工作小组成员召开事故分析会。

③由应急工作小组成员填报事故报告,编写详细的事故原因分析,提出整改建议,经审核、审批后贯彻执行。

④问题整改完毕,经验收合格后,将整改资料汇总存档。

6.3　雨污水管道井下作业施工方案案例

1. 工程概况

×××道路,全长 6.241 km,规划红线宽 60 m,属新建的城市主干道。

×××段雨水主副管检查井共计 73 座,管道埋深 3~7.4 m,污水主副管检查井共计 74 座,管道埋深 3~6.6m;施工过程中由于下游管道未通,管道内用砖砌的堵头(24

墙)未砸除,近期下游管道陆续疏通,我们将对管道内69个堵头进行砸除,清理,并对检查井内杂物进行清理。堵头情况详见表6.10与表6.11。

表 6.10 ×××污水堵头情况统计

序号	井位	堵头情况	备注
1	13-2	北侧有堵头	1
2	13-6	北侧有堵头	1
3	13-8	北侧有堵头	1
4	13-11	北侧有堵头	1
5	28-2	南侧有堵头	1

表 6.11 ×××雨水堵头情况统计

序号	井位	堵头情况	备注
1	3	南北两侧均有堵头	2
2	4	南北两侧均有堵头	2
3	5	警示内有半堵头	1
4	6	南北两侧均有堵头	2
5	7	南北两侧均有堵头	2
6	9	井室北侧有堵头	1
7	10	井室南侧有堵头	1
8	20	井室南北两侧堵头已经破除,但砖块未清理	
9	21	南北两侧均有堵头	2
10	26	井室向南约8 m位置有半堵头	1
11	28-30	可能存在堵头	
12	30-31	存在半堵头	1
13	32	井室北侧有堵头	1
14	33	井室南侧有堵头	1

对以上有堵头的位置,我方将进行井下砸堵头、堵头垃圾清理及井内杂物清理工作。

2. 编制依据

(1)《安全生产法》2014(2021 年 9 月修正);

(2)《建设工程安全生产管理条例》;

(3)《建筑施工安全检查标准》;

(4)《密闭空间作业职业危害防护规范》(GBZ/T 205—2007);

(5)《缺氧危险作业安全规程》(GB 8958—2006);

(6)《呼吸防护用品的选择、使用与维护》(GB/T 18664—2002);

(7)《工作场所有害因素职业接触限值　第 1 部分:化学有害因素》第 1 部分(GBZ 2.1—2019);

(8)《工作场所有毒气体检测报警装置设置规范》(GBZ/T 233—2009);

(9)《密闭空间直读式仪器气体检测规范》(GBZ/T 206—2007);

(10)《密闭空间直读式气体检测仪选用指南》(GBZ/T 222—2009)。

3. 施工计划

本次检查井下作业,每个检查井计划 1 天时间完成砸堵头、清渣及井内杂物清理等内容。

(1) 施工用电

井下施工作业用电项目主要为水泵抽水、通风系统及井内管内照明等,现场不具备临电条件的配备柴油发电机,接 25 mm² 铜芯橡皮线至现场主配电柜,根据需要由主配电接各型号用电线至控制配电箱,保证一机一闸一漏。为保证安全用电,过路用电线均采用穿 $\phi48$ mm×3.5 mm 钢管进行保护,其余线缆采用塑料套管。

拟定布置 20 kW 柴油发电机 4 台,总用电量约 80 kW·h。

(2)机械布置

根据本工程施工进度计划需要,每个检查井拟配备 2 台水泵。配备 4 台离心通风机,用于对道路雨污水管道进行不间断通风。同时配备 4 台四合一便携式气体检测报警仪,用于对井室及管道内气体的检测。

(3)照明和通信

必须采用防爆型照明设备,其供电电压不得大于 12 V。井下作业面上的照度不宜小于 50 lx。井上、井下人员之间的联系采用 wi84480 型有线对讲机,以代替喊话或手势。

(4)材料设备配置见表 6.12。

表 6.12 施工材料设备资源配置表

序号	设备名称	型号	单位	数量	备注
1	柴油发电机	20 kW	台	4	
2	潜水泵	4 寸①	台	20	
3	离心风机	9-19 型	套	4	
4	空气检测仪	四合一	套	4	
5	正压式呼吸器		台	3	50 罐氧气
6	防毒面具		套	10	
7	安全带		条	10	
8	安全绳		条	10	
9	有线对讲机	wi84480	台	8	
10	头灯		个	10	
11	梯子	5 m	个	5	
12	手电		个	10	
13	编织袋		个	500	
14	皮尺	30 m	个	5	
15	路锥		个	40	
16	路锥连接杆		根	40	
17	2 轮小推车		辆	6	
18	GPS 测量仪		台	1	
19	担架		个	3	
20	36 V 变压器		台	2	
21	36 V 灯		套	6	
22	12 V 变压器		台	2	
23	12 V 灯		套	2	
24	空压机		台	2	
25	风镐		把	10	
26	水钻		台	2	

① 注:1 寸＝3.33 cm。

4. 砸堵头及清理施工工艺技术

（1）清渣施工流程方法

本工程施工流程：施工交底→施工准备→检查井抽水→开井换气通风（强制通风）→安全检查→设备到位→堵头破除→吊运渣土→集中外运→清理现场。

（2）施工准备

①在施工前进行安全技术交底，并对设备进行检查、维修，确保设备正常使用。

②在井周设置安全警示牌，警示过往行人车辆。加强安全保卫，禁止无关人员进入工作场所，防止无关人员进入有毒有害区域。

（3）检查井抽水

现场应先根据检查井内水位深度及管段长度配备相应数量的抽水水泵，水泵接电应由专业的电工进行，接好水泵后，将水泵用绳子缓慢下入检查井内，严禁采用电缆下放水泵。

抽水时严禁任何人员下井，抽水人员随时观察水位下降情况，将水抽至抽不上时，应关掉水泵，留一台水泵，其余水泵用绳提升至路面备用，对检查井内进行通风。

（4）换气通风

揭开井盖使大气中的氧气进入检查井中并使用 9-19 型离心通风机进行换气通风 30 min，使井内的有害气体挥发释放干净。

9-19 型高压离心通风机每小时最小送风量为 1 410 m^3，考虑相邻两检查井之间一段雨（污）水管最长 73 m，管径 2.2 m，气体量约 277.356 m^3，因而揭开井盖使用该通风机通风 30 min 过流的空气量能达到原管道内气体量的 2.5 倍，使原管道内有毒有害气体得到足够的稀释。

施工人员下井作业之前，要用四合一便携式气体检测报警仪检测有毒有害气体含量和含氧量，必须达到安全标准。进入污水井，需进行活体（鸡）试验，确保井内环境安全可靠后方可下井作业。

（5）堵头破除

委派专业施工人员下井拆堵头时必须遵循"先下游、后上游"的原则，严禁同时拆除两只封头。拆除堵头前应做好抽水准备。拆除的杂物应全部清出井内，以防止出现杂物堵住井口，而导致排水不畅。

作业人员年龄不得超过 50 周岁，采用风镐配合水钻拆除 24 墙身堵头，对于 2 m 及 2.2 m 的管道拆除时应先在中部位置采用水钻掏出一个 0.5 m×0.5 m 的方孔，将孔内墙体拆除，在拆除空洞上方的墙体，拆除时应注意上方砖块的掉落，避免砸伤，最后拆除下部墙体。

对于 1.8 m 及以下管径的管道堵头，应先用风镐凿除圆形堵头最顶端的墙体，然后从上向下一次拆除。

每个堵头拆除清理完成后必须应留取影像资料。

（6）清渣施工

施工一段管线前，需将上游管道封堵，并用潜水泵将上一个检查井内的水抽排至下一个检查井，井内水深不得超过 20 cm，保证施工段人员安全。

入井下井施工人员进行清渣施工。考虑到及管道内空间狭小，用短把铁锹在井内清渣，装入灰桶通过人工提升至井上，暂堆积于道路一侧，待堆积到一定量时，反铲装 25 t 全密闭覆盖渣车外运。

鉴于管道内人工清渣施工难度大，工作面狭窄，施工过程务必引起高度重视，要求每次下井必须进行有毒有害气体检测，未检测的严禁下井清渣。清渣人员必须随身携带空气检测设备。

5. 施工安全保证措施

1. 前期准备

①必须在作业前对作业人、监护人进行安全生产教育，提高井下作业人员的安全意识，特别是对新员工一定要进行安全教育。安全教育前要做充分准备，安全教育时要讲究效果，安全教育后受教育者每人必须签字。

②凡属下井作业必须由项目部位编制详细的施工方案和应急预案报监理与建设单位审批，批准后由施工负责人组织所有施工人员开会进行下井前安全技术措施、安全组织纪律教育。在正式施工前由下井作业施工负责人签发下井许可证。

③施工前必须事先对原管道的水流方向和水位高低进行检查，以便确定封堵和制定安全防护措施。

④下井作业人员必须身体健康、神志清醒。超过 50 岁的人员或有呼吸道、心血管、过敏症或皮肤过敏症、饮酒的人员不得从事该工作。

⑤拆除封堵时必须遵循先下游后上游，严禁同时拆除两个封堵。

⑥严禁使用过滤式防毒面具和隔离供氧面具。必须使用供压缩空气的隔离式防护装具。雨污水管网中下井作业人员必须穿戴供压缩空气的隔离式防护装备。

⑦作业前，应提前 1 小时打开工作面及其上、下游的检查井盖，用离心风机强排风 30 min 以上，并经多功能气体测试仪检测，所测读数在安全范围内方可下井。主要项目有硫化氢、含氧量、一氧化碳、甲烷。所有检测数据如实填写《特殊部位气体检测记录》。操作人员下井后，井口必须连续排风，直至操作人员上井。

⑧施工时各种机电设备及抽水点的值班人员应全力保障机电设备的正常安全运行，确保达到降水、送气、换气效果，如抽水点出现异常情况应及时汇报施工现场负责人，决定井下工作人员是否撤离工作点的问题。

⑨遇重大自然灾害及狂风暴雨等恶劣天气,应杜绝下井作业。

(2)有限空间作业安全组织机构及部门职责

①有限空间作业安全小组人员组成

组长:×××

副组长:×××

组员:×××、×××、×××、×××、×××、×××、×××、×××

②有限空间作业组织机构如图 6.32 所示。

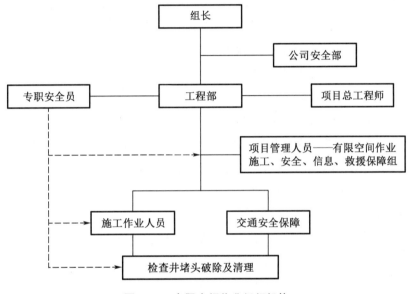

图 6.32　有限空间作业组织机构

③各部门及部门人员职责

a. 组长职责

(a)是项目安全生产第一责任人,负责建立、健全有限空间作业安全生产责任制,明确有限空间作业负责人、作业单位、监护者职责。

(b)组织制订专项作业施工方案、安全作业操作规程、事故应急救援预案、安全技术措施等有限空间作业管理制度。

(c)凡未经项目经理、生产经理签署审批,任何人不得进入有限空间作业。

b. 副组长职责

(a)是项目安全生产直接责任人,负责督促、检查本项目有限空间作业的安全生产工作,落实有限空间作业的各项安全要求。

(b)保证有限空间作业的安全投入,提供符合要求的通风、检测、防护、照明等安全防护设施和个人防护用品。

(c)提供应急救援保障,做好应急救援工作。

(d)及时、如实报告生产安全事故。

c.监护人职责(专职安全员、有限空间作业员)

具有能警觉并判断准入者异常行为的能力,接受有限空间作业培训,持证上岗。

(a)准确掌握准入作业者的数量和身份。

(b)在准入者作业期间,履行监测和保护职责,保证在密闭空间外持续监护;适时与准入作业者进行必要的、有效的安全、报警、撤离等信息交流;在紧急情况时向准入作业者发出撤离警报。监护人员在履行监测和保护职责时,不能受到其他职责的干扰。

(c)发生以下情况时,应命令准入作业者立即撤离密闭空间,必要时,立即呼叫应急救援服务,并在密闭空间外实施应急救援工作。

(i)发现禁止作业的条件;

(ii)发现准入者出现异常行为;

(iii)密闭空间外出现威胁准入作业者安全和健康的险情;

(iv)监护人员不能安全有效地履行职责时,也应通知准入作业者撤离。

(d)对未经允许靠近或者试图进入密闭空间人员予以警告并劝离。如果发现未经允许进入密闭空间者,应及时通知准入作业者和作业负责人。

d.工程部职责

(a)负责编制有限空间施工方案,制定消除、控制危害的措施,负责提供有限空间施工有毒有害气体、可燃性气体的检测标准,负责对工程现场责任工程师进行技术交底。

(b)对凡是进入有限空间进行施工、检修、清理作业的从业人员必须进行安全技术交底,对未进行安全技术交底的人员严禁其进入有限空间作用。

e.安全部职责

(a)负责对有限空间作业从业人员进行安全生产培训,全过程掌握作业期间情况,保证在有限空间外持续监护,能够与作业者进行有效的操作作业、报警、撤离等信息沟通;在紧急情况时向作业者发出撤离警告,必要时立即呼叫应急救援服务,并在有限空间外实施紧急救援工作;防止未授权的人员进入。

(b)应了解整个作业过程中存在的危险危害因素;确认作业环境、作业程序、防护设施、作业人员符合要求后,授权批准作业;并及时掌握作业过程中可能发生的条件变化,当有限空间作业条件不符合安全要求时,命令终止作业。

(c)应对有限空间作业负责人员、作业者和监护者开展安全教育培训,培训内容包括:有限空间存在的危险特性和安全作业要求;进入有限空间的程序;检测仪器、个人防护用品等设备的正确使用;事故应急救援措施与应急救援预案等。

(d)培训有记录,培训结束后记载培训的内容、日期等有关情况。

(e)有限空间作业者职责:接受有限空间作业安全生产培训;遵守有限空间作业安

全操作规程,正确使用有限空间作业安全设施与个人防护用品;应与监护者进行有效的操作作业、报警、撤离等信息沟通。

6. 安全措施

(1)施工期间每半小时须用多功能气体测试仪检测是否正常(污水管道必须连续监测),以判断作业环境有无毒气等情况,有异常时立即采取必要应急措施。

(2)作业区域周围应设置明显的警示标志,所有打开井盖的检查井旁均应设置围栏并有专人看守,夜间应使用涂有荧光漆的警示标志,并在井口周围悬挂红灯,以提醒来往车辆绕道和防止行人坠入,作业人员必须穿戴安全反光防护背心。工作完毕后应立即盖好全部井盖,以免留下隐患。

(3)下井前,作业人员应检查各自的个人防护器材是否齐全、完好(包括防爆手电、手套、胶靴、安全绳、腰带、保险钩、安全帽、氧气瓶等)。作业人员下井前必须确认并在《市政污水管网下井作业前设备工具检查表》签字。

(4)下井人员通常按2人为一组,井上留2名监护人和2名配合人,井上人员应密切注意井下情况,不得擅自离岗,当井下人员发生不测时,必须确保自身安全的前提下进行救助,确保井下操作人员的生命安全;进行下井作业时,安全员必须在现场看护。

(5)井上人员禁止在井边闲聊、抛扔工具,以防止物品等掉入敞开的井内,发生危险,应将井四周2 m范围内垃圾清理出作业区域,零星工具应远离井口,井口及井下作业人员严禁吸烟,以防沼气燃烧或爆炸。井内照明灯具必须使用低压灯照明,防止沼气燃烧或爆炸。

(6)作业人员下井前,应穿着防毒衣、胶靴、系好腰带,戴好安全帽,系好安全绳和安全带,井上人员检查合格后再拽住上、下井,以免意外跌落危及安全。

(7)下井作业前必须填写《下井作业许可证》。

(8)下井前应自备的梯子,以防下井过程中需要。

(9)井下人员应留心观察井内、管内的情况发生紧急情况时不要慌乱到地面前千万不要在井下卸下防毒呼吸面罩。

(10)井上人员应在规定的路线下接应井下操作人员,发现有反常现象应立即协助井下人员撤离或做好急救准备。

(11)为防止垂直运输物体的过程中因物体坠落而伤害井下作业人员,下井作业人员必须在下井产有带好有效的安全帽,并扣牢,进行防护。井下作业人员在井上人员起吊物体时,尽量躲到井口范围外的可靠处。起吊物体用的绳索、吊桶等必须可靠牢固,防止在吊物时突然损坏,发生伤人事故。井口上部工作人员须增强工作责任心,传递材、物、料要稳妥、可靠,防止滑脱,并服从现场负责人的统一管理,不蛮干、不急躁。

(12)联络办法:采用无线对讲机通话联系,若呼叫无应答,井上人员须立即救助。

（13）施工方现场负责人须严格控制戴呼吸器人员在井下的工作时间，确保安全。下井作业人员连续工作一般不得超过 1 h。

（14）作业中气体监测。在有毒有害气体较严重的作业现场或者作业时间较长的项目，应采取连续监测的方式，随时掌握气体情况，排放规律并相应采取有效的防护措施，一旦气体超标立即停止作业，保证下井作业人员的安全。连续监测可采用两种方式：①可采取专业监测人员现场连续监测的方式；②可采用作业人员随身佩戴微型监测仪器报警监测方式。一旦井内产生硫化氢气体随时报警，作业人员及时撤离。

（15）下井操作人员上井后须及时进行自身清洁工作，以免污物、细菌等侵蚀。

（16）在拆除管道封堵时，考虑上游的水位的情况：水位超过管径或大于 1 m 时，不得拆除封堵，防止上游大量水流冲走作业人员；应将水抽至剩余 20 cm 时，再进行堵头拆除。在拆除封堵时必须连续机械通风，防止管道内的有害气体突然大量涌进井室，造成安全事故。

（17）发生作业险情时，应及时向负责人汇报，并及时与急救中心联系，说明出事地点与具体情况。

7. 有限空间应急预案

（1）项目部危险源监控

①项目部对现场危险源的监控主要通过各主管部门及安全管理员对现场施工进行监控，有问题及时上报公司。

②安全管理员对工程各分包队伍进行监督控制，各个施工队伍对所施分项工程中的危险源进行监督、控制。

（2）有限空间事故分类救援

①窒息事故的抢救

窒息事故的抢救主要是确保其呼吸畅通。调整事故者的姿势，将患者的头部尽量往后抬，使他颈部紧紧绷直，这样做时，一只手放在患者脖子后面用力抬，另一只手放在患者额头往后推，这个动作通常会使患者的嘴自然张开，如果抬起头部使得呼吸道通畅了，患者开始呼吸，就保证事故者的姿势使其慢慢恢复常态。否则继续进行强迫空气进入肺中的步骤，俗话说就是人工呼吸，捏住患者的鼻子，通过他的嘴迅速强制吹入两三口气到他肺中，观察患者胸部的动作，看空气是不是进入了他的肺。如果胸部随着强迫吹入而一上一下，表明呼吸道已经畅通了。如果还没起作用，即可通知 120 急救中心，并继续进行强迫空气进入肺中的步骤。

②中毒事故的抢救

硫化氢中毒事故

对人的危害主要是经呼吸道吸收。可出现流泪、眼痛、眼内异物感、畏光、视物模糊、流涕、咽喉部灼热感、咽干、咳嗽、胸闷、头晕、乏力、恶心、意识模糊,部分患者可有心脏损害。重症者可出现脑水肿或肺水肿。极高浓度($1\ 000\ mg/m^3$ 以上)时可在数秒内突然昏迷、呼吸骤停,很快出现急性中毒,急性中毒均由呼吸道吸入所致,也可直接麻痹呼吸中枢而引起窒息造成闪电式中毒死亡。

由于硫化氢事故的突发性和不可预测性,建议作业人员及救护人员在不明硫化氢浓度时,应佩戴氧气或空气呼吸器等隔离式防毒面具。这是最有效的防止硫化氢中毒的方法。进入硫化氢的密闭容器及空间应先通风或空气置换,并应先测定氧含量,然后测定可燃气体、有毒气体等。凡有产生硫化氢的设备和系统装置,必须设置风向标,一旦发生紧急情况,作业人员和周边群众应向上风口疏散。有硫化氢及其装置的场所,应配备便携式硫化氢检测仪。当硫化氢浓度超过 $20\ mg/m^3$ 的安全临界浓度时,应佩戴空气呼吸器,不允许单独行动,并要有人现场监护。

此中毒事故者在发现时要第一时间通知 120 急救中心。平时做好劳动者的安全卫生培训工作,增强其自我保护意识和自救互救能力。

③CO 氢中毒事故

一氧化碳是有害气体,对人体有强烈毒害作用。一氧化碳中毒时,使红细胞的血红蛋白不能与氧结合,妨碍了机体各组织的输氧功能,造成缺氧症。当一氧化碳质量浓度达到 $12.5\ mg/m^3$ 时,无自觉症状,$50\ mg/m^3$ 时会出现头痛、疲倦、恶心头晕等感觉,$700\ mg/m^3$ 时发生心悸亢进,并伴随虚脱危险,$1\ 250\ mg/m^3$ 时出现昏睡,痉挛而死亡。

对于 CO 的中毒事故者,应迅速将其移离中毒现场至通风处,松开衣领,注意保暖,密切观察意识形态。在等待运输车辆的过程中,对于昏迷不醒者可将其头偏向一侧,以防止呕吐物吸入肺内导致窒息。为促其清醒可用针刺或指甲掐其人中穴。若其仍无呼吸则需立即口对口人工呼吸。但对昏迷较深的患者,这种人工呼吸的效果远不如医院高压舱治疗。同时呼叫救护车,随时准备送往有高压氧舱的医院抢救。因此对昏迷较深的患者不应立足于就地抢救,而应尽快送往医院。但在送往医院的途中人工呼吸决不可中断,以保证大脑供氧,防止因缺氧造成脑神经不可逆转性坏死。

(3)应急响应

①响应分级

Ⅰ级应急响应行动由项目部应急救援小组组织实施。按照项目部的综合应急预案进行响应实施,各部门做好各自分工准备,按项目部应急救援指挥小组指示响应各自救援行动,同时动员社会力量进行支援。超出其应急救援处置能力时,及时报请项目部应急救援指挥机构启动项目部应急预案实施救援。

Ⅱ级应急响应行动由项目部各部门组织实施。各部门负责人根据现场实际情况做好指挥营救工作。积极动员所属分包单位、周边社会力量进行支援救助。超出其应急救援处置能力时,及时报请指挥部应急救援指挥机构启动应急预案实施救援。

②项目部有关部门的响应

根据发生的安全生产事故的类别,项目部相关部门按照其职责和本部门相应的应急措施,组织应急救援,并及时向应急救援小组组长报告救援工作进展情况。需要其他部门应急力量支援时,及时提出请求。

③项目部应急救援小组的响应

项目部应急救援小组成员赶赴救援现场成立应急救援指挥部。

及时向集团公司及当地政府报告安全生产事故基本情况、事态发展和救援进展情况。

根据需要通知有关专业人员赶赴现场参加、指导现场应急救援,必要时请求政府专业应急力量增援。

(4)指挥和协调

项目部应急救援小组根据事故灾难情况开展应急救援协调工作。通知项目部有关部门及请求政府应急机构、救援队伍提供增援或保障。有关应急队伍在现场应急救援指挥部统一指挥下,密切配合,共同实施抢险救援和紧急处置行动。

现场应急救援指挥部负责现场应急救援的指挥,现场应急救援指挥部成立前,事发单位负责人应组织和先期到达的应急救援队伍必须迅速、有效地实施先期处置,项目安全组织机构人员临时负责协调,全力控制事故发展态势,防止次生、衍生和耦合事故(事件)发生,果断控制或切断事故灾害链。

(5)紧急处置及救助防护

现场处置主要依靠本项目所在地地方政府的应急处置力量。事故灾难发生后,项目部配合当地人民政府按照应急预案迅速采取措施。

①医疗卫生救助

及时向事发地附近医院请求支援。组织开展紧急医疗救护和现场卫生处置工作。

②应急人员的安全防护

现场应急救援人员应根据需要携带相应的专业防护装备,采取安全防护措施,严格执行应急救援人员进入和离开事故现场的相关规定。

③施工人员的安全防护

项目部与工程所在地政府、施工队伍建立应急互动机制,确保施工人员安全撤离需要采取的防护措施。

根据现场实际情况决定应急状态下施工人员疏散、转移和安置的方式、范围、路线、程序。具体路线如图6.33所示。

(6)现场检测与评估

根据需要,成立事故现场检测小组配合政府相关部门进行检测、鉴定与评估,综合分析和评价检测数据,查找事故原因,评估事故发展趋势,预测事故后果,为制订现场以后此类预防方案和事故调查提供参考。

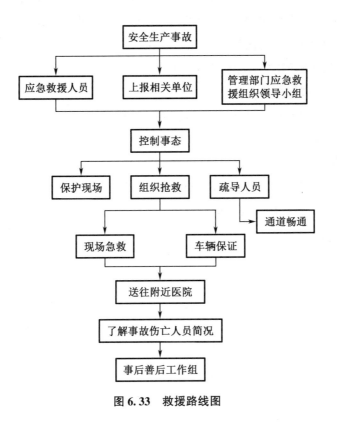

图 6.33　救援路线图

（7）应急结束

当遇险人员全部得救，事故现场得以控制，环境符合有关标准，导致次生、衍生事故隐患消除后，经现场应急救援指挥部确认和批准，现场应急处置工作结束，项目部应急救援队伍在专业救援队伍撤离现场后经过仔细检查确认安全后撤离。

（8）信息发布

项目部安全室会同有关部门具体负责将事故发生的原因、经过、抢救过程、经济损失、人员伤亡等情况向社会进行公布，向上级进行汇报。

（9）后期处置

项目部安全室、材料室、综合室及相关部门负责人牵头组织安全生产事故的善后处置工作，包括人员安置、补偿，征用物资补偿，污染物收集、清理与处理等事项。尽快消除事故影响，妥善安置和慰问受害及受影响人员，保证社会稳定，尽快恢复正常施工秩序。

（10）事故灾难调查报告、经验教训总结及改进建议

由项目部安全室牵头组成调查组进行事故调查；必要时，报请集团公司组成调查组组织调查。具体措施如下。

①查明事故原因及责任人。

以书面形式向上级写出报告,包括发生事故时间、地点、受伤(死亡)人员姓名、性别、年龄、工种、伤害程度、受伤部位。

②制定有效的预防措施,防止此类事故再次发生。

组织所有人员进行事故教育。

向所有人员宣读事故结果,以及对责任人的处理意见。

(11)保障措施

①通信与信息保障

建立健全项目部安全生产事故应急救援信息系统;建立完善救援信息系统和资源信息联系网,保证应急机构之间的信息资源共享,为应急决策提供相关信息支持。

②应急队伍保障

项目部组建了项目部生产安全事故应急救援小组并进行职责分工。

③物资装备保障

由项目部材料室建立应急救援设施、设备的储备、保养等制度,并按需求购置必要的应急物资和装备,当发生安全事故后由材料室组织车辆统一进行运送。

④经费保障

根据预案适用的三级重大事故最大救援能力范围(造成3~9人死亡或重伤20人以上,直接经济损失在100万元以上500万元以下的三级重大事故),由公司财务室负责划分出此项安全事故应急救援经费,并保证此款项能够及时用于安全事故应急救援。

(12)培训与演练

①培训

项目部组织各级应急管理机构以及相关人员进行上岗前培训。培训内容包括:有限空间存在的危险特性和安全作业的要求;进入有限空间的程序;检测仪器、个人防护用品等设备的正确使用;事故应急救援措施与应急救援预案等,培训留存记录,有参加人员的签字确认。

平时加强应急方面的安全知识,在板报、标牌等中的宣传,以加强对兼职应急救援队伍的培训教育,积极组织社会志愿者的培训,提高公众自救、互救能力。

②演练

项目部根据自身特点,应急救援小组长组织本单位的应急机构成员在有限空间作业前组织安全生产事故应急救援演习。演习结束后及时进行总结经验,为实战中救援做好准备。

(13)奖励与责任追究

①奖励

在安全生产事故应急救援工作中有下列表现之一的单位(部门)和个人,依据法律、项目部及集团公司有关规定给予奖励:

a. 出色完成应急处置任务,成绩显著的;

b. 防止或抢救事故有功,使国家、集体和人民群众的财产免受损失或者减少损失的;

c. 对应急救援工作提出重大建议,实施效果显著的;

d. 有其他特殊贡献的。

②责任追究

在安全生产事故应急救援工作中有阻挡行为的,按照法律、法规及有关规定,对有关责任人员视情节和危害后果给予处分。属于违反项目部有关规定的,由项目部按有关规定进行处罚;属于违反治安管理行为的,由公安机关依照有关法律法规的规定予以处罚;构成犯罪的,由司法机关依法追究刑事责任。

6.4　应急演练方案案例

1. 演练目的

为了检验项目部编制的《中毒和窒息事故专项应急预案》有效性,预防和减少应急突发事件带来的危害,切实提高职民工的应急能力。通过本次演练,可检验应急预案的不足和存在的问题,主要有以下几个方面:

(1)检验现场处置方案的实用性、可行性和可靠性;

(2)检验应急处置方案中各组织机构人员是否履行自己的职责和应急行动的程序;

(3)检验队伍的协调水平和实战能力;

(4)提高员工避免事故、预防事故、抵抗事故的能力,提高对事故的警惕性;

(5)取得经验以便改进应急预案的不足之处和缺陷,待演练结束后对方案进行修改。

2. 时间、地点

时间:××××年××月××日下午××:××—××:××。

地点:×××××××××××××××××××。

3. 演练内容

(1) 假设事故,及时救人报警;

(2)有毒有害气体中毒和窒息时工作区人员的疏散、逃生演练;

(3)安全救援、人员疏散及抢救;

(4)演练总结。

4. 各项工作安排

(1)有毒有害气体中毒和窒息事故救援预案领导小组会议。

时间:××××年××月××日。

地点:×××××××。

(2)准备工作

①制订演练方案,并在会议上向全体人员传达;

②参演人员学习逃生及救护知识教育,包括疏散路线、方向及抢救知识;

③各部门负责人演习前检查演习辖区:电力照明、紧急出口指示牌、各种抢险机械物资、送风排烟系统、消防报警系统等,要确保所有设备正常运作,疏散通道畅通、不湿滑,以免造成疏散的意外损伤。

④参演人员听到报警后,听从现场总指挥的指挥,迅速对事故做出反应。

⑤应急演练设备及物资见表6.13。

表6.13　应急演练设备及物资

序号	名称	数量
1	抢救伤员常备药品:消毒用品、急救物口(绷带、无菌敷料)及各种常用小夹板、担架、止血袋、氧气袋。	1套
2	抢救现场应急物资:汽车、气割气焊机、电工工具、木工工具、安全帽、应急灯、手电筒、长筒靴	1套
3	其他应急物资:消毒药水、隔离防护用品等	1套
4	救护车	1辆
5	挖掘机	1辆
6	型钢、枕木	若干
7	铁铲	6把
8	分组牌	4
9	应急救援人员	30人

5. 演练现场组织机构

演练总指挥:×××

副组长:×××、×××

组　员:×××、×××、×××、×××

(1)抢险组:

组长:×××

组员:×××、×××、×××、×××、×××

实施现场处置,将人员和设备迅速撤离出危险区域,根据现场情况,适时调整并调集人员、设备和物资搜救被困人员。

(2)救护组:

组长:×××

组员:×××、×××、×××、×××、×××、×××

负责现场伤员的医疗抢救工作,根据伤员受伤程度做好转运工作。将获救人员转至安全地带。

(3)技术保障组:

组长:×××

组员:×××、×××、×××

负责对现场的勘察,制定救援方案。

(4)物机保障组:

组长:×××

组员:×××、×××

提供抢险救援所需的物资设备,并保证应急救援所需的物资、设备及时到位。

(5)警戒组:

组长:×××

组员:×××、×××、×××

负责现场警戒工作,包括布置警戒线、人员的疏散、拉起警戒条、对危险区域进行有效的隔离、维持现场秩序等。

6. 具体要求

(1)准备全面、充分,全体参加人员前期宣讲教育到位;

(2)全体人员统一服装,佩戴安全帽;

(3)听从指挥,不乱动现场设施,注意自身安全;

(4)主持人介绍参加演练的各位领导及来宾。

7. 事故假定

假定××月××日 15 点 37 分,突然,×××污水管道施工 K1+806 段由于综合原因出现大量渗水,沼气、硫化氢气体引起中毒、窒息,两名污水管道管理人员发现了险情大声喊叫,中毒啦,快撤离,施工班正在作业的 6 名工人听到后,迅速奔跑撤离,但还是有几名作业人员被困在里面,情况不明,现场安全人员第一时间向值班室及有关领导报告险情。

8. 演练步骤

(1)15:30,指挥部领导讲话、总指挥作演练讲话,下达演练开始命令。

（2）15:37,假想污水管道施工 K1+806 段由于综合原因出现大量渗水,沼气、硫化器气体引起中毒、窒息。

（3）15:38,两名隧道管理人员发现险情立即喊人撤离,并同时用通信工具向总指挥报告。报告所了解的大致情况(中毒气体性质、浓度、发生位置、起因、人员撤离等情况)。

（4）15:39,总指挥接报后,通知出井人员在场地集合,清点人数。同时向报告人了解管道内沼气、硫化氢气体引起中毒、窒息情况。15:45 清点发现还有两人在管道内被困。总指挥立即启动应急预案。派技术保障组进入现场勘察,技术保障组进入管道后把勘察到的情况,通过通信工具告知指挥台。指挥台依据提供的沼气、硫化氢气体引起中毒、窒息情况,制订抢险方案。

（5）15:46 救援人员拨打 120 急救电话请求救援,沼气、硫化氢气体引起中毒、窒息事故,被困两人,请迅速前来救援,地址:××××××。我们已在路口派人等候。

（6）15:52 分通知抢险小组人员携带通风机械、检测仪器,防毒器械等赶赴救援现场,开展救援工作。

（7）15:57 抢险组进到现场后,用通风机械通风,防毒器械防护,检测仪器检测,沿管道实施,从而保证逃生管道完好,方便被困人员及救援人员进出。16:13 救援人员完成逃生管道疏通,16:16 派人进入后查明,被困人员两人中一人伤势较重,一人轻伤,16:19 把止血药、绷带送入后,经简单包扎,开始协助受伤人员由逃生管道逃出,16:29 分二人安全救出,16:33 分由抢救人员用担架抬出。

（8）假设向 120 报警后 30 分钟后救护车到达驻地,即 16:16 分警戒组迅速开展警戒工作,布置警戒线,制止闲杂人员进入。医护人员准备好医疗设施,等待伤员抬至成洞地段抢救。

（9）16:34 分,医护人员对伤员进行检查救治,并将伤势较重人员送往医院治疗。

（10）16:35 分抢险组抢险救援完毕,报告指挥台被困人员两人已安全救出,抢险组人员全部安全撤出,救援完毕。

（11）16:36 分总指挥统筹安排事故现场的控制与保护;事故原因的调查分析,全力做好后续处理工作。

（12）16:40 沼气、硫化氢气体引起中毒、窒息事故演练完成,由现场总指挥发出演习结束通知,之后全体参加演习人员集中,在施工现场由指挥小组对本次演习进行总结。

9. 演练总结

16:43 我部在污水管道施工段组织的沼气、硫化氢气体引起中毒、窒息事故应急救援预案演练,整个演练过程共用时 73 min,通过此次演练加强对现场应对突发事故防范、应急处置能力的检查,发现现场在应急处理中的薄弱环节,增加了施工人员的安全意识,检验了污水管道施工沼气、硫化氢气体引起中毒、窒息事故应急预案的实用性、可行性和可靠性,检验了参加演练的人员能够明确自己的职责和应急行动程序,以及协调反应水平和实战能力;提高了人们避免事故、防止事故、抵抗事故的能力,提高对事故的警惕性;为今后同类事故的救援提供了经验,确保快速、有序、高效地完成抢险救援工作,为有效地避免或降低人员伤亡和财产损失,保障安全生产,促进项目和谐稳定发展具有深远的指导意义。

10. 演练结束

16:48 分防坍塌演练结束,请参会领导做指导讲话。

11. 散会

(略)

【思考与练习】

一、填空题

1. 有限空间分为_____、_____和_____ 3 类。

2. 有限空间作业按作业频次可分为_____和_____;按作业主体划分可分为_____和_____。

3. 引发有限空间作业中毒风险的典型物质有_____、_____、_____、氰化氢、磷化氢等。

4. 引发有限空间作业缺氧风险的典型物质有_____、_____、_____、氩气等。

5. 对高处坠落风险辨识时,应重点考虑有限空间深度是否超过_____ m,是否在其内进行高于基准面_____ m 的作业。

6. 在污水井、下水道等有限空间作业时,可能存在的安全风险有_____、_____、_____和高处坠落、淹溺等。

7. 呼吸防护用品根据呼吸防护方法可分为_____和_____两大类;常见的隔绝式呼吸防护用品有_____、_____和隔绝式紧急逃生呼吸器;常见的过滤式呼吸防护用品有_____和防毒面具等。

8. 有限空间作业常用的坠落防护用品主要包括_____、_____、_____以及三脚架等。

二、简答题

1. 简要描述有限空间的特点。

2. 请列举常见的有限空间作业主要有哪些？

3. 请列举有限空间作业存在的主要安全风险类型。

4. 有限空间内缺氧主要是有哪两种情形造成的？

5. 有限空间作业过程风险防控分为哪几个阶段？各阶段的关键要素分别是什么？

课后习题参考答案

第1章

1.我国城市地下管道常见的问题如下。

(1)地下排水管道堵塞引起的大雨内涝。

(2)燃气管道泄漏引起燃气爆炸。

(3)路面塌陷。

(4)"马路拉链"的负面影响。

2.城市地下管道常见问题出现的原因如下。

(1)地下管道建设缺乏统一规划。

(2)地下管道档案数字化程度低。

(3)无统一的地下管道信息平台。

(4)管道防腐措施不到位。

第2章

一、填空题

1.取水构筑物、水处理构筑物、泵站、输水管道、配水管网、调节构筑物

2.重力输水系统、压力输水系统、重力和压力相结合的输水系统

3.铸铁管、钢管、钢筋混凝土压力管、预应力钢筒混凝土管、塑料管;钢板、钢丝、混凝土

4.天然基础、砂基础、混凝土基础

5.支墩

6.合流制、分流制

7.污水管道系统、雨水管道系统;合流制管道系统

8.出户管、小区污水管道、连接管、检查井、控制井

9.支管、干管、主干管、泵站、出水口、事故排出口

10.小区合流管道系统、市政合流管道系统

11.承插式、平口式和企口式

12.圆形、矩形、半椭圆形

13. 90°、135°、180°

14. 进水篦、井筒、连接管

15. 环状网、枝状网

二、简答题

1. 城市给水管网的布置主要受水源地地形、城市地形、城市道路、用户位置及分布情况、水源及调节构筑物的位置、城市障碍物情况、用户对给水的要求等因素的影响。

2. 在非冰冻地区,管道覆土厚度的大小主要取决于外部荷载、管材强度、管道交叉情况以及抗浮要求等因素。一般金属管道的最小覆土厚度在车行道下为 0.7 m,在人行道下为 0.6 m;非金属管道的覆土厚度不小于 1.0~1.2 m。当地面荷载较小,管材强度足够,或采取相应措施能确保管道不致因地面荷载作用而损坏时,覆土厚度也可适当减小。

3. 给水管道穿越河谷时,可采取如下措施。

(1)当河谷较深、冲刷较严重、河道变迁较快时,应尽量架设在现有桥梁的人行道下面穿越,此种方法施工、维护、检修方便,也最为经济。如不能架设在现有桥梁下穿越,则应以架空管的形式通过。

(2)当河谷较浅、冲刷较轻、河道航运繁忙、不适宜设置架空管或穿越铁路和重要公路时,须采用倒虹管。

4. 排水管道系统的布置形式有正交式、截流式、平行式、分区式、分散式、环绕式。

分区式布置在高地区和低地区分别敷设独立的管道系统,高地区的污水靠重力直接流入污水厂,而低地区的污水则靠泵站提升至高地区的污水厂。也可将污水厂建在低处,低地区的污水靠重力直接流入污水厂,而高地区的污水则跌至低地区的污水厂。

5. 排水管材需要满足下列要求。

(1)必须具有足够的强度,以承受外部的荷载和内部的水压,并保证在运输和施工过程中不致破裂。

(2)应具有抵抗污水中杂质的冲刷磨损和抗腐蚀的能力。

(3)必须密闭不透水,以防止污水渗出和地下水渗入。

(4)内壁应平整光滑,以尽量减小水流阻力。

(5)应就地取材,以降低施工费用。

6. 检查井通常设在管渠交会、转弯、管渠尺寸或坡度改变、跌水等处以及相隔一定距离的直线管渠段上。最大间距根据管径和暗渠净高,以及管渠的使用功能来确定。

7. 检查井由井底(包括基础)、井身和井盖(包括盖座)三部分组成。

8. 直埋电缆的标志桩一般应埋设在下列位置。

(1)电缆的接续点、转弯点、分支点、盘留处或与其他管线交叉处。

(2)电缆附近地形复杂,有可能被挖掘的场所。

（3）电缆穿越铁路、城市道路、电车轨道等障碍物处。

（4）直线电缆每隔 200～300 m 处。

第 3 章

一、填空题

1. 投影位置；交叉点、转折点、变径、起讫点、管线上的附属设施中心点

2. 75；管线弯曲特征

3. 井盖

4. 混接点

5. 声呐检测

6. CCTV

7. 染色试验、烟雾试验、泵站配合

8. 1：500、1：1 000、1：2 000

9. 混接的污水量、区域内总污水产生量

10. 混接的雨水量、区域内总污水产生量

11. 混接密度、混接水量比；重度混接（3 级）、中度混接（2 级）、轻度混接（1 级）

12. 混接管管径、流入水量、污水流入水质

13. 控制测量、地下管线点测量、地上管线要素测量

14. 解析法、三角高程

15. 地形图、1：500、50 cm×50 cm

二、简答题

1. 在进行明显管线点调查时，应遵循下列原则。

（1）调查用的钢尺或量杆等测量工具均应经过精度验证，量测时应认真仔细辨读，避免人为造成的粗差，以确保调查成果的准确性。

（2）同一井内有多个方向管线应逐个量取，并注明连接方向。对有淤泥或积水的井底需反复探底核实，若无法探测管内底深度，可量取管道直径，按"管顶深+管道直径"来确定管内底埋深。

（3）在窨井上设置明显管线点时，管线点的位置应设在井盖的中心。当地下管线中心线的地面投影偏离管线点，其偏距大于 0.4 m 时，应以管线在地面的投影位置设置管线点，窨井作为专业管线附属物处理，在备注栏填写"偏心井"。

（4）有隔离墙的隐水涵按一条管线调查和表示。

2. 在进行隐蔽管线点探查时，应遵循下列原则。

（1）从已知到未知。无论采用何种物探方法，均应在测区内已知管线敷设的地方做

方法试验,确定该种技术方法和仪器设备的有效性,检核探查精度,确定有关参数,然后推广到未知区开展探查工作。

(2)方法有效、快速、轻便。如果有多种方法可以选择来探查本测区的地下管线,应首先选择效果好、轻便、快捷、安全和成本低的方法。

3.管线连接关系、管线点编号、管线埋深及管线点井深、混接情况、井盖保存情况、管网设施情况、其他必要的管线注记,以及相关属性信息。

4.开井检查时,下列情况可判定该井为混接点。

(1)雨水检查井或雨水口中有污水管或合流管接入。

(2)污水检查井中有雨水管接入。

5.道路名称、泵站、管道、管线材质、管径、埋深、流向、混接点编号、混接点位置等。

6.雨污水混接评估报告应包含下列内容。

(1)项目概况:项目背景、调查范围、调查内容、设备和人员投入、完成情况。

(2)技术路线及调查方法:技术路线、技术设备及手段。

(3)混接状况:排水规划、排水现状,分区域的混接分布、混接点调查统计汇总。

(4)评估结论:主要包括区域混接状况、单个混接点混接状况等。

(5)质量保证措施:各工序质量控制情况。

(6)附图:混接点分布总图、混接点位置分布图。

(7)整改建议。

第4章

一、填空题

1.结构性、功能性

2.纵向、环向、复合;裂痕、裂口、破碎、坍塌

3.重度

4.喷漏

5.沉积物厚度、4

6.20%

7.主控器、线缆车、爬行器

8.管道清洗

9.管径

10.5、2

11.1/2、50

12.实际长度、1 m

13. 管段

14. 管段结构性缺陷参数 F

15. 缺陷数量

16. 缺陷间距、1.1

二、简答题

1. 结构性缺陷是指管道本体遭受损伤,影响强度、刚度和使用寿命的缺陷。

结构性缺陷主要包括破裂、变形、腐蚀、起伏、错口、脱节、接口材料脱落、支管暗接、异物穿入和渗漏。

2. 功能性缺陷是指导致管道过水断面发生变化,影响畅通性能的缺陷。

功能性缺陷主要包括沉积、结垢、障碍物、残墙和坝根、树根、浮渣等。

3. 结垢与沉积不同,结垢是细颗粒污物附着在管壁上,在侧壁和底部均可存在,而沉积只存在于管道底部。

4. 侵入管道的树根所占管道断面的面积百分比

5. 透气井是否有浮渣;排气阀、压力井、透气井等设施是否完好有效;定期开盖检查压力井盖板,检查盖板是否锈蚀、密封垫是否老化、井体是否有裂缝及管内淤积等情况。

6. 爬行器在管道内无法行走或推杆在管道内无法推进时;镜头沾有污物;镜头浸入水中;管道内充满雾气,影响图像质量;其他原因影响到图像质量;恶劣的天气状况影响。

7. 其优势在于无须排干排水管道就可以对管道内部结构成像、可不断流进行检测。其不足之处在于其仅能检测液面以下的管道状况,不能检测管道一般的结构性问题。

8. 声呐系统的主要技术参数应满足以下要求。

(1)扫描范围应大于所需检测的管道规格。

(2)125 mm 范围内的分辨率应小于 0.5 mm。

(3)每密位均匀采样点数量不应小于 250 个。

9. 出现下列情况时,应终止管道潜望镜检测。

(1)管道潜望镜检测仪器的光源不能够保证影像清晰度时。

(2)镜头沾有泥浆、水沫或其他杂物等影响图像质量时。

(3)镜头浸入水中,无法看清管道状况时。

(4)管道充满雾气影响图像质量时。

(5)其他原因无法正常检测时。

三、案例题

1. 管道结构性评估参数计算

（1）管段损坏状况参数 S 的确定

W4—W5：该管段有 3 个缺陷，分值分别为 5、2、5，则

$$S = (5+2+5)/3 = 4, S_{max} = 5$$

Y21—Y22：该管段有 1 个缺陷，分值为 10，则

$$S = 10, S_{max} = 10$$

W26—W27：该管段有 3 个缺陷，分值分别为 3、2、1，则

$$S = (3+2+1)/3 = 2, S_{max} = 3$$

（2）管段结构性缺陷参数 F 的确定

W4—W5：$S = (5+2+5)/3 = 4, S_{max} = 5$，则

$$F = S_{max} = 5$$

Y21—Y22：$S = 10, S_{max} = 10$，则

$$F = S_{max} = 10$$

W26—W27：$S = (3+2+1)/3 = 2, S_{max} = 3$，则

$$F = S_{max} = 3$$

（3）管段结构性缺陷密度 S_M 的确定

W4—W5：$S = 4, L = 44$，缺陷分值和长度分别为 5/1、2/2.52、5/3.51，则

$$S_M = (5 \times 1 + 2 \times 2.52 + 5 \times 3.51)/(4 \times 44) = 0.16$$

Y21—Y22：$S = 10, L = 30$，缺陷分值和长度分别为 10/1，则

$$S_M = (10 \times 1)/(10 \times 30) = 0.03$$

W26—W27：$S = 2, L = 50$，缺陷分值和长度分别为 3/1、2/1、1/1，则

$$S_M = (3 \times 1 + 2 \times 1 + 1 \times 1)/(2 \times 50) = 0.06$$

（4）管段结构性缺陷等级和类型的确定

W4—W5：$F = 5, 3 < F < 6$，管段为Ⅲ级缺陷；$0.1 < S_M < 0.5$，管段为部分缺陷。

Y21—Y22：$F = 10, F > 6$，管段为Ⅳ级缺陷；$S_M < 0.1$，管段为局部缺陷。

W26—W27：$F = 3, 1 < F \leq 3$，管段为Ⅱ级缺陷；$S_M < 0.06$，管段为局部缺陷。

（5）管段修复指数 RI 的确定

该区域地质为淤泥、砂质粉土，地处中心商业区。

W4—W5：$K = 10, E = 3, T = 10$，RI $= 0.7 \times 5 + 0.1 \times 10 + 0.05 \times 3 + 0.15 \times 10 = 6.15$。

Y21—Y22：$K = 10, E = 3, T = 10$，RI $= 0.7 \times 10 + 0.1 \times 10 + 0.05 \times 3 + 0.15 \times 10 = 9.65$。

W26—W27：$K = 10, E = 3, T = 10$，RI $= 0.7 \times 3 + 0.1 \times 10 + 0.05 \times 3 + 0.15 \times 10 = 4.75$。

2. 管道功能性缺陷参数计算

（1）管段运行状况参数 Y 的确定

W4-W5：该管段存在 1 个缺陷，分值为 0.5，则

$$Y = 0.5/1 = 0.5，Y_{max} = 0.5$$

Y21-Y22：该管段存在 1 个缺陷，分值为 2，则

$$Y = 2/1 = 2，Y_{max} = 2$$

W26-W27：该管段存在 1 个缺陷，分值为 10，则

$$Y = 10/1 = 10，Y_{max} = 10$$

（2）管段功能性缺陷参数 G 的确定

W4-W5：$Y = 0.5，Y_{max} = 0.5，G = Y_{max} = 0.5$。

Y21-Y22：$Y = 2，Y_{max} = 2，G = Y_{max} = 2$。

W26-W27：$Y = 10，Y_{max} = 10，G = Y_{max} = 10$。

（3）管段功能性缺陷密度 Y_M 的确定

W4-W5：$Y = 0.5，L = 44$，缺陷分值和长度分别为 0.5/1，则

$$Y_M = (0.5 \times 1)/0.5 \times 44 = 0.023$$

Y21-Y22：$Y = 2，L = 35$，缺陷分值和长度分别为 2/19，则

$$Y_M = (2 \times 19)/2 \times 35 = 0.54$$

W26-W27：$Y = 10，L = 57.2$，缺陷分值和长度分别为 10/1，则

$$Y_M = (10 \times 1)/10 \times 57.2 = 0.02$$

（4）管段功能性缺陷等级和类型的确定

W4-W5：$G = 0.5，G < 1$，管段为 Ⅰ 级缺陷；$Y_M < 0.1$，管段为局部缺陷。

Y21-Y22：$G = 2，1 < G \leqslant 3$，管段为 Ⅱ 级缺陷；$Y_M > 0.5$，管段为整体缺陷。

W26-W27：$G = 10，G > 10$，管段为 Ⅳ 级缺陷；$Y_M < 0.1$，管段为局部缺陷。

（5）管段养护指数 MI 的确定

该区域地质为淤泥、砂质粉土，地处中心商业区。

W4-W5：$G = 0.5，K = 10，E = 3，MI = 0.8 \times 0.5 + 0.15 \times 10 + 0.05 \times 3 = 2.05$，养护等级 Ⅱ 级。

Y21-Y22：$G = 2，K = 10，E = 3，MI = 0.8 \times 2.0 + 0.15 \times 10 + 0.05 \times 3 = 3.25$，养护等级 Ⅱ 级。

W26-W27：$G = 10，K = 10，E = 3，MI = 0.8 \times 10 + 0.15 \times 10 + 0.05 \times 3 = 9.65$，养护等级 Ⅳ 级。

3. 管道状况评估结果（表1）

表1 管段状况评估表

管段	管径/mm	长度/m	材质	埋深/m 起点	埋深/m 终点	结构性缺陷 平均值 S	结构性缺陷 最大值 S_{max}	结构性缺陷 缺陷等级	结构性缺陷 缺陷密度 S_M	结构性缺陷 修复指数 RI	结构性缺陷 综合状况评价	功能性缺陷 平均值 Y	功能性缺陷 最大值 Y_{max}	功能性缺陷 缺陷等级	功能性缺陷 缺陷密度 S_M	功能性缺陷 养护指数 MI	功能性缺陷 综合状况评价
W4~W5	600	44	HDPE	3.652	3.582	4	5	Ⅲ	0.16	6.15	管段缺陷严重，结垢受到影响，短期内会发生破坏，应尽快修复；该管段应修复3处，有条件时建议整体修复	0.5	0.5	Ⅰ	0.02	2.05	管道过流有轻微受阻，应做养护计划；局部养护
Y21~Y22	400	35	HDPE	3.102	3.021	10	10	Ⅳ	0.03	9.65	管段存在重大结构性缺陷，结构已经发生破坏，应立即修复；局部修复	2	2	Ⅱ	0.54	3.25	管道过流有一定受阻，运行受影响不大；整体清疏
W26~W27	800	50	钢筋混凝土	4.211	4.107	2	3	Ⅱ	0.06	4.75	管段缺陷存在变坏的趋势，由于地处中心商业区，应尽快修复；局部修复	10	10	Ⅳ	0.02	9.65	管道断流，已经导致运行瘫痪，应立即拆除

第 5 章

一、填空题

1. 渗水

2. 钻孔注浆法

3. 高压水射流清洗、化学清洗、PIG 物理清洗技术;塌陷、空洞

4. 注浆止水、环氧砂浆

5. 水泥砂浆、灌浆料

6. 10%

7. 200

8. 30%、500 mm

9. 21.2%、30

10. 环状橡胶止水密封带、不锈钢套环

11. C304、C316；5、50

12. 搭接

13. 热水、蒸汽、喷淋、紫外线加热固化;水翻、气翻、拉入蒸汽固化

14. 0.5~1

15. 80

16. 光引发剂、低聚物、稀释剂

17. 5、2%、300~600

18. 60、30、20

19. 静拉碎(裂)管法、气动碎管法

20. 拉入长管、拉入短管、顶入短管

21. 4

22. 注浆润滑

23. 90、2 000、30

24. 扩张、固定口径

25. 牵引、顶推、顶推与牵引结合

26. 0.4、内衬管

二、简答题

1. 管道内壁附着物处理应满足下列规定。

(1)对软结垢附着物应清洗露出管道内壁。

(2)对硬结垢附着物处理不应损坏管道结构,并应在处理后露出管道内壁。

2. 在局部现场固化修理前应对管周土体进行注浆加固,注浆液充满土层内部及空隙,形成防渗帷幕,加强管周土体的稳定,制止四周土体的流失,提高管基土体的承载力。

3. 点状原位固化法修复管道时,内衬筒的原位固化应符合下列要求。

(1)施工时,气囊宜充入空气进行膨胀,并应根据施工段的直径、长度和现场条件确定固化时间。

(2)气囊内气体压力应保证软管紧贴原有管道内壁,并不得超过软管材料所能承受的最大压力;修复过程中应每隔 15 min 记录一次气囊内的气压,压力应为 0.08~0.20 MPa;该气压需保持一定时间直到内衬筒原位在常温(或加热或光照)条件下完全固化为止。

(3)固化完成后应缓慢释放气囊内的压力。

4. 管片内衬法技术采用的主要材料为 PVC 材质的模块和特制水泥注浆料,通过使用螺栓将塑料模块在管内连接拼装,然后在原有管道和拼装而成的塑料管道之间,注入特种砂浆,使新旧管道连成一体,形成新的复合管道,达到修复破损管道的目的。

5. 管片内衬法修复管道时,内衬管与原有管道之间填充砂浆应满足下列规定。

(1)注浆时,注浆压力应根据现场情况随时进行调节,可根据材料的承载能力分次进行注浆,每次注浆前应制作试块进行试验。

(2)注浆泵应采用可调节流量的连续注浆设备。

(3)最终注浆阶段的注浆压力不应大于 0.02 MPa,流量不应大于 15 L/min。

(4)注浆完毕后,应按导流管中流出的砂浆密度确认注浆结束。

6. 不锈钢快速锁法快速锁安装前,对原有管道进行预处理后应达到下列效果。

(1)预处理后原有管道内应无沉积物、垃圾及其他障碍物,不应有影响施工的积水。

(2)原有管道待修复部位及其前后 500 mm 范围内管道内表面应洁净,无附着物、尖锐毛刺和凸起物。

7. 管道清淤、冲洗后应进行管道 CCTV 内窥检测,管内不能有石头及大面积泥沙、淤泥,外露的钢筋、尖锐突出物、树根等必须去除,管道弯曲角度应小于 30°。管道接口之间若有错位,错位大小应在管径的 10% 之内;错口的方向、形状必须明确;管道内壁要基本平整。

8. 采用水翻工艺固化完成后,内衬管冷却时应符合下列要求。

(1)应先将内衬管内水的温度缓慢冷却至不高于 38 ℃,冷却时间应符合产品使用说明书的规定。

(2)可采用灌入常温水替换内衬管内的热水进行冷却,替换过程中内衬管内不宜形成负压。

(3)应待冷却稳定后方可进行后续施工。

9. 翻转式原位固化的湿软管，在进入施工现场复验时应达到下列要求。

(1)内衬材料管径、壁厚应满足设计要求。

(2)湿软管材料运输车内温度应低于 20 ℃。

(3)修补湿软管的材料、辅助内衬套管应配套供应，并应满足设计要求。

(4)湿软管出厂应附有材料合格证。

(5)湿软管厚度应均匀，表面无破损，无较大面积褶皱，表面无气泡、干斑。

10. 紫外光固化(UV 固化)，是指在强紫外光线照射下，体系中的光敏物质发生化学反应产生活性碎片，引发体系中活性单体或低聚物的聚合、交联，从而使体系由液态涂层瞬间变成固态涂层。

11. 固化区域定义比较明确，仅在紫外光灯泡照射区域；固化时间短，随着紫外线光源逐渐向前移动，内衬的冷却也随后连续发生，从而降低了固化收缩在内衬管内引起的内应力；紫外光固化设备上可以安装摄像头，以便实时检测内衬管固化情况；紫外光固化工艺中不用考虑排水管道端口断面高低的问题；固化工艺中不产生废水。但由于内衬管外表面紫外光接收比较少，因此其固化效果较内表面差。

12. 拉入软管之前应在原有管道内铺设垫膜，并应固定在原有管道两端，垫膜置于原有管道底部，且应覆盖大于 1/3 的管道周长。

底膜作用是防止内衬软管在拉入旧管时与管底摩擦，保护衬管不受损害。

13. 采用碎(裂)管时，新管道在拉入过程中应符合下列要求。

(1)新管道应连接在碎(裂)管设备后随碎(裂)管设备一起拉入。

(2)新管道拉入过程中宜采用润滑剂降低新管道与土层之间的摩擦力。

(3)施工过程中遇牵拉力陡增时，应立即停止施工，查明原因并采取处理措施后方可继续施工。

(4)管道拉入后自然恢复时间不应小于 4 h。

14. 高分子材料喷涂法的适用范围如下。

(1)适用于管材为钢筋混凝土管、砖砌管、陶土管、铸铁管、钢管的情况，以及各类断面形式混凝土、钢筋混凝土、砖砌等排水管(渠)与金属管道和无机材料检查井的修复。

(2)适用于局部修复和点修复。

(3)适用于直径大于 80 mm 的管道，高和宽都大于 80 mm 的渠箱，特别是受交通条件及周边管网等复杂因素影响，采用开挖方法无法实现目标的工程。

15. 独立结构管是指新管完全不依靠原有的管道，单独承担所有的负担；复合管是指螺旋管承担部分负载，另一部分负载由新、旧管之间的结构注浆承担。

17. 固定口径法是将带状聚氯乙烯或聚乙烯型材，放在现有的人孔井底部，通过专用的缠绕机，在原有的管道内螺旋旋转缠绕成一条固定口径的新管，并在新管和旧管之间的空隙灌入水泥浆。所用型材外表面布满 T 形肋，以增加其结构强度；而新管内表面则光滑平整。型材两边各有公母锁扣,型材边缘的锁扣在螺旋旋转中互锁,在原有管道内形成一条连续无缝的结构性防水新管。

18. 螺旋缠绕工艺带水作业时,管道内水流应符合下列规定。

(1)管道内水深不宜超过 300 mm。

(2)水流速度不宜超过 0.5 m/s。

(3)充满度不宜超过 50%。

第 6 章

一、填空题

1. 地下有限空间、地上有限空间、密闭设备

2. 经常性作业、偶发性作业;自行作业、发包作业

3. 硫化氢、一氧化碳、苯和苯系物

4. 二氧化碳、甲烷、氮气

5. 2、2

6. 硫化氢中毒、缺氧、可燃性气体爆炸

7. 隔绝式、过滤式;长管呼吸器、正压式空气呼吸器;防尘口罩

8. 全身式安全带、速差自控器、安全绳

二、简答题

1. 有限空间的特点如下。

(1)空间有限,与外界相对隔离。

(2)进出口受限或进出不便,但人员能够进入有限空间开展有关工作。

(3)未按固定工作场所设计,人员只能在必要时进入有限空间开展临时性工作。

(4)通风不良,易造成有毒有害、易燃易爆物质积聚或氧含量不足。

2. 常见的有限空间作业主要有以下几种类型。

(1)清除、清理作业,如进入污水井进行疏通,进入发酵池进行清理等。

(2)设备设施的安装、更换、维修等作业,如进入地下管沟敷设线缆、进入污水调节池更换设备等。

(3)涂装、防腐、防水、焊接等作业,如在储罐内进行防腐作业、在船舱内进行焊接作业等。

(4)巡查、检修等作业,如进入检查井、热力管沟进行巡检等。

3. 中毒、缺氧窒息、燃爆以及淹溺、高处坠落、触电、物体打击、机械伤害、灼烫、坍塌、掩埋、高温高湿等。

4. 一是由于生物的呼吸作用或物质的氧化作用,有限空间内的氧气被消耗导致缺

氧;二是有限空间内存在二氧化碳、甲烷、氮气、氩气、水蒸气和六氟化硫等单纯性窒息气体,排挤氧空间,使空气中氧含量降低,造成缺氧。

5.(1)有限空间作业过程风险防控分为四个阶段:作业审批阶段、作业准备阶段、安全作业阶段、作业完成阶段。

(2)作业审批阶段的工作任务为制订作业方案、明确人员职责、作业审批等。

作业准备阶段的工作任务为安全交底、设备检查、封闭作业区域及安全警示、打开进出口、安全隔离、清除置换、初始气体检测、强制通风、再次检测、人员防护等。

安全作业阶段的工作任务为安全作业、实时监测与持续通风、作业监护、异常情况紧急撤离有限空间等。

作业完成阶段的工作任务为关闭进出口、解除隔离、恢复现场。

参 考 文 献

［1］安关峰.《城镇排水管道检测与评估技术规程》CJJ 181—2012 实施指南［M］.北京：中国建筑工业出版社,2013.

［2］安关峰.城镇排水管道非开挖修复工程技术指南［M］.2 版.北京：中国建筑工业出版社,2021.

［3］吴坚慧,魏树弘.上海市城镇排水管道非开挖修复技术实施指南［M］.上海：同济大学出版社,2012.

［4］马保松.非开挖管道修复更新技术［M］.北京：人民交通出版社,2014.